- 사용전에 라벨을 잘 읽고 사용하십시오
- 라벨 표시사항 이외에는 사용하지 마십시오
- 어린이 손이 닿는 곳에는 놓아두거나 보관하지 마십시오
- 안전사용기준을 잘 지켜 우수농산물을 생산합시다

복숭아순나방

파밤나방

"알"까지 죽인다. 오래가는 나방전문약!!

라이몬
액상수화제

라이몬 액상수화제의 특징
- "알"까지 죽이는 새로운 IGR계 살충제
- 매우 긴 지속효과 (IPM에 적합)
- 해충의 생식기능 저해로 산란 억제효과 발휘
- 다양한 나방류 동시방제

- 채소류 : 파밤나방, 담배나방, 배추좀나방, 오이총채벌레
- 과수류 : 복숭아순나방, 복숭아굴나방, 사과굴나방, 잎말이나방

라이몬 액상수화제의 알까지 죽이는 효과

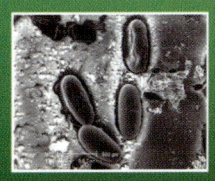 →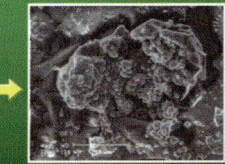

[라이몬에 의한 살란(알 파괴)효과]

※ 복숭아순나방 방제 적기 : 1차 과수 낙화직후
　　　　　　　　　　　　　2차 수확후 9월 방제

제품판매원
한국삼공(주)
www.30agro.co.kr 1588-3025(삼공이오)

제품공급원
MAKHTESHIM-AGAN

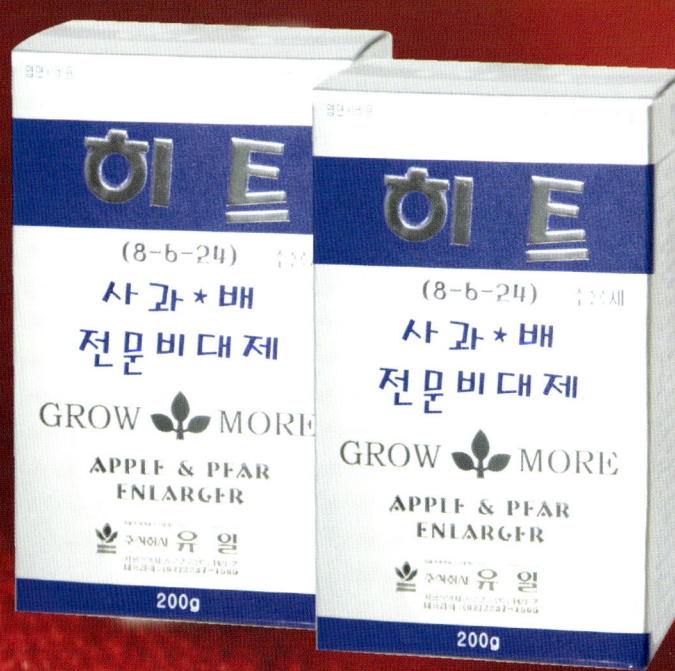

경 주식회사 대유 창립31주년!! 최대(最大)가 아닌 최고최량(最高最良)지향하는 기업!! 축

• 대유제품을 꼭 확인하시고 유사품에 주의하십시오 •

신발명 특허품 제543525호

FTA 외국농산물 수입급증!! 경쟁에서 이길 수 있는 확실한 대안!!

21세기 신발명 특허품!!
「대유셀레늄」·「대유유기게르마늄」농법으로
건강먹거리혁명(품질+기능성)이룩하여
고소득을 창출하자!!

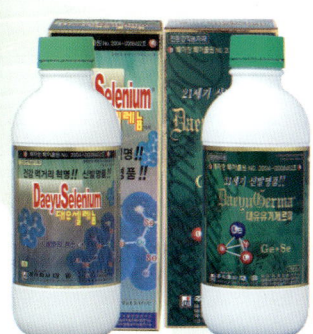

대유셀레늄® · 대유유기게르마늄® 액제

※ 웰빙시대 친환경(품질+기능성)농산물에 관심이 있는 생산자 작목반 수시모집

비대!! 비대!! 비대!!
선전이 아닙니다. 사실입니다.

"빅그레이드골드 · 대유골드는 천연
비대증진물질 등을 이용한 과수전용
비대증진제제로서 비대증진은 물론
납작사과(편형과)가 적어지고 정형과
가 많아지며, 착색 · 당도 등등에도
효과가 탁월한 자연친화적인 제제이다."

신발명특허품
제0524116호

과수전용 비대증진제 빅그레이드골드® · 대유골드® 수용제

한차원 더 높은 빠른 흡수 유기칼슘	개화기 이상기후(냉해, 늦서리 황사 등) 수정, 착과 걱정 끝!!
대유베스트칼® · 업그레이드칼® 수용제	대유수정애골드® · 대유꽃노래골드® 액제
더 빠른 착색!! 더 빠른 수확!! 더 많은 소득!!	뭐니뭐니해도 품질좋고 값싸고 효과좋은
대유썬텐® · 대유썬칼라® 액제	나르겐® · 부리오® · 미리근® 액제 수용제

 Since 1977
주식회사 대 유 대유식물영양연구소 대유농약약효약해시험연구소 대유미생물농약시험연구소
서울사무소: 강남구 청담2동 31-19 대유빌딩 대표전화: (02)556-6293 http://www.dae-yu.co.kr E-mail:daeyu@dae-yu.co.kr

Hong Won Bio Agrotechnology

■ 친환경유기농자재목록공시
유산균효모제(바이오비탈) : 07-유기-1-001

■ 특허등록 제 0424083호

친환경 유기농재배는
유산균효모제로...

유산균효모는 연작장해의 원인인 푸사리움균의 발생을 억제시키는 활동을 한다. **푸사리움균을 억제시켜 식물 유해 선충을 예방**하고, 특히 효모균이 만들어 내는 호르몬 등의 생성은 뿌리와 세포의 분열을 활성시킨다.

푸사리움 병원균 발생 방지
뿌리 썩음 병 예방
병해선충 예방
연작장해 방지
식물뿌리 생육 효과

바이오비탈®   그로비탈®   원비탈®   키토바이오그린

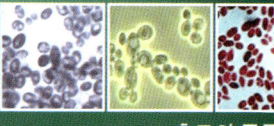
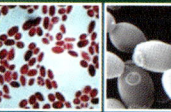

▲ 효모의 종류

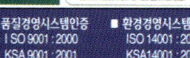

■ 품질경영시스템인증
ISO 9001 : 2000
KSA 9001 : 2001

■ 환경경영시스템인증
ISO 14001 : 2004
KSA14001 : 2004

홍원바이오아그로®   Hong Won Bio Agrotechnology

충남 금산군 추부면 비례리 156-3 / 소비자상담 : **080-942-3000** / 대표전화 : (**041**) **753-7177**

한국농업정보연구원의 도감들(완전칼라판)

신국판 양장본 400여페이지 | 각권 정가 45,000원

- 관련분야의 전문가들로 구성된 최고의 집필진들이 최근의 연구성과 중심으로 집필
- 초보자들도 이해하기 쉽도록 사진과 그림 중심으로 구성
- 최신재배기술과 병충해 방제, 영양장애·생리장애 진단 및 대책 수록

 한국농업정보연구원 입금계좌 농협 198-12-175581
예금주 : 서장원

문의 (전국) 0505-754-7700, (02) 844-7350

완전칼라판

사과 재배도감

박무용 · 김목종 · 조원대 · 김완규 · 이순원
최경희 · 이동혁 · 한만종 · 이관석 · 장병춘
이주영 · 이종식 外

한국농업정보연구원

발|간|사

  저희 한국농업정보원이 계획한 것은 일년에 두작물씩 꾸준히 작물재배에 관한 도감을 편찬하는 사업이었습니다. 이번에 농업정보연구원에서 계획했던 출판물은 과수분야로 어렵지 않게 출판될것으로 생각되었으나 의외로 과수분야에 많은 자료가 집적되지 않아 출판이 늦어지게 되었습니다

  사과 포도 등의 과수분야는 채소처럼 한작목의 재배가 끝나면 다른 작목을 재배할 수 있는 것이 아니라 향후 10년이상을 재배해야하는 작물로 재배관리에 상당히 신경을 쓰어야 할 것으로 생각됩니다. 더구나 FTA로 인한 추후의 피해가 예상되며 채소재배에는 없는 접목 삽목, 전정, 가지치기 등 두고두고 신경써야할 부분이 많으리라 생각되어지고 그럴수록 교과서같은 저희 농업정보연구원의 자료를 살펴보시고 참고하심이 작물의 재배관리에 조금이나마 도움이 되시리라 사료됩니다. 저희 기술서적을 보시면서 아낌없는 질타와 관심을 가져주신다면 제작자로서는 더할나위없는 영광으로 사료되며 저희들의 소망은 진정으로 우리나라 농업분야에 조그마한 지침이 되는 영농기술서적을 출판함으로서 두고두고 계속보실 수 있는 좋은 서적이 되었으면 합니다. 또한 바쁘신와중에도 좋은 자료를 위해 각고의 노력을 아끼지 않으신 저자분들께 심심한 감사의 뜻을 전합니다.

2008년 4월
한국농업정보연구원
대표 서 장 원 拜上

목 | 차

제1장 사과나무의 특성 ····· 15
    1. 재배환경 ····· 18
        가. 기상 조건 ····· 19
        나. 토양조건 ····· 23

제2장 사과 품종과 대목 ····· 25
    1. 사과 품종선택 ····· 27
    2. 주요 품종 ····· 31
    3. 사과대목 ····· 72

제3장 사과 재배의 실제 ····· 85
    1. 개원 및 재식 ····· 87
    2. 결실관리 ····· 100
    3. 정지·전정 ····· 117
    4. 토양관리 ····· 132

제4장 기상재해 ····· 171
    1. 최근의 기상재해 현황과 특징 ····· 173
    2. 피해양상 및 대책 ····· 178

제5장 사과의 병해 ····· 201
    1. 붉은별무늬병 (赤星病) ····· 203

2. 검은별무늬병 (黑星病) ………………………………… 207
3. 흰가루병 (白粉病) …………………………………… 210
4. 점무늬낙엽병 (斑點落葉病) ………………………… 212
5. 갈색무늬병 (褐斑病) ………………………………… 215
6. 탄저병 (炭疽病) ……………………………………… 219
7. 겹무늬썩음병(輪紋病, 胴腐病) ……………………… 222
8. 그을음병(煤斑病) / 그을음점무늬병(煤点病) ……… 227
9. 열매점무늬병(斑點病, 黑點病) ……………………… 229
10. 꽃썩음병(花腐病) …………………………………… 231
11. 부란병 (腐爛病) ……………………………………… 233
12. 역병(疫病) …………………………………………… 237
13. 흰날개무늬병(白紋羽病) …………………………… 242
14. 자주날개무늬병(紫紋羽病) ………………………… 247
15. 줄기마름병(胴枯病) ………………………………… 250
16. 잿빛곰팡이병(灰色黴病) …………………………… 252
17. 흰무늬병(白斑病) …………………………………… 254
18. 잿빛무늬병(灰星病) ………………………………… 256
19. 흰비단병(白絹病) …………………………………… 258
20. 은엽병(銀葉病) ……………………………………… 261
21. 뿌리혹병(根頭癌腫病) ……………………………… 263
22. 털뿌리병(毛根病) …………………………………… 265
23. 바이러스병 …………………………………………… 267
24. 바이로이드병 ………………………………………… 272
25. 저장병(貯藏病) ……………………………………… 275

제6장 사과의 해충 ····· 281
  1. 사과응애 ····· 284
  2. 점박이응애 ····· 287
  3. 사과혹진딧물 ····· 291
  4. 조팝나무진딧물 ····· 294
  5. 사과면충 ····· 297
  6. 나무좀류 ····· 299
  7. 하늘소류 ····· 302
  8. 은무늬굴나방 ····· 305
  9. 사과굴나방 ····· 309
  10. 복숭아순나방 ····· 312
  11. 복숭아심식나방 ····· 315
  12. 애모무늬잎말이나방 ····· 318
  13. 사과무늬잎말이나방 ····· 321

제7장 사과의 영양장애 및 대책 ····· 325
  1. 양분 흡수 ····· 327
  2. 영양진단 ····· 328
  3. 양분 결핍 및 과잉 증상과 대책 ····· 331
  4. 유해가스 종류에 따른 과수의 피해 ····· 363

그외 유용한 자료들 ········· 367

농약회사별 최신 포도 농약 혼용가부표 ········· 370
1. 동부하이텍(주) ········· 370
2. 한국삼공(주) ········· 377
3. 성보화학(주) ········· 386
4. 신젠타코리아(주) ········· 391
5. 경농(주) ········· 396
6. 영일케미컬(주) ········· 402

찾아보기 ········· 407

제1장
사과나무의 특성

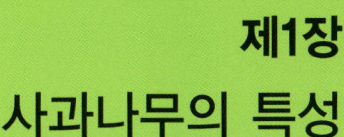

제1장 사과나무의 특성

○ 학명 : *Malus domestica* Borkh [능금(*Malus asiatica* Nakai)]
○ 영명 : Apple (Apfel(독), pomme(불)
○ 한명 : 沙果, 苹果

사과는 전세계적으로 포도, 바나나, 감귤에 이어 제4위의 생산량을 차지하고 있다. FAO 통계를 보면 63개국의 사과 생산국이 기록되어 있지만 생산량이 적은 국가도 포함시키면 더욱 많아진다. 한랭한 중국 북동부나 캐나다 북부에서부터 적도에 가까운 인도네시아 자바섬의 고지대까지 사과는 넓은 지역에 재배되고 있다. 이것은 사과의 유전적 변이의 폭이 넓어 다양한 환경에 적응한 품종 출현을 가능하게 했기 때문이다.

품종 수에서 보면 생식을 주목적으로 하는 품종이 압도적으로 많지만, 이들 중 많은 부분이 가공되고 있다. 미국에서는 전체 사과생산량의 45%가 가공되며, 프랑스에서는 약 ½정도가 가공되고 있으며 대부분은 '칼바도스'나 '사이다(cider, 불어로는 씨들)' 등 알콜성 음료이고 이들 제조에 적합한 사과품종이 재배되고 있다. 또 젤리나 소스에 적합한 크랩애플류나 꽃, 잎, 과실이 아름다운 관상용품종도 다수 있다. 여기에 대목 품종을 포함하면 사과 품종은 더욱 많아진다.

사과나무는 식물분류학상 장미과(Rosaceae)의 배나무아과(Pomoidae) 가운데 사과나무속(Malus)에 속하는 낙엽성 교목과수로 세계적으로 널리 분포하고 있다. 사과나무속은 23개의 주요종으로 구분되는데, 유럽종 2개, 북미아메리카종 5개, 그리고 나머지는 아시아 원산종이다.

현재 재배품종의 대부분은 유럽의 사과종(*M. pumila* Mill)으로부터 유래된 것이다. 미국 하버드대학의 알프레드 리더(Alfred Rehder)는 사과의 야생종 및 근연종을 크게 25종으로 분류하였다. 이중에서 *M. micromalus* 및 *M. zumi*는 잡종이고 *M. spectabilis, M. floribunda, M. halliana* 등은 재배종이라고 하였다. 러시아의 Lokhonos는 야생이 인정되는 것은 *M. sylvestris, M. coronaria, M. orientalis, M. sieversii, M. formosana, M. prattii, M. baccata, M. toringo* 등 8종이라고 하였다. 야생사과는 북반구에 널리 분포하고 있는 반면, 남반구에는 분포하지 않는다. 우리 나라에는 *M. asiatica Nakai*(능금), *M. baccata Bork.*(매주나무, 야광나무), *M. sieboldii Rebd.*(삼엽해당), *M. micromalus*(제주아그배) 등이 분포하고 있다.

우리 나라는 사과 재배의 기원은 재래종 사과인 능금(林檎)이 재배되어 왔지만, 현재 재배되고 있는 사과는 서양사과로 구한말 개화기때 서양선교사와 일본 농업이민을 통하여 도입되었다.

처음 도입된 시기는 1890년대 길주, 원산, 서울근교에서 캐나다 및 미국인 선교사에 의하여 과수원이 개원되었고 또 하나는 1905년을 전후하여 서울, 대구, 인천, 진남포, 황주에 일본인 농업이민 등에 의하여 개원되었다. 한국인에 의한 개원은 1901년경부터 원산의 윤병수씨가 사과를 생산하기 시작하였고 1905년에는 함경도 관찰사가 일본에서 사과묘목 6,000 주를 도입, 재식하였다는 기록이 있다. 이때 도입된 사과품종은 '홍괴(Red Astrachan)', '왜금(Ben Davis)', '축(American Summer Pearmain)', '유옥(Smith Cider)', '홍옥', '욱(McIntosh)' 등이다.

우리 나라 사과육종은 역사가 짧아 현재 재배되고 있는 주품종은 대부분 외국에서 도입된 품종으로 구성되어 왔으나, '홍로' 품종을 비롯하여 국내육성 품종의 재배면적이 급속히 늘고 있다. 최근에는 주로 돌연변이 선발을 위주로 한 민간육성 품종들도 속속 품종보호출원되고 있다.

1. 재배환경

사과는 한번 재식하면 오랫동안 동일한 장소에서 자라게 되므로 환경조건은 그 영향이 매년 누적되어 사과 재배의 성패를 좌우하게 된다.

이러한 환경요인 중 사과의 생육, 수량, 품질에 영향을 주는 가장 큰 인자는 기후와 토양이다. 기후 중에서도 중요한 것은 온도, 일사량, 강수량과 그 분포 등이고 토양인자는 물리적 성질과 비옥도이다.

가. 기상 조건

1) 온도

기온은 과수의 휴면, 개화, 결실, 성숙뿐만 아니라 품질에도 영향을 준다. 사과는 북부 온대 과수로 연평균 기온이 8~11℃이고 생육기의 평균기온이 15~18℃가 적당하다. 사과나무의 생장은 탄수화물의 생성량이 호흡작용으로 인하여 소비되는 양보다 많을 때 이루어지는 것으로 사과잎은 16~25℃일 때 광합성 능력이 가장 높고 30℃이상이 되면 호흡작용이 왕성해진다. 또한 낮과 밤의 기온 교차가 클수록 사과의 물질생산에 좋은 영향을 준다.

사과는 자발휴면이 자연상태에서 타파되기 위해서는 겨울에 일정한 저온에 접해야 하는데 7℃이하에 적산시간이 1200~1500시간 정도 경과하여야만 봄에 발아, 개화, 전엽 등이 정상적으로 이루어진다.

2월중의 6℃이상의 적산온도와 개화 소요 일수와의 관계를 보면 적산온도가 많을수록 개화기가 빨라졌다. 휴면기간 중 사과 후지 품종은 -35℃에서 8시간 저온이 지속되면 50%의 꽃눈이 동사하지만 개화기 때는 민감하여 -2℃에서도 상해를 받는다.

〈사과 생육초기 발육단계별 꽃눈피해 한계온도(℃)〉

구 분	꽃 눈 발 육 단 계								
	은색 선단기	녹색 선단기	녹색기	단단한 화총기	분홍 초기	완전 분홍기	개화 초기	만개기	만개 후기
과거표준온도	-8.9	-8.9	-5.6	-2.8	-2.8	-2.2	-2.2	-1.7	-1.7
10% 동사 평균온도	-9.4	-7.8	-5.0	-2.8	-2.2	-2.2	-2.2	-2.2	-2.2
90% 동사 평균온도	-12.0	-9.4	-9.4	-6.1	-4.4	-3.9	-3.9	-3.9	-3.9

2) 강수량

물은 식물의 구성 성분일 뿐만 아니라, 탄수화물, 단백질, 지방, 무기질등과 마찬가지로 생명체의 대사작용에 참여하는 물질일 뿐만 아니라 세포간 이동매체로서도 작용하고 산, 염기의 농도 조절에도 관여하며 과실의 생장, 잎과 줄기의 방향성 및 지지에 필요한 세포의 팽압 유지에도 없어서는 안된다.

이런 역할을 하는 물은 그 대부분이 토양에서 공급되며 토양수분의 근원은 빗물과 관개수이다. 우리나라에서는 1월부터 6월까지는 수면 증발량이 강수량보다 많고 그후 9월 중·하순까지는 강수량이 증발량을 초과하는 것이 일반적이다. 10월 이후는 다시 증발량이 강수량을 상회한다.

따라서 물 부족을 심하게 받는 것은 4월에서 6월 사이, 9월에서 10월 사이이며 이외의 수면 증발량이 강수량보다 많은 기간에는 나무가 휴면상태에 있으므로 심한 피해를 받지 않는다.

강수량의 계절 분포를 보면 과실의 비대기인 6~8월에 많고, 개화기인 4~5월, 성숙기인 9~10월에는 수면 증발량보다도 적다. 즉, 개화기에는 비교적 건조하며 개화가 순조롭고, 성숙기에는 과실의 착색이 잘 된다. 그러나 6월 말부터 9월 초순까지는 강수량이 많고 일사량이 적어 나무가 웃자라고 꽃눈 형성이 나빠지며 잦은 비로 인하여 병 발생이 많고 또한 이 기간에는 집중 강우로 인한 양분의 용탈도 심하다.

3) 일사

햇빛은 모든 생물의 에너지원이다. 녹색식물의 탄소동화작용은 이 에너지원에 의하여 이루어지는 것으로 햇빛은 과수의 생장, 꽃눈 형성, 착과 및 과실의 발육에 큰 영향을 미치게 된다.

사과는 햇빛이 부족하면 동화물질의 축적이 적어져서 꽃눈의 형성이 불량해진다. 또한 가지가 너무 무성하여 잎이 서로 겹치면 아무리 잎이 많더라도 수관 배부에 있는 잎의 광도는 현저히 떨어지고 잎의 동화 기능도 크게 떨어진다. 따라서 햇빛이 잘 들게 하기 위해서는 재식거리, 전정, 유인 등으로 수관 내부까지 햇빛이 고루 받도록 해야 품질이 좋은 과실을 생산할 수 있다.

4) 지온

사과 뿌리의 생장은 7℃ 정도에서부터 시작되나 20℃ 전후가 가장 최적 온도이고 30℃를 넘어가면 억제된다. 따라서 봄에 일찍 지온이 높아질수록 세근의 신장이 빨라지고 수액의 유통도 활발해지므로 결과적으로 발아수도 많고 발아와 개화일이 빨라져 과실 발육에 유리하다.

지온은 태양의 고도, 지형, 재식밀도, 멀칭, 관수 등에 의해서 영향을 받기 때문에 뿌리 생육에 적당한 지온을 유지시키는 방법을 강구해야 한다.

5) 바람

적당한 바람은 증산작용을 촉진하여 양분과 수분 흡수를 돕고 수관 상부의 잎을 흔들어 하부잎에 일광이 잘 받도록 하고 탄산가스(CO_2)의 공급을 원활히 하여 광합성을 돕는다. 그러나 3m/sec이상의 바람은 탄산가스를 불어내고 증산량을 늘리며 온도를 낮추는 등의 이유로 광합성량을 줄이고 20m/sec이상의 강풍은 잎을 파괴 또는 떨어뜨리는 피해를 준다. 특히 해풍은 염분을 동반하여 조해를 주는 경우도 있으므로 바닷가에 과수원을 개원할 때는 최소한 4km 떨어져야 해풍의 피해를 방지할 수 있다.

나. 토양조건

1) 지형

과수원은 경사지에 개원되는 경우도 많은데 경사지는 분지나 산골짜기를 이루는 경우도 많은데 분지에서는 밤에 산위로 부터 찬기류가 내려와서 한낮에 데워진 바닥공기를 밀어 올리고 냉기가 정체하여 나무가 동·상해를 입는 일이 많다. 한편 호수, 댐 주변의 과수원에서는 안개로 인한 일조 부족의 피해를 입는 경우가 많고 또 한낮에 생긴 수증기가 밤에 꽃눈이나 잎눈, 때로는 연한 가지에 얼어붙어 동해를 입히기도 한다.

2) 토양 물리성

해마다 좋은 결실을 거두는 우량 과수원은 불량 과수원에 비해 토심이 깊을 뿐만 아니라, 토양의 물리성이 양호하여 근군이 잘 발달되어 있다. 즉, 우량 과수원은 유효 토심이 깊고 하층토에 거친 공극이 풍부하여 통기성과 보수력이 양호하다. 사과원 토양은 적어도 지표밑 50~70cm까지가 문제가 된다.

화학적으로는 하층토의 염기포화도가 높고 치환성 칼슘, 마그네슘의 함량이 많으며 토양 반응이 중성에 가깝고, 붕소와 같은 미량 원소를 포함하는 등 토양의 비옥도가 높아야 한다.

3) 토양 화학성

토양 화학성은 토양반응(토양 pH)을 말하는데 토양반응은 과수생육에 직접 간접적인 영향을 준다. 토양 용액의 수소 또는 수산화이온의 뿌리의 활력을 주는 영향이 직접적인 것이고, 식물 영양분의 용해도에 영향을 주고 토양 용액의 농도에 좌우하는 일이 간접적인 것이 된다. 토양의 산성화가 식물생육을 저해하는 원인은 ㉠토양 용액 중 H^+가 많으면 작물의 세포액 농도를 변화시켜 생육이 해롭게 되며 ㉡토양 용액의 활성 Al^{+13}에 의해 식물 생육에 직접적인 해독으로 뿌리 생육이 크게 억제될 뿐 아니라 다른 양이온의 흡수를 방해하고 한편 인산의 효과를 크게 저해한다. ㉢염기성 물질 특히 Ca와 Mg의 결핍을 초래한다. ㉣유용 미생물의 생육이 억제되고 곰팡이류는 산성에 대한 저항력이 강하나, 유기물을 분해하는 방사선균 및 질산균, 근류균 등 유용세균 등은 pH가 6.0 이상이 알맞다. ㉤토양 중 각종 양분의 가용화 등에 많은 영향을 준다.

즉, 석회시용으로 pH값이 교정되면 질소, 인산, 칼륨, 마그네슘 등이 유효도가 증가하므로 이 성분들의 공급이 원활해지고 철, 아연, 구리, 붕소 등의 유효도는 적어지므로 미량 요소의 결핍 가능성이 있다. 특히 석회와 붕소의 요구량이 많은 포도, 사과에서는 붕소를 시용하는 동시에 유기물의 시용 등으로 미량 요소 결핍 유발 요인을 감소시켜야 한다. 석회의 토양시용 효과는 이외에도 토양 중금속을 중화 또는 유효도를 감소시켜 그 해독을 경감시키고, 한편으로는 석회 시용으로 치환성 Al의 중화로 토양의 양이온 치환 용량이 그 만큼 증가되기도 하며 토양의 입단 구조를 개선시킨다.

제2장
사과 품종과 대목

제2장 사과 품종과 대목

1. 사과 품종선택

1) 사과나무를 재식하기 적어도 수개월 전에 품종을 선택하고 묘목을 확보하여 둔다.

사과나무는 대개 가을심기(秋植)나 봄심기(春植) 등 2시기에 하게 된다. 이시기는 곧 겨울이 오거나 발아가 되어 작업에 쫓기는 때이다. 따라서 미리 품종을 결정하거나 재식준비를 하지 않으면 관수시설, 지주설치 등 재식후 관리가 소홀하게 되어 묘목고사율이 높아질 우려가 있다. 더구나 졸속으로 품종을 선택하게 되어 두고 두고 후회를 하게되므로 적어도 재식 1개월 전에 품종선택과 묘목구입처 혹은 접수나 대목을 확보하지 않으면 안 된다.

2) 재배예정 지역에 적합한 품종이 무엇인가를 심사 숙고한다.

사과는 재배환경, 특히 기상조건(온도)에 따라 품질이 크게 달라지고 생리장해나 병해충 발생정도가 달라진다. 따라서 재배지역에서 우량 품질이 발현 되는 품종을 선택하는 것이 바람직하다. 산지간 경쟁을 피하기 위해서는 다른 지역에서 생산량이 비교적 적고 가격이 높은 품종을 선택하는 것도 중요하다. 재배상 특히 어려운 점은 없는가, 단위수량이 높은가 등도 고려하여 최종 선택한다.

3) 재배면적을 감안하여 몇가지 품종을 선택할 것인가 결정한다.

재배규모에 따라 품종수를 결정하는데, 소규모 면적에 많은 수의 품종을 재식할 경우 작업관리가 매우 어려워 질 것이다. 또한 재배면적이 넓은 데도 불구하고 소수의 품종을 심으면 적과나 수확작업 등 작업이 일시에 몰리기 때문에 노동력분산 차원에서라도 숙기가 서로 다른 몇 가지 품종을 선택하여야 할 것이다. 1,000평이내라면 2품종 내외, 1ha(3,000평)이하라면 3품종 내외, 1ha이상 재배규모가 크면 4~5품종을 고려해야 할 것이다.

4) 숙기 별로 어떤 품종이 있는가 알아본다.

재배면적에 따라 품종수가 결정되면 어느 시기에 수확하여 출하 할 것인가를 결정하여야 한다. 즉 조, 중, 만생종별로 어떤 품종이 있는가 알아본다. 대체로 8월 하순까지 수확되는 품종을 조생종, 9월 상순~10월 중순까지 수확되는 품종을 중생종, 10월 하순이후에 수확되는 품종을 만생종이라고 한다. 이러한 숙기 구분이 꼭 맞는 것은 아니고 때에 따라 조·중생종, 중·만생종으로 나누기도 한다

5) 숙기를 감안하여 품종별 구성비율, 주력품종을 결정한다.

숙기별 품종 구성비율은 농가별 재배규모나 또는 지역별, 작목반 별 출하전략에 따라 어느 시기에 나오는 품종을 주력품종으로 할 것인가

에 따라 달라진다. 예를 들어 다른 과종이나 아니면 다른 작물, 또는 축산 등 복합 영농시 서로 노동력이 겹치지 않도록 주품종을 조생종으로 또는 중생종으로 할 수도 있다. 대체로 재배규모가 1ha이상이라면 조생종 10~15%, 중생종 30% 내외, 만생종 50~60%정도로 하는 것이 무난하다. 추천 사과품종은 아래 표와 같다.

〈숙기별 추천 사과품종〉

구 분	주력(기간)품종	보 조 품 종	검 토 품 종
조생종	서광, 선홍	산사, 쓰가루	썸머 드림, 서홍, 갈라 착색계
중생종	홍로, 감홍, 양광	홍옥, 추광, 후지조숙계	홍금
만생종	후지, 후지착색계	화홍, 아이카향	

※ 주력(기간)품종 : 재배의 중심이 되는 품종
　보조품종 : 노동력분산, 출하시기 및 위험분산 등의 측면에서 보조적인 역할의 품종.
　검토품종 : 유망시 되지만, 최근 육성 또는 도입된 것으로 지역별 적응성이나 경제성 등에 대해서 좀더 검토가 요망되는 품종.

6) 수분(受粉)관계를 알아본다.

사과는 타가수정 작물이기 때문에 반드시 서로 다른 품종을 섞어 심어야 안정적인 결실을 기대할 수 있다. 예를 들어 '후지' 4줄에 '홍로' 1줄과 같은 식으로 20%정도는 다른 품종을 혼식하여야 결실이 잘 될 뿐만아니라 과실내에 종자가 충분히 확보되어 품질도 좋아진다.

최근 꽃사과를 수분수로 이용하는 재배농가가 늘어나고 있다. 품종별로 몰아서 심고 사과나무 사이에 꽃사과를 심어서 수분을 도모한다.

이렇게 할 경우 품종별로 적정한 관리가 가능하여 생력재배에도 큰 도움이 된다. 꽃사과를 이용할 경우는 꽃사과 2~3품종을 섞어 심되 주품종의 7~10%(주품종 10~13주에 꽃사과 1주 비율)정도 심는다. 주요 재배품종의 개화기의 조만(早晚)에 따른 수분수용 꽃사과 품종은 다음과 같다.

- 개화기가 이른 품종('홍로', '쓰가루' 등) : 만추리안, 얀타이, 호파에이, 센티넬
- 개화기가 늦은 품종('후지', '화홍' 등) : 프로페서 스프렌져, 아트로스, 아담스, SKK14, SKK16

7) 어느 정도 재배경력을 가진 품종을 선택한다.

과실 외관만 보거나, 현지 종묘상의 애기만 듣고 증식하여 판매하는 경우가 많은데 국내적응성 검토를 거치지 않은 품종은 실패할 확률이 매우 높다. 사과는 기상이나 토양조건, 재배방법에 따라 착색이나 과실크기 및 생리장해발생이 크게 좌우되기 때문에 반드시 국내에서 적응성이 검토되어 재배기술이나 장단점이 파악된 품종을 선택하는 것이 안전하다. 신품종에 대한 막연한 기대감은 큰 경제적 손실을 초래할 수 있다.

8) 대목이 확실한가 알아본다.

대목의 종류에 따라 재식거리, 정지·전정 방법 및 기타 작업관리가 달라지기 때문에 대목의 특성을 파악하고 종류가 분명한가를 확인하는 것이 사과재배에 있어서 좋은 품종을 선택하는 것 이상으로 중요한

일이다. 또한 대목길이가 적정한가, 자근대목인가, 이중대목인가도 확인하여야 한다. 엠9(M.9) 자근대목의 경우 묘목재식 시 대목은 10~20cm정도 노출되는 것이 적당한데 대목이 너무 길면 깊게 심게되거나 노출이 과다하여 수세가 지나치게 쇠약해질 우려가 있다. 짧을 경우는 노출부족으로 접수 품종 자체에서 뿌리가 발생하여 나무가 크게 자라거나 적정 왜화효과를 볼 수 없을 경우가 있다. 대체로 지하부를 포함하여 대목길이는 40cm내외가 좋은데 재식후 지상부 대목길이가 20cm내외이면 적당하다. 이중접목묘인 경우는 자근대목묘에 비하여 왜화효과가 떨어지고 더구나 근계(根系)대목이 실생인 경우는 나무크기가 균일하지 않게 되고 흡지(吸枝)발생이 많아 흡지제거에 노동력이 많이 소용된다. 따라서 자근대목의 묘목을 구입하는 것이 원칙이다.

2. 주요 품종

가. 조생종

1) 썸머드림

원예연구소에서 1990년 '쓰가루'에 '하록(夏綠)'를 교배, 2001년에 1차 선발하여 지역적응시험을 거친 후 2005년에 최종선발, 명명하였다. 수확기는 8월 상순(군위 기준)으로 국내육성 품종 중 숙기가 가장 이른 조생종이다. 과실크기는 200~220g정도로 소과이고, 과형은 편원형이고 과피색은 홍색으로 일부 줄무늬가 발현된다. 바탕색은 황록색이고 당도 13.4%, 산도는 0.39%로 감산(甘酸)이 조화되어 조생종으로서는 식미가 매우 우수하다.

　수세는 중정도이고 수자는 반개장성이다. 단과지성으로 꽃눈형성이 잘 되며 상온에서의 저장성은 7일 정도로 약한 편이다. 소과이고 편원형이며 수확전낙과가 일부 발생한다.

썸머 드림

　표고가 높은 지역에서 착색이 양호하고 수확전낙과가 적으므로 표고가 높은 중산간지가 재배적지이다. 수확전낙과가 있으므로 경제적 수확기는 과실의 착색비율이 30~40%되는 시기에 하고 2~3회에 걸쳐 익는 것부터 수확한다. 과다착과에 의하여 수세가 약화되기 쉽고 과실이 잘아지는 경향이므로 조기에 철저한 적과가 필요하다. 과실꼭지가 짧기 때문에 적과시 과실꼭지가 긴 것을 남기고 중장과지에 결실시킨다.

2) 멘코이 히메

　일본 아오모리에서 개인육종가가 '라리탄'에 '후지'를 교배하여 육성한 것을 종묘회사가 1995년에 품종등록 하였다. 숙기는 8월 상순으로 극조생종이며, 수세는 중 정도이고 조기결실성이다. 과형은 원형, 평균과중은 289g으로 중대과종이며, 큰 것은 400g까지 가능하다. 과피색은 황록색 바탕에 선홍색 줄무늬로 착색된다. 동녹 발생은 거의 없으나, 동록과점이 생긴다. 당도는 13도, 산도는 0.6%로 산미가 다소 높다. 과육은 백황색이며 육질이 단단하나 저장성은 짧다.
　극조생종이며, 과형이 원형으로 양호하다. 중대과종이며 착색이 잘 된다. 과실 연화가 빠르고 저장성이 짧으며, 수확전낙과가 발생한다. 또한 수확이 늦어지면 분질화가 빠르게 진행되고 수확전낙과가 발생하므로 조기에 수확해야 한다. 저장성이 극히 약하고 한 나무에서도 숙기가 일정하지 않으므로 착색되는 과실부터 2~3회 나누어 수확해야 한다. 아미스타와 같은 농약에 약해가 심하게 발생하므로 약제선택에 주의하여야 하고, 점무늬낙엽병 발생이 많으므로 방제에 유의한다.

3) 서광

원예연구소에서 1982년 '모리스데리셔스'에 '갈라'를 교배, 1992년 1차 선발하여 지역적응시험을 거친 후 1995년에 최종선발, 명명하였다. 수확기는 8월 상·중순, 과실크기는 300g, 과형은 원형이고 과피색은 농홍색으로 전면착색되며 바탕색은 황록색이다. 당도 13%, 산도는 0.48%로 감산(甘酸)이 조화되어 조생종으로서는 비교적 맛이 우수하다. 수세는 중정도이고 수자는 반개장성이다. 단과지 및 중과지에 꽃눈형성이 잘 된다. 상온에서의 저장성은 7일 정도로 약하다.

화분량이 많고 주요 재배품종과 교배친화성이므로 수분수로도 적당하다. 수확 전 낙과 및 열과발생이 적다. 고온기에 수확되므로 분질화되기 쉽기 때문에 적기에 수확하고 착색된 것부터 2~3회에 나누어 따낸다. 산미가 강하고, 분질화가 빠르며 나무상에서 연화되기 쉽다.

4) 시나노레드

일본 나가노과수시험장에서 '쓰가루'에 '미광(비스타벨라)'을 교배하여 1996년에 품종등록 하였다. 우리 나라에서의 숙기는 8월 상·중순경이고, 과실 크기는 250~300g, 과형은 장원형이고 과피색은 적색~농적색이다. 당도는 12~13%이고, 산도는 0.4%내외이며 저장성은 상온에서 1주일 정도이다. '후지' 및 '쓰가루'와 교배친화성이 높다. 조기결실성이며 고온에서 비교적 착색이 잘되고, 수확이 늦어지면 과육이 갈변되고 보구력이 짧아지는 단점이 있다.

극조생 품종으로 기온이 높은 시기에 성숙되어 과실연화가 빠르게 진행되므로 착색이 되면 곧 바로 수확한다. 저장성이 극히 약하여 수확후 5일 이내에 분질화가 진행되고, 밀증상 발생과는 내부갈변이 되므로 수확후 곧 바로 출하하거나 즉시 저온저장을 한다. 한 나무내에서도 숙기가 동시에 이루어지지 않으므로 착색되는 과실부터 2~3회에 나누어 수확한다.

5) 서홍

원예연구소에서 1992년 '쓰가루'에 '추광'를 교배, 2002년 1차 선발하여 지역적응시험을 거친 후 2004년에 최종선발, 명명하였다. 수확기는 8월 하순(수원 기준)경이고 과실크기는 240g, 과형은 원형이고 과

피색은 선홍색이며 바탕색은 황록색이다. 당도 14.1%, 산도는 0.39%로 감산(甘酸)이 조화되어 조생종으로서 식미는 매우 우수하다.

수세는 약~중정도이고 수자는 개장성이다. 단과지 형성이 잘되어 풍산성이며 화분이 많고 조기낙과는 거의 없으나 수확전낙과가 일부 발생한다. 겹무늬썩음병, 점무늬낙엽병 및 탄저병 발생은 중 정도이다. 상온에서의 저장성은 2주일 정도로 여름사과로는 비교적 양호하다. 과피가 얇아 껍질째 먹기에 좋은 품종이며, 항산화 기능을 가진 쿼세틴과 루틴의 함량이 비교적 높다.

대과 생산시 과경부 열과와 과심곰팡이병 발생이 우려되므로 적정크기의 과실을 생산하도록 노력한다. 측지 발생이 어려운 품종이므로 유목기 아상(芽傷)처리 등으로 결과지 확보에 유의하여야 한다.

6) 선홍

원예연구소에서 1992년 '홍로'에 '추광'을 교배, 1997년 1차 선발하여 '원교 가-22'라는 계통명으로 지역적응시험를 실시, 2001년 최종 선발, 명명하였다. 수확기는 8월 중·하순, 과형은 원추형, 과피색은 황녹색 바탕색에 선홍색으로 착색된다. 과실크기는 300~350g으로 조생종으로서는 대과종에 속한다. 당도는 14~15%, 산도는 0.35%정도로 식미는 양호한 편이다. 저장성은 상온에서 30일 정도이다.

수세는 중정도이고 수자는 개장성으로 조생 대과종으로 풍산성이며 '홍로'와 같이 단과지형 품종이다. 과피가 다소 거칠고, 수확기가 늦어지거나 지나치게 대과로 키우면 열과가 발생하고 점무늬낙엽병에 약하다.

선홍

 액화아 발생이 잘되므로 조기적화 및 적과를 충분히 하고 잎에 가리는 과실은 착색이 잘 안되므로 적엽, 과실돌리기를 하여 착색을 좋게 한다. 단과지형 품종은 일반적으로 꽃눈착생이 좋은 반면 수세가 일찍 떨어지고 노쇠해지므로, 재식 시 대목노출을 적게 하는 등 수세유지에 힘쓴다.

7) 산사

 일본 과수시험장 모리오카지장(現 과수연구소 사과연구부)에서 '갈라'에 '아카네'를 교배하여 선발, 1986년에 명명하였다.
 수확기는 8월 중·하순으로 과형은 원~원추형이며 과피색은 홍색~등홍색이다. 줄무늬 발현은 뚜렷하지 않고 바탕색은 황녹색이다. 과실크기는 200~250g으로 소과종이고 당도 13%, 산도 0.4%로 과즙이 많고 향기도 있어 식미는 매우 양호하다. 육질은 치밀하고 경도는 중간정도, 저장성은 상온에서 30일 정도이다. 수세는 중정도이고 반개장성이며, 잎색은 '골든데리셔스'와 같이 담황색으로 다소 연하며 때로 황색 반점이 나타난다.

산사

재배상 유의할 점은 소과이므로 조기적과를 실시하여 과실비대를 촉진시킬 필요가 있으며, M.26 대목은 접목혹이 두드러지고 수세가 약화되기 쉬우므로 피하고 M.9 대목을 이용하면 과실비대가 좋고, 숙기촉진에 다소 유리하다. 또한 동녹 발생이 비교적 많으므로 낙화 후 30일까지 유제, 동제 및 계면활성제 살포를 피한다.

8) 쓰가루

일본 아오모리사과시험장에서 '골든데리셔스'에 '홍옥'을 교배하여 '아오리2호'로 가(假)명명 되었다가, 1975년에 '쓰가루'란 명칭으로 최종 등록되었다. 우리 나라에서 '아오리'라고 불리어지는 것은 잘못된 명칭이다.

수확기는 8월 중·하순경이고, 과실크기는 300g, 과형은 원형~장원형으로 균일하며, 과피색은 홍색이며 줄무늬가 발현된다. 당도는 13~14%, 산도 0.3%로 산미가 적고 과즙이 많아 식미는 우수하다. 과육은 황백색으로 단단하고 치밀하며, 저장성은 상온에서 2주일 정도이다. 수세는 중정도이며, 개장성이다.

기상이나 해에 따라 7월 중순 이후 새가지 중앙부의 잎이 황변, 낙엽하는 조기낙엽 현상이 발생한다. 빈가지가 생기기 쉽고, 과경부에 동녹이 발생한다. 수확 전 낙과가 심하고, 기온이 높으면(최저기온이 20℃ 이상) 착색이 불량하고 반점낙엽병에는 비교적 강하나, 검은별무늬병 및 흰가루병에는 약하다.

재배상 유의할 점으로는 수확 전 낙과가 많으므로 낙과방지제를 살포해야 하고 수확은 2~3회 나누어 따기를 한다. 쓰가루 재배적지라고 볼 수 있는 해발(400~500m)이 높은 지역이라도 '하향(夏香)쓰가루', '미쓰즈쓰가루', '방명(芳明)쓰가루' 등 착색이 개선된 품종을 선택하는 것이 좋다.

9) 갈라

뉴질랜드에서 '키즈스 오렌지 레드(Kidd's Orange Red)'에 '골든데리셔스'을 교배하여 1960년에 선발하였다. 원래의 '갈라'는 해에 따라

착색이 불안정하여 독농가나 종묘업자를 중심으로 많은 착색계 아조변이 계통이 선발되고 있다. '갈라' 품종은 미국이나 유럽, 남미지역에서는 신규 재식이 많고 생산량도 증가하는 유망품종의 하나이다.

과실크기는 200~250g으로 소과종이고 과형은 원~원추형이다. 과피색은 원래 황색바탕에 25%정도 홍색으로 착색되어 선호도가 높지 않으나 아조변이 계통들은 전면 홍색에 줄무늬가 뚜렷한 계통이 대부분이다. 특유의 향기가 있고 과즙이 많으며 당도는 13~14%, 산도는 0.4%정도로 감산이 조화되어 식미는 매우 양호하다.

수확기는 8월 하순경으로 조생종이고 저장성은 상온에서 10~15일 정도이다. 수세는 중정도이며 조기결실성이고 풍산성이며 고두병 발생이 없다. 수확 전 낙과가 없고 식미가 매우 양호하며 고온에서도 착색이 잘된다. 수확이 늦으면 열과 발생이 많고, 지질이 나오기 쉬우며, 분질화가 빠르다. 가지는 발생각도가 넓어 유인이 필요 없으며, 직립지를 제외하고는 꽃눈착생이 매우 양호하다.

재배상 유의할 점은 액화아 착생이 많고, 과다 결실되기 쉬우므로 조기에 철저한 적과를 하여야 과실 비대가 좋다. 오래 묵은 가지에 달린 과실은 작고 착색이 불량하므로 3년 이상된 열매가지는 적절히 절단하여 새 가지로 갱신을 한다.

로얄갈라

〈갈라 아조변이 품종들의 과실특성('99~'00, 군위, 수원)〉

품 종	과피색	과중(g)	당도(%)	산도(%)	경도(N)	비 고
퍼시픽 갈라	선홍	229	13.0	0.38	43.2	착색우수, 소과
갤럭시 갈라	선홍	232	13.1	0.39	40.2	착색양호, 소과
스칼렛 갈라	선홍	228	13.5	0.38	34.0	착색우수, 소과
로얄 갈라	선홍	215	13.1	0.37	44.1	착색양호, 소과
트레코 갈라	담갈홍	236	12.7	0.45	40.2	착색불량, 소과
갈라 일반계	담갈홍	221	12.0	0.37	44.1	착색불량, 소과

나. 중생종

10) 홍로

국내에서 육성된 최초의 사과품종으로 원예연구소에서 1980년 '스퍼어리브레이즈'에 '스퍼골든데리셔스'를 교배, 1987년 '원교 가-1'로 1차 선발하고 1988년에 최종선발, 명명하였다.

수확기는 9월 상·중순이나 8월 하순부터 수확이 가능하다. 과실크기는 300g, 과형은 장원형이며 과피색은 농홍색으로 줄무늬는 거의 없다. 당도는 14~15%, 산도는 0.25~0.31%이며 육질이 단단하고 식미는 양호하나 과즙은 적은 편이다. 저장성은 상온에서 30일 정도이다. 유목기 수세는 강한 편이나 결실이후에는 급격히 떨어진다.

조기결실성이고 풍산성이며 수확전낙과가 거의 없으며, 해발이 낮고 온도가 높은 지역에서도 비교적 착색이 양호하나 과다결실에 따른 수세 쇠약이 심하고 점무늬낙엽병, 역병에 약하고 줄기겹무늬썩음병 발생이 많다.

　재배상 유의할 점은 대과는 밀(蜜)증상 발생이 많으므로, 적정크기의 과실을 생산하도록 한다. 잎에 가리거나 그늘 속의 과실은 착색이 불량하므로 수확 전 잎따기나 과실 돌려주기를 한다. 수세가 떨어지면서 여러 가지 장해발생이 많으므로 나무 세력을 살려 재배하는 것이 중요하다. 다소 세력이 강한 대목을 쓰고 대목의 노출정도도 '후지' 품종보다 덜 노출시키는 것이 수세유지의 방법이라고 할 수 있겠다.

홍로

11) 추광

원예연구소에서 1982년에 '후지'에 '모리스데리셔스'를 교배하여 1989년 '원교 가-04'라는 계통명으로 지역적응시험을 거친 후 1992년에 최종선발, 명명하였다

과실크기는 300g이고 과형은 원~장원형이다. 과피색은 홍색으로 바탕색은 황록색이며 과육색은 백색이다. 당도는 13%, 산도는 0.2% 정도로 산미가 낮아 맛은 다소 싱거운 편이다. 단과지형으로 절간이 짧아 밀식 적응형이다. 수확기는 9월 상중·순이고 저장력은 상온에서 20일 정도이다.

단과지형으로 꽃눈착생은 많으나 개화량에 비하여 착과량이 적은 편이다. 자가적과성이 강하여 적과 노력을 경감시킬수 있다.

재배상 유의할 점으로 대과는 과심곰팡이병이 발생할 우려가 있으므로 300g내외의 중과(中果)생산을 목표로 한다. 칼슘 부족시 과정부(꽃받침 주위)에 흑색반점이 발생하므로 석회를 충분히 시용한다. 과숙되면 분질화되기 쉽고, 수확 후 저장기간이 길어지면 과실 내 산함량이 거의 없어 싱거운 과실이 되므로 수확 후 곧 소비하도록 한다. '홍로'와 거의 수확기가 같고 같은 시기에 출하되는 타 품종에 비하여 큰 장점이 적으므로 대면적 재배는 피한다.

12) 홍금

원예연구소에서 1989년 '천추(千秋)'에 '홍로(紅露)'를 교배, 2001년에 1차 선발하여 지역적응시험을 거친후 2004년에 최종선발, 명명하였다.

수확기는 9월 상·중순, 과실크기는 270g, 과형은 장타원형이며 과피색은 선홍색으로 줄무늬는 거의 없으며 바탕색은 황녹색이다. 당도는 14.5%, 산도는 0.38%이며 육질이 단단하고 식미가 양호하다. 저장성은 상온에서 20일 정도이다. 유목기 수세는 강한 편이나 결실이후 중정도이고 수자는 반개장성이다.

조기결실성이고 풍산성이나 수세가 약하거나 표고가 낮고 기온이 높은 해에는 수확전낙과가 발생하며 착색이 불량하다. 수세가 약화되면 과실이 잘아지고 병해 발생이 우려되므로 수세유지에 노력한다. 특히 M.9 자근대목 이용시 대목노출을 적게(5~10cm) 한다.

재배상 유의할 점은 품질과 생산을 위하여 조기적과(早期摘果)를 철저히 하고 과실꼭지가 짧기 때문에 5cm이상 중과지에 착과를 시킨다. 표고가 낮고 여름철 기온이 높은 지역은 착색이 불량하므로 해발고도가 높은 중산간지가 재배적지이며, 사양토보다 점질이 다소 있는 물빠짐이 좋은 양토에서 고품질과가 생산된다. 탄저병에는 비교적 강한편이나 줄기겹무늬썩음병이 다소 발생한다.

13) 새나라

원예연구소에서 '스퍼어리브레이즈'에 '골든데리셔스'를 교배, 1992년 '원교 가-8호'이라는 계통명으로 지역적응시험을 거친 후, 1997년 최종선발, 명명하였다.

수확기는 8월 중하순에서 9월 상순까지 나무의 수세에 따라 숙기의 변동이 큰 품종이다. 과실크기는 250~300g으로 과형은 원추형, 과피색은 홍황색으로 줄무늬가 다소 발현된다. 과즙이 많고 육질은 치밀하며 당도는 12~14%, 산도는 0.55%로 감산이 조화되어 맛이 좋다. 수세는 중정도이고 수자는 개장성이다. 저장력은 상온에서 30일 정도이다.

착색이 좋고, 과실이 균일하고 동녹 발생이 적고 열과 및 수확전낙과는 거의 없으나, 점무늬낙엽병 및 갈색무늬병에 약한 편이다.

재배상 유의할 점으로는 햇볕이 잘 들어가지 않는 부위의 과실은 착색이 불량하므로 여름철 도장지 정리 등을 실시하여 나무내부까지 햇볕이 잘 들어가도록 한다. 수세가 비교적 약하므로 재식시 대목 노출을 적게 하여 심고 비배관리에 유의하여 수세를 살려 재배한다.

새나라

14) 아오리9호

일본 아오모리사과시험장에서 '아카네'에 '왕림(王林)'을 교배하여 육성한 것으로 2001년에 품종등록 되었다. 과실크기는 300g, 과형은 원~장원형, 과피색은 선홍색으로 착색이 잘된다. 우리나라에서의 숙기는 9월 중순이고 당도 12.8%, 산도 0.45%로 과즙이 많고 당산비가 적당하여 식미는 비교적 양호하다. 상온 저장력은 10일 정도이다.

결실 후 측과의 자연낙과(자가적과성)가 많아 적과 노력을 줄일수 있고 점무늬낙엽병 및 검은별무늬병은 '후지' 품종보다 강한 편이나, 3배체 품종으로 수분수로는 이용할 수 없다.

재배상 유의할 점은 수확기가 늦어지면 왁스 발생이 많아지고 분질화가 급속히 진행되므로 적숙기를 준수하여야 한다. 단과지보다 중·장과지에 좋은 과실이 달리고 측과는 경와부에 동녹발생이 많고 과형이 매우 나쁘므로 적과시 반드시 제거한다.

아오리 9호

15) 추영

추영(秋映, Akibae)

일본 나가노현의 독농가 오다(小田切建男)씨가 '천추'에 '쓰가루'를 교배하여 육성한 것으로 1991년 품종등록 하였다. 우리나라에서는 일부 재식되었지만 그 특성이 아직 제대로 검토되지 않았다. 숙기는 9월 중순경이고 과실크기는 300g정도, 과형은 원~원추형, 과피색은 농홍~암홍색에 가깝다. 당도는 14~15%, 산도는 0.4~0.5%이고 과즙이 많아 식미는 비교적 양호하다. 해발고도가 높은 지역은 착색이 지나치게 짙은 문제가 있고 조나골드와 같이 과숙되면 과피에 왁스(脂質)가 나와 끈적끈적 하여지고 열과가 발생한다. 탄저병과 동녹 발생이 비교적 많은데 특히 유목기에 발생이 많다. 수세가 강하면 좋은 품질의 과실생산이 어렵고 조기 수확하면 신맛이 강하므로, 수세안정과 적숙기 수확이 중요하다.

나무의 생육특성은 유목기의 생육은 왕성하고 빈가지(나지)가 되기 쉬우며 가지가 늘어지기 쉬워 수형유지가 어려우며 급격하게 수세가 떨어질 우려가 있다. 새가지 발생이 적기 때문에 강한 새가지라도 유인하여 결과지로 이용한다. 가지가 늘어지기 쉬우므로 가지 들어올리기와 동시에 후보지(갱신지) 확보에 노력한다.

16) 홍월

 일본 아오모리현 독농가에서 '골든데리셔스'에 '홍옥'을 교배하여 1968년 선발하였다. 당초에는 '화향(和香)'으로 품종등록 되었으나 1981년에 현재의 명칭으로 개명되었다.
 수확기는 9월 중·하순으로 중생종이고, 과실크기는 250~300g, 과형은 원~원추형, 과피색은 농홍색으로 줄무늬가 발현된다. 당도는 14%, 산도는 0.4%로 과즙이 많고 당산이 조화되어 식미는 좋은 편이나 떫은 맛이 있다. 저장력은 약한 편이다. 수세는 약하고, 가지는 가늘고 늘어지기 쉽다.
 풍산성이고 맛은 좋으나 수확시기가 빠를수록 떫은맛이 강하게 난다. 점무늬낙엽병과 겹무늬썩음병에 강한편이나 7월 중순경부터 과점을 중심으로 붉은 점이 생기고 심하면 열과 된다.

재배상 유의할 점으로 과피에 반점 발생이 많고 해발이 낮은 지역은 착색이 불량하므로 봉지재배가 필요하고 수확전낙과가 많으므로 낙과방지제를 살포해야 한다. 또한 가지가 늘어져 쇠약되기 쉽고 꽃눈 발생이 많으므로 적절히 절단전정과 결과모지를 적당히 솎아준다.

17) 알프스오토메

일본 나가노현의 독농가에서 육성된 꽃사과의 일종(Crab Apple)으로서 '후지'와 '홍옥'의 혼식원에서 발견된 우연실생이다. 수확기는 9월 하순~10월 상순경이고 과실크기는 25~50g정도이고 과형은 원~장원형이다. 과피색은 농적색이고 당도는 13~15%, 산도는 0.4~0.5%로 크랩 애플로서는 맛이 매우 좋은 편이다. 상온에서의 저장성은 짧은 편이며 과실이 연화되기 쉽다. M.9 대목을 이용할 경우 과다착과에 의한 수세 약화가 심한 편이다. 조기결실성이고 풍산성이다. 꽃수가 많고 개화기가 빨라 수분수로 이용할 수 있으나 '후지' 품종과는 불화합성이므로 '후지의 수분수로 이용할 수 없다.

과실이 작고, 꼭지가 가늘고 길어서 한 과총에 2~3과를 착과 시켜도 과실 상호간에 압박은 주지 않으나 과다착과 시 해거리가 발생하므로 정아, 액화아 구분없이 1화총당 1~2개로 적과해주는 것이 좋다. 병해로는 그을음병이 다소 발생하므로 이에 대한 방제가 필요하다. 껍질째 먹는 소과종으로서 재배가치는 있다

18) 시나노스위트

일본 나가노현과수시험장에서 '후지'에 '쓰가루'를 교배하여 육성한 것으로 1993년에 품종등록 되었다. 우리 나라에서의 숙기는 9월 하순~10월 상순경이고 과실크기는 300~350g정도이며 과형은 원형이다. 과피색은 홍~농홍색이며 줄무늬가 발현되고, 바탕색은 녹황색이다. 당도는 14%, 산도는 0.3%로 과즙이 많고 식미는 양호한 편이다. 저장성은 상온에서 2주 정도이다. 수자는 개장형이고 수세는 약~중 정도이다. '천추'와는 불친화성을 나타낸다. '시나노 스위트'의 생육 특성은 '쓰가루'와 닮은 점이 많으므로 '쓰가루' 재배에 준하여 관리한다.

재배상 유의할 점은 동녹, 콜크 스폿, 고두병 등 생리장해가 적고 수확전낙과가 거의 없으나 표고가 낮고 온도가 높은 지역에서는 착색이

시나노스위트(Shinano Sweet)

다소 불량해진다. 또한 꽃눈 착생이 좋고 과실비대가 좋기 때문에 과다착과에 의한 수세쇠약이 심하고, 지나친 큰 과실은 맛이 떨어지고 착색이 불량해지므로 적정크기의 과실을 생산해야 한다. 나무의 세력이 강하면 과실비대는 양호하지만 착색 불량, 저장성 저하, 과심곰팡이 발생 및 맛이 떨어지므로 적정 수세 유지가 중요하다.

19) 레드데리셔스

미국 아이오와州에서 1870년경 태어난 품종으로 교배양친은 알려져 있지 않으나 한쪽 친은 '옐로우 벨플라워(Yellow Bellflower)'로 추정된다. 본래의 명칭은 '호크아이(Hawkeye)'로 불리었으나, '데리셔스'를 거쳐 현재는 '레드데리셔스'라고 불리어지고 있다. 수많은 돌연변이 품종이 육성되어 있고 세계적으로 생산량이 가장 많은 품종으로 주로 미국과 유럽에서 재배되고 있다. 우리 나라에서는 아조변이 계통으로 스타킹(Starking Delicious) 및 스타크림슨(Starkrimson)이 있었으나 현재는 거의 재배되지 않는다.

수확기는 9월 하순~10월 상순이고 과형은 장원~장원추형, 과피색은 전면 농홍색으로 착색된다. 과정부가 급격히 좁아지고 꽃자리 쪽에 왕관 모양의 융기부분이 있는 것이 특징이다. 당도는 높지 않으나 산미가 적어 상대적으로 감미가 강하게 느껴진다. 우리 나라에서 이 품종들이 실패한 요인은 일찍부터 착색이 시작되므로 충분히 성숙되지 않은 미숙과를 수확, 출하하므로서 소비자로부터 외면을 받게 되었다.

레드데리셔스(데리셔스계)

20) 양광

일본 군마현 원예시험장에서 '골든데리셔스'의 자연교잡실생에서 1973년 선발, 1981년 품종등록하였다. 수확기는 10월 상순경이며, 과실크기는 300g, 과피색은 농홍색으로 줄무늬는 뚜렷하지 않다. 과형은 원~장원형, 당도는 14%, 산도 0.3%이며 특유의 향기가 있어 식미는 양호하다. 저장성은 상온에서 10~15일로 낮다. 수세는 중정도이고 개장성이며 모본인 '골든데리셔스'와 유사하다.

해발이 낮은 지역에서도 비교적 착색이 양호하다. 수확전낙과가 거의 없고 풍산성이며, 점무늬낙엽병에는 강하나, 탄저병에는 약하다. 또한 과정부(果頂部)에 동녹 발생이 심하여 봉지재배가 필요하다. 또한 과다시비하면 고두병 발생이 심하므로 질소 과용을 피하고 특히 6월경 추비는 하지 않도록 한다.

21) 조나골드

　미국 뉴욕주립농업시험장에서 '골든데리셔스'에 '홍옥'을 교배, 선발하여 1968년에 명명하였다. 수확기는 10월 상순경이고, 과실크기는 300~350g, 과형은 원형이고 과피색은 농홍색으로 줄무늬는 굵은 반점형태로 명료하다. 당도는 14%, 산도 0.5%로 산미가 다소 높지만 과즙이 많고 식미는 양호하다. 저장성은 상온에서 10~15일로 약한 편이다. 수세는 중정도이고 개장성이다. 3배체 품종이고, M.26 대목의 나무는 접목혹이 두드러진다. 조나골드 유래 돌연변이 품종으로 '뉴조나골드(신흥)', '조나고레드' 등이 있다.

　풍산성이고 맛은 좋으나, 대과(大果)생산 시 고두병 발생이 많으므로 질소 과용을 삼가고 중간크기의 과실을 목표로 한다. 3배체 품종이므로 수분수로는 부적당하며, 점무늬낙엽병에는 강하나, 검은별무늬병에는 약하다. 해발이 낮은 지역은 착색이 불량하므로 재배를 피하고 해발이 높은 지대(400~500m)에서 좋은 품질의 과실이 생산된다. 과실표면에 지질(脂質, wax)이 발생하기 쉽고 보구력이 짧다. 수관하부나 내부의 과실은 착색이 불량하므로 가지배치나 수형에 유의하여 햇볕이 수관내부까지 잘 들어가도록 한다.

22) 홍옥

미국에서 발견된 오래된 품종으로 교배양친 중 모본(母本)은 '에소푸스 스피첸버그(Esopus Spitzenberg)'이나 부본(父本)은 불명(不明)이다. 수확기는 10월 상순경이고 과실크기는 200~250g, 과형은 원형이고, 과피색은 전면이 농적색이며, 당도는 13%, 산도 0.6~0.8%로 단맛은 중정도이고 산미가 강하다. 특유의 향기가 있고 가공적성이 높기 때문에 재배가치는 충분히 있는 품종이고 저장성은 상온에서 30일 정도이다.

기온이 높은 지역에서도 비교적 착색이 잘되고 조기결실성이고 풍산성이나 과경부에 동녹발생이 많으며, 6월낙과가 다소 발생하며, 수확전 낙과는 온도가 높은 지역에서 심하다. 또한 측과에는 동녹이 잘 발생하므로 중심과를 남긴다. 점무늬낙엽병에는 강하지만, 흰가루병에 특히 약하고 홍옥반점병, 고무병 등 생리장해가 많다.

23) 감홍

원예연구소에서 1981년 '스퍼 어리브레이즈'에 '스퍼 골든데리셔스'를 교배, 1989년 1차선발 '원교 가-5'호로 지역적응시험을 거친 후 1992년 최종 선발, 명명하였다.

수확기는 10월 상·중순경으로 중생종이다. 과실크기는 350~400g 정도로 대과종이며, 과형은 장원형이며 과피색은 선홍색이다. 당도는 15~16%, 산도는 0.4%로 특유의 향기가 있고 식미가 매우 우수한 품종이다. 저장성은 상온에서 2개월 정도로 높다. 단과지형 품종이나 수세는 강한 편이며 개장성이다. 그러나 무대재배할 경우 동녹 발생이 심하므로 적과할 때 중심과를 남기고 낙화 후 30일까지는 약제 종류 및 살포방법에 주의하여야 한다. 상품과 생산을 위해서는 봉지재배가 필요하다. 측지발생이 어렵고 특히 나무세력이 떨어지면 빈가지가 생기기 쉬우므로 나무세력을 살려 재배한다. 유목기나 세력이 강할 경우는 상비과(象鼻果)나 중심과와 측과의 과경이 서로 붙어있는 경우가 있으므로 2번과를 남기고 적과 한다.

고두병 발생이 많으므로 수세를 조기에 안정시켜주어야 하며, 석회를 충분히 사용하며 고두병 방제에 칼슘제 엽면살포 효과가 크므로 적과 후 봉지씌우기 전에 2회, 봉지 벗긴 후 1~2회정도 살포하여야 하고 과실을 지나치게 키우지 말고 300~350g정도를 목표로 한다.

24) 시나노골드

일본 나가노현 과수시험장에서 '골든 데리셔스'에 '천추'를 교배하여 1999년에 품종등록하였다. 수확기는 10월 상·중순으로 중만생종이며, 과실 크기는 350g정도로 대과이다. 과형은 원형이며, 과피색은 녹황~황색이다. 과경은 짧은 편이며, 동록발생이 적다. 과육색은 황색이며, 밀 발생이 거의 없다. 당도는 14도, 산도는 0.4~0.5%로 감산이 조화되며, 과즙이 많아 식미는 양호하다. 하지만 미숙과는 산미가 강하고, 특히 고랭지 등 기온이 낮은 지역에서는 산미가 빠지지 않아 표고가 낮은 난지가 재배적지라고 한다. 수확기를 늦추면 과실표면에 지질이 발생하지만 당도가 높아지고, 산함량이 낮아져 식미는 양호하여진다. 조기낙과 및 후기낙과가 없고, 저장성은 긴 편이다. 수세는 중간정도이며, 나무형태는 개장성이다. 극왜성대목을 사용하거나 관수가 부족한 과원에서는 수관형성이 어렵고, 나무가 단과지형태로 자란다.

황색과실로 과형과 식미가 양호하나, 미숙과는 산미가 높아 식미가 떨어지므로 지역에 따라 적숙기에 수확하여야 한다. 왜성대목을 사용할 경우 대목의 노출이 많으면 수관확대가 어려우므로 M.9 대목의 경우 10cm내외로 노출시킨다.

시나노골드

25) 화홍

　원예연구소에서 1980년 '후지'에 '세계일'을 교배, 1988년 '원교 가-2'라는 계통명으로 지역적응시험을 거친 후 1992년에 최종선발, 명명하였다. 숙기는 10월 중·하순경으로 '후지'보다 다소 빠르다. 과실크기는 300g정도인데 재배조건에 따라 400g이상 대과도 생산된다. 과형은 원~장원형이고 과피색은 황녹색 바탕에 농홍색으로 착색되며 데리셔스계 품종과 같이 과정부에 왕관(王冠)현상이 보인다. 당도는 15%, 산도는 0.2%로 산미가 다소 부족하나 식미는 양호한 편이다. 저장성은 강한편이나, 산도가 낮아 장기저장시 맛이 싱거운 과실이 될 수 있으므로 연내에 소비하도록 한다.

　단과지형 품종으로 꽃눈형성이 잘되고 풍산성으로 동녹 발생이 적고 착색이 잘되기 때문에 무대재배가 가능하다. 그리고 점무늬낙엽병 및 부패병에는 강하나, 탄저병에는 약하다. 수확기가 늦어지면 낙과가 발생하고 저장력이 떨어지기 때문에 적숙기에 수확하여야 한다. 그리고 착색과 과실비대가 빨라 미숙과를 조기출하하여 맛이 없는 과실로 소비자들에게 알려질 우려가 있으므로 충분히 성숙된 과실을 수확하도록 한다.

26) 아이카향

일본 나가노현의 독농가인 후지마키(藤牧秀夫)씨가 '후지' 자연교잡 실생에서 선발하였다. 숙기는 '후지'보다 1주일 정도 빠르며 과실크기는 400~500g으로 대과종이다. 과형은 장원추형이고, 과피색은 홍적색이고 줄무늬가 명료하다고 한다. 당도는 15%, 산도는 0.25%로 산미가 다소 낮고, 경도도 낮은 편이다. 저장성은 상온에서 2주일 정도이다. 해발이 낮고 온도가 높은 지역은 착색이 다소 곤란하며, 햇볕이 잘 들어가지 않는 부위는 특히 착색불량과가 많다. 기존의 '후지' 품종과 구별성이 없고 판매시기가 '후지'와 중첩되는 단점이 있다.

다. 만생종

27) 왕림

일본 후쿠시마현의 독농가가 '골든 데리셔스'와 '인도'의 혼식원의 '골든 데리셔스' 실생에서 선발하였다. 우리나라에서의 수확기는 10월 하순경이고 과실크기는 250~300g정도이고, 과형은 난형이며 과피색은 녹황색이다. 당도는 15%, 산도는 0.3%이고 상온 저장성 15~20일 정도이다. 감미가 강하고 산미는 적은 편이며 과즙이 많고 향기가 있어 식미는 매우 좋다. 수세는 강한편이고 조기낙과 및 수확전낙과는 거의 없고 M.26대목에서는 접목혹이 두드러지게 나타난다. 탄저병 및 점무늬낙엽병에 약하다. 우리나라에서는 만생 녹황색 품종이 없으므로 일부 도입이 필요한 품종으로 생각된다. 수자가 직립성이기 때문에 수형 구성이 어렵고 개화기가 빠르기 때문에 늦서리 피해를 받기 쉽다. 고두병 발생이 비교적 많다.

28) 후지

일본 원예시험장 동북지장(현 과수연구소 사과연구부)에서 1939년 '국광'에 '데리셔스'를 교배하여 1958년에 계통명 '동북7호'로 선발한 후 1962년에 현재의 명칭인 '후지'로 명명하였다. 최근에는 다양한 많은 아조변이 품종들이 선발되고 있다. 과실크기는 300g정도이나 재배조건에 따라 400g이상 대과생산도 가능하다. 과형은 원~장원형이고 과피색은 선홍색이고 줄무늬가 선명하며 바탕색은 황색이다. 단맛이 많고 산미는 중간정도, 과즙이 많아 식미는 매우 양호하다. 당도는 14~15%, 산도는 0.4%내외이며 저장성은 상온에서 90일, 저온저장에서 150일 정도이다.

수세는 강한 편이며 수자는 반개장성이고 6월낙과나 수확전낙과가 없다. 해거리가 심한 편이다. 흑성병에는 약하고, 점무늬낙엽병, 겹무늬썩음병 및 조피병에도 약하다. 해에 따라 꼭지열과와 변형과 발생이 많으며, 망간 과잉장해가 발생하기 쉽다.

기본적으로 착색이 곤란한 품종이므로 나무 내부까지 햇볕이 잘 들어가지 않으면 미숙과나 맛이 싱거운 과실이 생산되므로 적정 재식거리를 확보하고 과번무 되지 않도록 수세안정에 힘쓴다. 늦게 수확하여 과숙(過熟)될때는 밀(蜜)이 많이 발생하고 내부 갈변이 나오기 쉬우므로 적기에 수확하고 과숙과는 즉시 판매한다. 대개 장기저장용은 10월 20일~25일 경 다소 일찍 수확하고, 단기저장용이나 즉시 판매용은 10월 30일~11월 5일 경에 수확한다.

29) 후지 아조변이 계통

후지 품종은 맛이 좋고 저장성이 우수하여 육성국 일본은 물론 우리나라와 중국에서 가장 많은 면적을 차지하고 있으며 미국이나 유럽에서도 재배면적이 증가되고 있는 추세이다. 후지 품종은 특성상 착색이 곤란하기 때문에 이를 개선하기 위하여 봉지씌우기, 반사필름 이용 등 많은 작업노력이 소요되고 있다. 이러한 문제점을 육종적으로 해결하기 위하여 착색이 개선된 돌연변이 육종이 활발히 이루어진 결과 국내외에서 많은 돌연변이 품종이 선발되고 있다. 후지 아조변이들을 몇

가지 계통으로 구분을 하고 그 특징 및 문제점을 보면 다음과 같다.

후지 아조변이 품종을 크게 3가지 계통으로 구분할 수 있는데 일반 후지에 비하여 숙기가 빠른 조숙계, 가지의 절간장이 짧고 화아분화가 용이한 단과지계, 착색이 개선된 착색계가 있다.

〈후지 아조변이 품종(계통) 구분〉

구 분	품 종(계 통)명
조 숙 계	고을, 야다카, 홍장군, 히로사키후지 등
단과지계	화랑
착 색 계	라쿠라쿠(미시마)후지, 나가후 6, 후지로얄, 기쿠8, 봉촌계, 마이라레드 등

후지 아조변이 품종의 숙기 및 과실특성을 조사한 결과, 평균적으로 보면 조숙계의 숙기는 9월 중·하순이고 과중은 300g, 당도는 13%, 산도는 0.4%내외였다. 단과지 및 착색계의 숙기는 10월 하순에서 11월 상순경이었고 과중은 300g, 당도는 14~15%였으며 산도는 0.4%였다.

과실특성은 재배지역이나 해에 따라, 관리방법에 따라 차이가 있을 수 있으며 여기서는 평균치를 기재한 것이다. 특히 과중과 당도는 수세나 재배관리, 토양비옥도 및 대목종류 또는 한 나무 내에서도 위치에 따라 변이가 심하다.

따라서 특정지역에서 일부 과실만 가지고 조사한 것을 대표치로 이용해서는 안되며, 더구나 외국 도입품종의 경우 현지에서의 자료를 인용하는 것은 매우 위험하다.

과실 특성은 재배지역이나 관리방법에 따라 달리 나타날 수도 있으며 특히 과중과 당도는 해에 따라 대목 및 토양비옥도에 따라 차이가 많이 나므로 유의해야 한다. 과형지수(종경/횡경)는 마이라레드후지가 특히 작아 편평과에 가까웠다. 그러나 수령이 오래됨에 따라 점차 과형은 개선되어 원형을 회복하는 경향이었다.

과피에 줄무늬 발현정도를 보면 연차간에 차이는 있었으나 홍장군, 나가후 12, 마이라레드 후지는 1~3으로 전면착색계 였고 히로사키후지, 화랑, 나가후6 및 라쿠라쿠후지는 5~6으로 중간정도 였으며 기쿠 8 및 후지로얄은 7~9로 선명하였다. 대비품종인 일반후지 품종은 줄무늬 발현정도가 6으로 중간정도였다. 참고로 조사과실은 봉지를 씌우지 않고 재배하였다. 후지착색계 품종에 있어서 과피색 이외의 품질 및 특성은 차이가 없어 일반 후지품종과 거의 유사하였다.

〈후지 아조변이 품종(계통)별 특성〉

구 분	숙 기	과 중	당 도	산 도
조숙계통	9월 중·하	300 g	13~14 %	0.4 %
단과지계통	10월 하~11월 상	〃	14~15	〃
착색계통	〃	〃	〃	〃

조숙계인 야다카는 유전적으로 고정이 되지 않았기 때문에 숙기가 여러 시기에 걸쳐 있으며 9월 중·하순에 과실을 수확할수 있는 나무는 5~10%에 지나지 않았다. 따라서 봉지를 씌워 일반 후지와 같이 관리하였을때는 수확전낙과가 발생하는 경우도 종종 있다. 히로사키후지는 숙기가 남부지역에서는 9월 중순, 중북부 지역에서는 9월 하순이

므로 조기 수확하면 식미가 떨어지고 너무 늦게 수확하면 수확전낙과가 발생하므로 적기에 수확해야 한다. 과피색은 봉지를 씌우지 않을 경우는 전면 착색계에 가까우며 봉지재배를 할 경우에는 줄무늬가 발현된다. '히로사키후지'에서 새로 선발되었다는 '뉴히로사키후지'는 시험결과 기존의 '히로사키후지'와 차별성을 확인할 수 없었다. 홍장군은 전면착색계이고 해발이 높은 지역은 암홍색으로 착색되며 수세가 다소 강한 문제가 있다. '료카(원명 : 료카노 키세츠)'는 숙기가 9월 중·하순이며 과피색은 홍색으로 줄무늬가 없는 전면착색계이며 수확이 늦어지면 과피색이 어두운 암홍색으로 된다. 과피색을 밝게 하기 위해서는 봉지재배를 해야하며, 이 경우 추석에 맞추어 일찍 수확하는 경우에는 당도가 현저히 떨어진다. 비슷한 시기에 수확되는 '홍장군'과 비교하면 정형과율은 높으나 과실의 크기는 다소 적은 경향이다.

고을　　　　　　　홍장군　　　　　　　기꾸8

히로사키후지　　　마이라레이드후지　　나리타후지

'고을후지'와 '금왕자'는 우리나라에서 발견된 조숙계 아조변이 품종으로 숙기는 9월 하순이며 황색 바탕에 홍색 줄무늬가 발현된다. 일부 숙기가 지연되는 개체가 발견되기도 한다. 단과지계통인 화랑은 일반 후지에 비하여 수폭이 작기 때문에 20%정도 밀식재배가 가능하다. 문제점으로는 질소과잉 시 과피 바로 밑에 녹색소가 발현되고 착색이 다소 지연되는 경향이 있다. 착색계통은 앞에서 언급한 바와 같이 기상이나 재배지에 따라 착색정도가 달라 질 수 있으며 후지 착색계 간에는 수분수로 이용할 수 없다.

30) 그라니스미스

호주 시드니 근처의 과수원(Marie Smith 씨)에서 '프랜치크랩(French Crab)'의 자연교잡실생에서 발견되었다. 우리 나라에서의 숙기는 '후

지'와 같거나 다소 늦은 만생품종이다. 과피색은 녹색~녹황색으로 산미가 강하고 맛이 좋지 않아 우리 나라와 같이 감미가 높은 사과를 생식용으로 하는 곳에서는 재배가치가 적다. 저장력이 매우 강하고, 외국에서는 가공용으로 많이 이용되고 있다. 세계적으로 보면 '레드데리셔스', '골든데리셔스'에 이어 세번째로 많은 양이 생산되고 있다.

31) 핑크레이디

호주에서 '골든 데리셔스'에 '레이디 윌리엄스(Lady Williams)'를 교배하여 육성한 품종이다. 1980년대 중반부터 보급되기 시작하였다고 한다. 우리 나라에서의 숙기는 11월 중순으로 '후지'보다 10~15일 후에 수확되는 극만생 품종이다. 과실크기는 250~300g정도이고 과형은 원~원통형, 과피색은 농홍색으로 특유의 핑크빛을 나타내어 외관은 매우 아름답다. 당도는 14~15%, 산도는 0.8~0.9%로 산미가 극히 강하여 국내소비용으로는 적당하지 않을 것으로 판단된다. 해발이 낮은 온난지에서도 착색이 잘되며 저장성은 매우 강하다. 국내에서 일반적인 재배품종으로는 부적당하나, 주한 외국인 또는 산미가 강한 과실을 선호하는 소비자등 특수층을 겨냥한 소규모 재배는 가능한 품종으로 생각된다.

3. 사과대목

가. 대목(root stock)이란?

과수작물은 대부분 종자로서 번식을 하면 원래의 품종특성이 나타나지 않고 전혀 다른 잡종개체가 나타나기 때문에 접목 또는 삽목을 통한 영양번식을 한다. 접목을 할 때 지상부를 접수라 하고 지하부가 되는 부분을 대목이라 한다. 과수대목은 번식방법에 따라 실생대목과 영양계대목으로 구분한다. 실생대목이란 종자를 파종하여 자란 식물체를 말하며, 영양계대목이란 휘묻이나 삽목과 같은 영양번식방법으로 번식한 대목을 말한다. 과거에는 실생대목이 묘목생산에 많이 이용되었으나, 최근에는 왜화성이 강한 영양계대목을 많이 이용하고 있다.

묘목생산시 실생대목에 다른 대목을 접목하여 키운 다음 사과품종을 접목하는 경우가 있다. 이와같은 것을 이중접(二重接)이라 하고 가운데 부분의 대목을 중간대(中間臺)라고 한다. 우리나라에서는 실생대목에 M.26 또는 M.9 대목을 접목하고 그 위에 사과품종을 접목한 이중접목묘가 많이 이용되었다. 그러나 이중접목묘는 나무크기가 고르지 않고, 중간대로 이용한 왜성대목의 왜화효과를 제대로 이용할 수 없는 경우가 많으므로 자근대목을 이용하는 것이 바람직하다. 이중접목묘의 경우 뿌리부분의 대목을 근계(根系)대목이라 한다.

나. 대목의 중요성 및 구비조건

품종(접수품종)에 못지 않게 중요한 것이 대목선정이다. 대목의 기능은 크게 나무의 생장조절과 식물체를 지지하는 것이다. 이는 대목의 종류에 따라 정지·전정 방법이 달라지며 또한 결실관리, 토양관리, 수형구성방법 등이 달라지게 된다. 따라서 사과대목의 특성을 파악해 두는 것은 사과재배에 있어서 무엇보다도 중요한 일이라 하겠다. 우량대목의 검토요인으로는 흡지발생 정도, 내한성, 병해충 저항성, 내재해성, 왜화도 등 대목의 고유특성과 잡목친화성, 과실의 생산성과 품질 등 대목이 접수품종에 미치는 영향 등을 고려해야 한다.

다. 주요 사과대목의 특성

1) 엠9(M.9)

1879년 프랑스에서 우연실생으로 선발되어 '파라다이스 존 드 메츠(Paradise Joune de Metz)라고 불리어지던 것을 영국 이스트말링시험장에서 1912~1919년에 걸쳐 수집, 선발한 계통중의 하나이다. 엠9 대목의 왜화도는 실생대목의 25~35%정도이고, 토심이 깊은 양토가 적합하며, 사질토양이나 토심이 얕은 곳에서는 수세 저하가 심하다. 건조하거나 배수가 불량한 경우에도 수세쇠약이 심해지므로 관배수시설이 반드시 필요하다. 특징은 조기결실성 및 대과 생산이 가능하고, 숙기도 일반대목에 비해 7일 정도 빠르며, 묻어떼기(성토 및 횡복법)에 의해 번식이 가능하다. 또한 대목부분이 접수부분보다 굵어지는 대승(臺勝)현상과 기근속(氣根束)이 다소 발생한다. 뿌리는 수피(樹皮)가 두껍고 부러지기 쉬우므로 지지력(支持力)이 매우 약하다. 따라서 엠9대목의 사과나무는 반드시 지주를 세워주어야 한다.

엠9대목은 역병에는 비교적 강하나, 면충에는 약하다. 내한성(耐寒性)은 엠26보다 다소 약한 편이나 건실하게 재배하면 우리나라 중부이남 지방에서는 문제가 없을 것이다. 동해(凍害)을 조장하는 요인으로는 질소과용으로 초가을까지 웃자라거나, 조기낙엽 또는 이에 준하는 잎 기능 저하(병해충 피해, 약해, 무기성분 결핍에 의한 잎의 황화, 배수불량 등) 그리고 결실과다 등의 조건이 주어졌을 때 동해피해를 받기 쉽다. 동해피해를 입은 나무는 나무좀, 줄기마름병 또는 부란병의 침입을 받기 쉬우므로 그 피해는 더욱 커질 수 있으므로 유의해야 한다.

엠9대목에는 왜화도(나무크기), 발근력(휘묻이 번식시) 및 접수품종의 결실성과 과실특성에 상당한 영향을 미치는 많은 영양계들이 알려져 있는데 다음과 같다.

> ※ **사과의 경우 바이러스 감염과 무감염 나무의 차이점**
> 바이러스에 감염된 나무는 휘묻이 발근력이 극히 떨어지고, 묘목의 생장상태가 불량하며 간주 비대 및 초기 수량이 극히 떨어진다. 영국 이스트말링시험장의 캠벨(Campbell) 박사가 엠9엠라대목에 각종 바이러스를 접종하여 수량과 간주를 조사한 바, 채트 푸르트 바이러스(chat fruit virus)를 접종한 나무는 재식 4년간 누적수량이 바이러스무독묘(무감염)에 비해 65%에 불과하였고, 루베리 우드 바이러스(Rubbery wood virus)를 접종한 나무는 29%에 불과하였다고 한다. 또한 스템 피팅(stem pitting)과 스템 그루빙 바이러스(stem grooving virus) 접종나무는 간주비대가 각각 91%, 88%에 불과하였으며, 크로로틱 립 스폿 바이러스(chlorotic leaf spot virus)를 접종한 나무도 누적수량이 82%, 간주비대가 90%로 생육 및 수량 감소가 뚜렷하게 나타난다.

〈주요 엠9(M.9) 영양계 대목들의 특성〉

① 엠9티337(M.9 T-337)

와게닝겐대학에서 엠9에서 바이러스를 무독화하여 4계통(T-337, T-338, T-339, T-340)을 선발한 것들 중 가장 우수한 계통으로 현재 유럽에서 가장 널리 이용되고 있는 계통이다. 묻어떼기에 의한 번식도 양호하며, 우리나라에서 가장 많이 이용되는 계통이다.

② 엠9엠라(M.9EMLA, 혹은 EMLA M.9)

엠9엠라는 이스트말링(East Malling)과 롱 아쉬톤(Long Ashiton)의 두 시험장에서 공동으로 육성한 계통으로 표준 엠9보다 다소 크게 자라고, 동해에는 약하다. 엠9에이(M.9A)를 무독화 시켜 육성한 계통과 본래의 엠9을 무독화 시킨 계통 등 2계통이 있다. 엠9엠라 리저브(M.9EMLA Reserve)라는 계통은 왜화효과가 50%나 떨어져 본래의 엠9를 무독화 시킨 것이 최근 사용되고 있다.

③ 엠9닉-8, 19, 29(M.9 NIC-8, 19, 29)

닉(NIC)계통은 벨기에의 니콜라이 묘목회사가 엠9에서 선발한 영양계이다. 번식이 잘되고 균일한 생장을 보이며, 접수 품종과 친화성이 양호하고 엠9보다 수량이 많은 것이 장점이다. 나무세력은 8, 19, 29 순으로 커진다. 벨기에서 선발한 것 중에는 엠9를 열처리하여 바이러스를 무독화시킨 계통들 중에서 KL19와 KL29를 선발하였으나 왜화도가 떨어지는 것으로 알려져 있다.

④ 엠9나가노(M.9NAGANO = M.9-)

일본 나가노과수시험장에서 고접병 바이러스(apple chlorotic leaf spot virus : ACLSV)를 무독화한 것으로 M.26보다 왜화효과와 과실생산 효율이 우수한 것으로 알려져 있다.

⑤ 엠9비(M.9 B)

독일 본 시험장에서 M.9에서 선발하여 M.9B(sp10)라고 명명하였는데 B 1, 2, 3호가 있다.

⑥ 파잠1(Pajam 1), 파잠2(Pajam 2)

프랑스 CTIFL 과수시험장에서 Paradise Jaune de Metz로부터 선발하여 1981년에 virus를 무독화하여 Pajam 1(Lancep), Pajam 2(Cepiland)라 명명하였다. 특히 Pajam 1은 왜화효과가 뛰어난 것으로 알려져 있고, 일반 M.9보다 다소 세력이 강하나 M.9EMLA보다는 10%정도 더 왜화된다. 바이러스 무독으로 묻어떼기에 의한 번식이 잘된다. Pajam 2는 세력은 M.9EMLA와 비슷한 것으로 알려져 있고, 번식력은 일반 M.9보다 우수하며 수분(水分)이 많은 곳에서 M.26을 대체할 만한 대목으로 평가되고 있다. 이외에도 프랑스에서 선발한 M.9변이계통으로 N2A, I3A 등이 있다.

- M.9 영양계 간의 왜화도의 차이는 20% 내외로 계통간의 특성에는 큰 차이가 없다.
- 유럽의 경우 M.9 계통에 따른 선택은 주로 특정국가, 지역에서 쉽게 구할 수 있는 대목을 이용하고 있다.
- 우리나라에서는 엠9 영양계 대목별 적응성을 검토 중에 있다.

2) 엠26(M.26)

M.16에 M.9를 교배하여 1929년에 영국에서 선발되었다. 우리나라와 일본에서 중간대목방식으로 가장 많이 이용하고 있으며 왜화도는 실생대목의 40~50%정도이다. M.9보다 토양적응성이 넓고, 사질토양에서는 수세 쇠약이 심하여 반드시 관수시설이 필요하다. 토심이 깊은 양토에서는 나무가 너무 크게 자라므로 밀식장해가 종종 발생하나 과실은 크고 착색, 식미 모두 양호하며 M.9정도로 숙기가 빠르다. 발근이 잘되며 번식이 비교적 쉽고 뿌리가 약하여 영구지주가 필요하며 지상에 노출된 대목이 길 경우 기근속 발생이 심하여 수세쇠약의 주요 원인이 되고 있다. 역병에는 비교적 약하고 내한성은 M.9나 M.7보다 강하다.

3) 엠27(M.27)

M.13에 M.9을 교배하여 육성하였다. M계 대목 중 왜화도가 가장 강하며 왜화도는 실생대목의 15%정도이다. 왜화도가 너무 강해 일반재배에는 부적합하지만 유효토층이 80cm이상인 비옥한 토양에서는 재배가 가능하다. 과실크기는 M.9보다 작고 번식이 쉽고 기근속과 흡지 발생이 적다. 토양건조에 약하므로 철저한 관수가 필요하다.

4) 엠엠106(MM.106)

반왜성대목으로 우리 나라에서는 한때 M.26다음으로 많이 보급되었으나 최근에는 거의 이용되고 있지 않다. 왜화도는 실생대목의 60~

75%정도되고 토양적응성은 넓지만 척박지나 건조지에서는 왜화되기 쉽고 비옥지에서는 일반대목과 거의 같은 정도로 자란다. 번식이 쉽고 대승, 대부현상이 거의 없어 접목부위가 매끈한 편이나 역병에 약하다.

5) 마크(Mark)

M.9의 자연교잡실생에서 선발한 것으로 MAC 9를 열처리하여 바이러스를 무독화시켜 1979년에 미시간 대학에서 Mark란 이름으로 명명하여 보급하였다. Mark를 대목으로 한 나무의 크기는 입지조건과 접수 품종에 따라 다양한 것으로 알려져 있다. 한발에는 M.9보다 약하나 과습에 대한 내성은 M.9나 M.26에 비해 훨씬 강하다. 조기결실성이나 풍산성은 M.9와 비슷하며 과실크기는 M.9보다 작다. 눈접했을 때 활착율이 떨어지고 3배체품종을 접했을 때 더욱 심하여 일종의 접목불친화현상으로 추정하고 있다.

지하부의 대목부위가 이상적(異常的)으로 비대하면서 과실이 작아지고 수세가 급격히 떨어지는 장해가 발생하는데 대개 재식 3~5년차부터 이러한 증상이 발생하고 있다. 특히 토양의 건조와 과습이 되풀이되거나 사질인 토양에서 발생이 심하다. 신규 재식은 피하고 기존의 과원은 가물지 않도록 관수를 철저히 하는 것이 피해를 줄일 수 있는 방법이다. 이 증상의 원인은 아직 밝혀져 있지 않으나 유목기 과다결실이 지하부 이상비대 증상과 관련이 있는 것으로 추정하고 있다.

6) 지(G.) 계통

미국 코넬대학에서 초기에 육성한 대목으로 화상병에 저항성이다. G.11은 M.26에 Robusta 5를 교배하여 육성하였고, 나무크기는 M.26과 비슷하거나 약간 크다. 조기결실성이고 생산성이 좋다. 대목 증식이 쉽고 기근속이 거의 없으며 흡지발생도 적은 편이다. G.16은 Ottawa 3에 Malus floribunda를 교배하여 육성되었고, 나무크기는 M.9와 비슷하다. G.30은 Robusta 5에 M.9를 교배하여 육성되었고, 나무크기는 M.7와 비슷하나 조기결실성이고 생산성이 우수하다. G.65는 M.27에 Beauty Crab를 교배하여 코넬대학에서 육성하였다. M.9에 비해 나무가 작게 자라고 조기결실성이고 생산성도 좋다. 기근속과 흡지발생이 적다.

7) 시지(CG.) 계통

미국 코넬대학에서 초기에 육성한 대목이다. CG.10은 M.8의 자연교잡 실생으로 M.9보다 왜화도는 강하나 수량성은 떨어진다. 번식이 잘되고 기근속 발생은 적으나 흡지발생이 많은 편이다. CG.24는 준왜성으로 M.7과 크기가 비슷하다. 이외에도 CG.23, CG.55, CG.80 등이 있다. 우리 나라에서의 이용가능성은 적은 편이다.

8) 피(P.) 계통

P계통은 M.9에 내한성이 강한 Antonovka를 교배하여 폴란드에서 육성하였다. 내한성과 역병에는 강하나 사과면충에는 약하다. 번식력

은 M.9보다 떨어진다. P.2는 M.9에 비해 나무가 약 20%정도 작게 자라다. 지지력이 약하여 지주를 세워야 한다. 내동성은 P.22, O.3, B.9와 같이 M.9보다 강하다. P.16은 극왜성대목으로 M.27보다 약간 크게 자라고 P.22보다는 약하다. 번식력은 M.9와 비슷하다. 내동성은 M.9와 비슷하고 P.22보다 약하다. 기근속은 없으나 흡지발생이 많다. P.22는 M.27과 비슷하거나 다소 크다. 조기결실성이고 수량성이 높다. 내동성도 M.9보다 우수하다.

9) 버드(Bud.) 계통

Bud.계통은 M.8에 Red Standard를 교배하여 구소련 미추린대학에서 육성하였다. 내한성이 강하고 왜화도가 M.9와 비슷하거나 약간 더 큰 편으로 조기결실성이고 수량성이 높다. 역병에 저항성이고 내한성이 극히 강하나 사과면충에는 약하며, 번식은 M.9보다 쉽다. Bud. 9은 왜화도가 M.9와 비슷하거나 약간 더 큰 편으로 조기결실성이고 수량성이 높다. 내한성이 극히 강하나 화상병과 면충에는 약하다. 내동성이 있는 기대할 만한 대목이다. Bud. 146과 491은 왜화도는 M.27과 M.9의 중간정도이다. 나머지는 Bud. 9과 비슷하다.

10) 제이엠(JM.) 계통

JM 계통은 일본 과수시험장 사과지장에서 환엽해당에 M.9를 교배하여 육성하였다. 삽목번식성이 우수한 것이 특징이다. JM.1은 왜화도는 M.9EMLA정도이고 과실생산성은 M.9EMLA와 M.26보다 다소 높다. 내습성이 비교적 강하고 뿌리목썩음병, 흑성병 및 사과면충에 저항성이 있다. JM.2는 M.26EMLA보다 다소 커지는 왜화성을 나타내고 과실 생산성은 M.26EMLA보다 다소 떨어진다. 내수성은 환엽해당 정도로 강하고 뿌리목썩음병에 저항성이 있으나 사과면충에는 약하다. JM.5는 M.27 정도 또는 그 이상의 왜화도를 보인다. 과실 생산성이 높고 과실 크기는 M.9EMLA와 M.26 보다 다소 작다. 내습성이 비교적 강하고 뿌리목썩음병과 사과면충에 저항성이 있다. 삽목번식이 가능하고 흡지가 발생되기 쉽다. JM.7는 JM과 비슷하고 삽목번식이 극히 잘되고 내습성은 환엽해당과 같은 정도이다. 뿌리목썩음병과 사과면충에 저항성이 있다. JM.8은 왜화도는 M.9EMLA정도이고 과실 생산성은 M.9EMLA와 M.26 보다 다소 높다. 내습성은 다소 약하다. 뿌리목썩음병, 흑성병 및 사과면충에 저항성이 있다.

11) 오(O.) 계통

O.3는 캐나다 오타와에서 M.9에 Robin을 교배하여 육성하였다. 나무크기는 M.9와 M.26의 중간정도이고 조기결실성이고 수량성도 높다. 과실도 대과이다. 동해에 매우 강하다. 번식이 어려워 상업적 이용에 문제점이 있다. O.8은 크기와 수량은 MM.106과 비슷하나 내한성은 강한 편이다.

12) 기 타

① 요크 9 (Jork 9) : 독일의 Jork에서 M.9의 자연교잡실생에서 선발된 대목이다. virus 무독 M.9보다 약간 작다. M.9보다 증식이 잘되고

내동성도 강하다. 화상병에 극히 민감하고 친화력이 좋고 접목한 품종에서 덧가지 발생이 잘된다.

② 브이(V)계통 : 캐나다 온타리오주 바인랜드(Vineland)에서 야생사과 Kerr(Dolgo×Maralson)에 M.9로 믿어지는 꽃가루에 의해 교배된 실생에서 선발된 대목이다. 나무크기는 M.9와 비슷하다. 조기결실성과 다수확성이다. 내동성과 내병성은 알려져 있지 않다. 종류로는 V.1, V.3, V.2, V.4 V.7계통이 있다.

13) 일반대목

① **삼엽해당(三葉海棠, 아그배나무)** : 삼엽해당은 대엽계(大葉系)와 소엽계(小葉系)가 있으며 주로 대엽계가 이용되고 있다. 종자의 발아력이 양호하고, 접목친화성이 높으나 뿌리는 세근이 적고 가늘고 길어 흡비력(吸肥力)이 약하며 건조에 약하다. 부란병과 문우병에 저항성이지만 적진병(赤疹病), 근두암종병(根頭癌腫病), 면충(綿蟲)등에 약하다. 고접시에 스템피팅(stem pitting)바이러스에 의한 고접병(高接病)이 발생되기 쉽고 조피병에 잘 걸린다.

② **환엽해당(丸葉海棠)** : 수자(樹姿)가 직립성(直立性)과 하수성(下垂性)인 계통이 있지만 하수성인 것이 직립성인 것보다 삽목발근성이 양호하다. 사과 면충(綿蟲)에 대한 저항성이 강하고, 내습성(耐濕性) 및 내한성(耐旱性)이 우수하며 토양적응 범위가 넓다. 고접시에 크로로틱 리프(chlorotic leaf) 바이러스에 의한 고접병(高接病)에 잘 걸리고 흡지 발생이 많다.

③ **매주나무(야광나무)** : 수염뿌리가 잘 발달하여 접목한 나무의 생육이 양호하고 생산성이 높다. 건조와 추위에 대한 저항성이 강하고 고접시 고접병에 대한 면역성이 있다. 계통에 따라 접목불친화성을 나타내며 내염성(耐鹽性)이 약하기 때문에 알칼리토양과 저습지에는 적합하지 않다.

④ **사과실생(實生)** : 사과 종자로 번식한 대목으로 공대(共臺)라고도 한다. 접목활착율(接木活着率)이 높고, 뿌리가 깊게 분포되므로 수세(樹勢)가 왕성하며 내한성(耐寒性)이 강하고 토양적응성이 넓다. 결과연령이 약간 늦고 흰가루병(白粉病)에 잘 걸린다.

〈사과대목의 왜화도 정도〉

극왜성 (30%이하)	왜성 (30~55%)	준왜성 (55~65%)	준교성 (65~85%)	교성 (85%이상)
M.27	P.2	V.5-2	Bud.490	M.25
P.16	CG.10	CG.24	MM.106	MM.104
V.5-3	M.9EMLA	M.7	M.2	MM.109
P.22	V.5-1	P.1	M.4	MAC.24
Bud.146	Bud.9	V.5-4	MM.111	실생
Bud.491	O.3	G.30	P.18	
Mark(MAC.9)	MAC.39		A.313	
M.9	M.26		Bud.118	
G.65	V.5-7			
	G.11, G.16			
	JM.7			

〈사과대목 종류별 재식밀도 추천 기준〉

대목 종류	재식밀도(주/10a)	지 주
M.27	375이상	필수
M.9	87~375	필수
M.26, M.9/MM.111	37~87	필요할 때도 있음
M.7	45~62	필요할 때도 있음
MM.106, MM.111	22~45	불필요
실생	15~30	불필요

〈대목별 번식력, 지지력, 흡지발생, 내한성 정도〉

대 목	영양계 특성 평가(1~9)*							
	번식력	지지력	흡지발생	내한성	역병	화상병	흑성병	면충
M.2	7	6	2	6	-	-	-	-
M.4	7	6	4	6	강	중강	중	약
M.7	9	6	7	7	중강	강	중	약
M.9	7	2	2	5	강	약	중	약
M.13	8	8	-	5	-	-	-	-
M.26	9	7	2	7	중약	약	중	약
M.27	7	1	2	5	강	중약	중	약
MM.104	8	6	3	5	-	-	-	-
MM.106	8	8	3	4	중약	중	중	강
MM.111	8	8	3	6	중	중	중	강
O.3	5	4	2	8	강	중약	약	극강
P1	8	7	3	8	중강	중약	약	중약
P2	7	5	2	8	강	중약	약	중약
P18	6	7	2	9	강	중강	약	약
P22	7	5	2	8	강	중강	약	중약
Bud.9	3	4	2	8	극강	약	중	약
Bud.490	8	5	2	8	중강	중	중	중약
Bud.491	8	5	5	9	중약	약	중	약
Robust.5	3	8	3	8	중강	강	강	극강
JM 2	8	-	-	-	극강	-	-	극강
JM 5	9	-	-	-	중	-	-	극약
JM 7	8	-	-	-	강	-	-	극강
JM 8	9	-	-	-	극강	-	-	극강

* 1=최소 · 최저 · 최하, 9=최대 · 최고 · 최상

제3장
사과 재배의 실제

제3장 사과 재배의 실제

1. 개원 및 재식

가. 개원(開院)

1) 토지 기반정비

사과는 한번 재식하면 오랫동안 재배하여야 하므로 심기전에 모든 것을 면밀히 검토하여야 한다. 특히 앞으로의 사과재배는 노동력 절감 및 품질향상이 가장 중요한 문제로 대두될 것이며 이를 위해서는 기계화가 가능한 농로정비, 바람이 심한 곳의 방풍림 설치, 관배수(灌排水) 시설을 위한 용수(用水)의 확보 등 개원에 필요한 토지 기반정비를 철저히 검토한 후에 개원을 하여야 한다.

가) 농로의 배치

지금까지의 사과재배는 기계화를 위한 농로의 배치 이전에 공간만 있으면 나무를 재식하여 수량확보에 모든 것을 기울여 왔으나 앞으로는 농기계의 작업능률을 높이고 적정한 재배관리와 적기출하를 위한 과수원까지의 농로와 과원내 작업로의 정비가 반드시 필요하다. 특히 개원시 농로와 작업로를 계획적으로 정비하여 두는 것이야 말로 생력기계화와 개방화시대의 국제경쟁력을 향상시킬 수 있을 것이며, 자본

집약도가 높은 경영을 위한 가장 중요한 기초작업으로 생산의 안정성과 작업효율을 높일 수 있다.

나) 암거배수(暗渠排水)

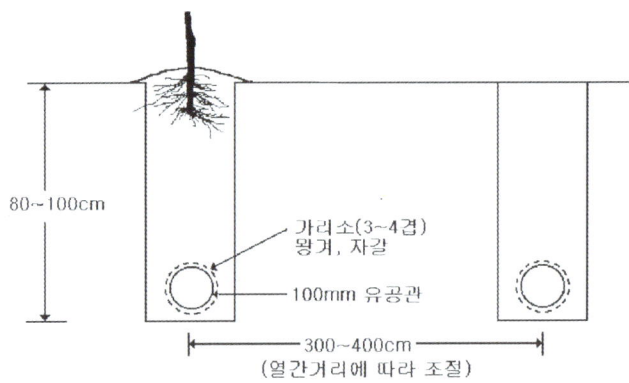

암거배수 모식도

암거배수(유공관)

생육기에 비가 많은 우리나라에서 배수가 불량하다는 것은 사과재배에 있어 초기 수세조절에 어려움이 많을 뿐만 아니라 나무가 생육장해와 병의 발생이 심하고 생산력 및 과실의 품질저하를 초래하게된다. 특히 밀식재배를 할 경우 배수는 재배에 있어 가장 중요한 일일 것이므로 생산성을 높이고 품질을 향상시키기 위해서는 지하수위가 90cm 이하가 되도록 배수용 다공파이프를 이용한 암거배수시설이 반드시 필요하다.

다) 용수(用水) 확보

우리나라에서는 보통 사과재배시 불필요한 경우에 비가 많이 오고 필요한 시기에 비가 적은 현상을 보이므로 사질토양이나 강우량이 적은해의 가뭄을 대비한 관정이나 저수용 탱크 등을 통한 수원(水源)확보와 동시에 관수시설의 설치가 필요하다.

라) 방풍시설

과수는 바람피해가 여러 가지로 나타난다. 특히 경사지 사과원에서 여름과 초가을에 태풍피해가 심하게 나타난다. 이러한 태풍피해를 막기 위해서는 방풍림을 조성하는 것이 필요하다. 방풍림 수종으로는 수직뿌리를 지닌 식물과 메마른 땅에서도 잘자라는 소나무, 삼나무, 측백나무 등이 적합하다.

2) 사과원 조성

가) 평탄지 사과원의 개원

 하천주변의 충적지 또는 기존의 밭, 야산의 홍적층 대지를 이용할 경우 토양의 토성, 배수상태 및 수원 등을 고려하여 과수원을 조성하여야 한다. 모든 과수는 배수가 되지 않으면 뿌리가 잘 자랄 수 없으므로 배수시설을 하여 지하수위를 낮추되 90cm이하가 되도록 하고 또한 재식시 두둑재배 즉 밭의 두둑을 높여 지표면의 물이 잘 빠지도록 해야 한다.

나) 경사지 사과원의 개원

 경사도가 높을수록 관리작업이 불편하고 생력화가 곤란하여 소득이 떨어지므로 기계화 작업이 가능하도록 평탄작업을 하고 개원을 하는 것이 토지이용률 및 소득을 높일 수 있다.
 경사지 과수원에서 중대형 농기계를 원활하게 사용하기 위한 수평방향의 경사각도는 10~12°이므로 가능한 한 경사각도를 낮추어 개원을 하여야 한다.
 재식열은 약제살포용 고속분무기 또는 포크레인 등에 의한 작업을 고려하여 경사면에 직각으로 등고선 방향에 따라 만들어야 편리하다. 그러나 경사가 높아 등고선 방향으로 재식열의 배치가 곤란할 경우에는 평행으로 만들 수도 있다.
 특히 경사지 과수원에서 여름철 강수량이 많으면 토양 침식이 심하므로 재식열 또는 중간의 작업로를 따라 집수구를 설치하여야 한다. 그러나 집수구가 옆으로 너무 길면 물이 모여 토양침식이 더욱 가속화

되기 쉬우므로 100~200m기준으로 지형에 따라 수직배수로를 설치해야 한다.

다) 논 전환 사과원의 개원

논을 사과원으로 개원하고자 할 때에는 지하에 있는 경반층(硬盤層)을 깨어주고 조성하거나 기존의 논을 성토(盛土)하여 조성하여야 한다. 경반층은 속흙(心土) 부분에 있는 전용적밀도(全容積密度)가 높은 토층으로서 건조할 때에는 매우 단단하고 수분이 있으면 잘 부서진다. 이 경반층은 유기물 함량은 작고 투수성이 나쁘거나 매우 느리고 단단하므로 사과나무의 뿌리가 잘 뻗지 못한다. 또한 성토를 하게 되면 토양에 따라 다르겠으나 성토한 토양의 유기물 함량이 대부분 적게 마련이므로 충분한 유기물을 넣은 후 개원하여야 한다.

경반층이 있는 경우 수량이 떨어지는 이유는 첫째 단단한 층으로 구성되어 있으므로 수직배수가 않되고, 둘째 수평으로 토양수분이 이동하기 때문에 배수가 불량하며, 셋째 경도가 25mm이상이기 때문에 뿌리가 뻗을 수 없고 신장이 불량하다. 경반층이 있는 과수원은 땅속깊이 80cm이상, 2m간격으로 배수시설을 설치해야 하며 심토파쇄기를 이용하여 흙을 부드럽게 하고 유기물을 시용하여야 한다.

3) 개원시 토양개량

지금까지 사과재배에 있어 토양문제가 차지하는 비중은 크지 않았으나 목표로 하는 수형관리, 수량, 품질을 위하여는 필수적으로 토양개량을 하여야 한다. 특히 저수고 밀식재배를 선호하는 농가에서는 토양개량이 재배에 있어 가장 우선적으로 고려되어야 할 만큼 중요하다.

과원조성시 토양조건, 재식방법, 사용하고자 하는 대목에 따라서 토양개량에 다소 차이는 있지만 토양은 포크레인이나 트랙터를 이용하여 전면 개량하고, 1년정도 녹비작물을 재배한 후 재식하는 것이 가장 효과적인 방법이다.

가) 유기물시용(有機物施用)

유기물시용은 토양의 배수, 통기성, 토양의 물리성을 개량해 주므로 지력을 향상시키는데 중요한 역할을 하고 있으나 실제 매년 시용하기는 어려우므로 개원시 충분한 유기물을 시용하여 토양개량을 철저히 하여야 한다.

유기물은 볏짚, 건초, 퇴비 등 거친 유기물을 흙과 잘 혼합하여 사용하는 것이 좋으며, 표준 시용량으로 전면 시용하는 경우는 10a당 4,000kg정도, 재식구덩이에 시용할 경우는 구덩이당 20~30kg정도이나 개원시 과원조성 목적에 따라 실제 시용량을 가감하여야 한다.

퇴비시용이 어려운 경우에는 생초량(生草量)이 많은 라이그라스와 풋베기작물 라이맥을 재배하여 나무를 심기전에 갈아엎어 주는 것이 좋다.

나) 석회시용

우리나라 과수원 토양은 pH 5.5이하의 산성토양이 많으며 특히 개원하는 야산은 강한 산성일 뿐만 아니라 인산과 유기물이 거의 없고 질소의 함량도 매우 적다.

따라서 개원시 석회는 성목시에 뿌리가 활동할 수 있는 깊이 60cm까지 넣어주는 것이 바람직하며 시용량은 토양종류, pH에 따라 다른데 야산을 개간할 경우 10a당 200~300kg을 시용하고 깊이갈이(深耕)를 한 후 유기물과 인산비료를 충분히 넣고 2~3kg의 붕사도 함께 시용한다.

다) 토양소독

노목을 굴취해 내고 다시 개식할 경우에는 클로르피크린으로 토양소독을 실시한 후에 심어야 한다. 클로르피크린은 고온일수록 가스화가 쉽기 때문에 여름에 처리하는 것이 좋지만 부득이한 경우에는 봄이나 가을에 하여도 된다. 그 경우에도 지온(地溫)이 15℃이상인 경우에 효과가 나타난다.

처리 후 3주간 이상 경과하지 않으면 정식후 묘목에 약해가 나오기 때문에 9월하순까지는 소독을 끝내는 것이 좋다.

나. 재식

1) 묘목의 준비

과수는 한번 심으면 오랜기간 재배되므로 좋은 묘목을 심어야 한다. 좋은 묘목의 구비조건은 다음과 같다.

가) 품종이 정확하여야 한다.
나) 대목은 심을 토양에 알맞아야 한다.
다) 묘목은 잔뿌리(細根)가 많고 생기가 있어야 한다.
라) 병해충이 없어야 한다. 묘목에 붙어있는 병해충은 날개무늬병, 근두암종병(根頭癌腫病), 깍지벌레 등을 들 수 있다.
마) 웃자라지 않은 묘목이어야 한다. 즉 마디가 굵고 짧으며 충실한 잎눈이 붙어 있어야 한다.

2) 재식시기(栽植時期)

묘목의 재식시기는 낙엽이 진 후 땅이 얼기전에 심는 가을심기와 이듬해 봄에 땅이 풀린 다음 심는 봄심기가 있다. 낙엽과수는 가을이 되면 모든 생리적 활동이 점차 둔해져 겨울동안에는 거의 정지상태로 되고 봄이 되면 다시 활발해진다. 따라서 낙엽과수는 가을의 낙엽기로부터 봄에 뿌리가 활동하기 전까지가 적당한 재식시기라 하겠다.

겨울이 따뜻하고 다습한 지역에서는 늦가을에 심는 것이 가장 좋고, 겨울이 춥고 건조한 지역에서는 봄에 심는 것이 무난하다.

가을심기를 하면 봄에 나무가 생육하기 이전에 뿌리가 토양에 자리

잡아 새 뿌리가 잘 내리고 발아가 빠르기 때문에 새가지가 잘 발육한다. 가을심기에서 유의할 점은 겨울동안의 가뭄으로 인한 가뭄피해를 받을 염려가 있으므로 심을 때 착근(着根)이 잘 될 수 있도록 물을 주든가 복토를 하여 주는 것이 좋다. 봄심기는 전년도 가을에 충실한 묘목을 구해서 가식하여 두었다가 얼은 땅이 풀린 후 곧 심어 뿌리가 활착을 빨리 하도록 하는 것이 중요하다.

봄 심기는 뿌리가 활동하기 이전에 이른봄에 토양이 해빙되면 즉시 재식해야 하는데 늦어도 3월중순까지는 심어야 한다.

3) 재식방법

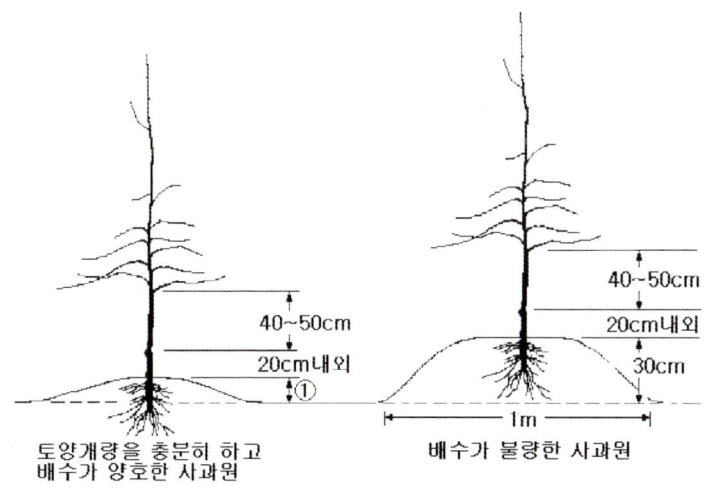

과수는 한 번 심으면 수년간 한곳에서 자라게 되므로 척박하고 배수가 불량한 곳은 미리 토양을 철저히 개량을 하여 재식하는 것이 매우

중요하며, 특히 우리나라와 같은 여건에서는 필수적인 일이다.

묘목을 심는 방법에는 여러방식이 있다. 사방이 동일한 거리로 심는 정방형식 심기, 한쪽이 다른쪽 거리보다 긴 장방형식 심기, 정방향식 또는 장방형식의 대각선 교차점에 한그루씩 더 심는 5점형식, 정삼각형의 정점에 한그루씩 심는 정삼각형식 심기 등이 있다.

일반재배법에서는 정방형식이 많이 이용되지만 대형 농기계를 사용하는 과수원에서는 작업로는 넓고 주간은 좁게 심는 장방형식이 채택된다. 특히 앞으로의 사과재배는 기계화 및 생력재배를 고려할 때 장방형식 재식방법이 효과적일 것이며 햇빛의 투사와 품질을 생각했을 경우에도 효과적이다.

한편 5점식이나 정삼각형식은 재식주수가 많지만 기계화가 불편하므로 간벌계획을 수립하지 않으면 이용할 재식방법이 못된다.

4) 재식거리

사과의 재식거리는 토양조건, 대목의 종류, 목표로 하는 수형에 따라서 달라진다. 특히 앞으로의 사과재배는 기계화를 위한 정확한 농로의 배치가 우선적으로 고려된 후에 알맞게 결정하여야 한다. 또한 재식거리는 성목이 되었을 때 토지의 공간을 입체적으로 활용하여 고도의 생산성을 유지할 수 있도록 하는 것이 중요하다.

5) 수분수(受粉樹) 혼식

사과꽃은 반드시 다른 품종의 화분이 벌, 꽃등애 등의 방화곤충에 의하여 수분이 된 다음 결실하게 되므로 같은 품종만 심어서는 결실을 기대할 수가 없다. 그러므로 경영상 어떤 품종을 주품종으로 심었을 때는 친화성(親和性)이 있는 수분수 품종을 주품종의 20%내외로 혼식하는 것이 필요하다.

수분수 품종은 경제성이 있는 품종이어야 하고, 재배지역에서 재배가 유리하며 개화기가 주품종과 거의 같아야 한다. 사과품종 중 조나골드, 육오 및 북두는 3배체 품종으로 꽃가루가 없어 수분작용을 못하므로 수분수로 이용할 수 없으며, 후지나 감홍품 또한 수분수로 이용할 수 없다. 그외의 품종은 대개 수분작용이 되므로 서로간의 수분수로 이용할 수 있다.

6) 재식(栽植)

가) 재식구덩이 만들기

재식구덩이를 크게 파고 재식시 구덩이에 재식하는 지금까지의 이중접목묘 경우는 일반적으로 직경 1m, 깊이 60~90cm로 파고 판흙을 메울 때 석회를 구덩이당 3~5kg 뿌린다음 거친퇴비를 넣고, 흙을 12~13cm정도 넣는다. 이와 같이 3~5회 되풀이한 후 윗층의 30cm정도는 잘 썩은 퇴비 3~5kg정도를 겉흙과 잘 섞어준다.

재식방법은 묘목의 상태 즉 자근묘와 이중접목묘 그리고 대목의 왜화도에 따라서 재식방법이 다르고 또한 토양의 조건에 따라서도 다르기 때문에 이 모든 것을 한가지로 어떻게 심어야 한다는 것이 어려운 일이다.

그러나 앞으로의 생력형 밀식재배에서의 재식방법은 먼저 토양 개량 후 나무를 재식하여 목적으로 한 대목의 지상부 노출을 정확히 해주어야 초기 수세조절에 실패를 하지 않으며 목표로 하는 수형을 쉽게 구성할 수 있다. 또한 대목의 왜화도가 높은 것일수록 토양관리를 철저하게 하여야 한다.

재식 전 석회 시용

재식구덩이 파기

나) 묘목심기

재식 후 사진

재식 후 묘목고정장치 이용 묘목 묶기

왜성대목 이중접목묘는 왜성대목 부위에서 뿌리가 잘 발생되도록 왜성대목까지 깊게 심되 우리나라의 현재 이중접목 대목의 길이가 30cm를 기준으로 한다면 대목의 지상부 노출정도를 약 10cm정도 되게 재식하고 일반대목 묘목은 대목만 얕게 심어 뿌리의 생장을 좋게 하여야 한다.

뿌리에 퇴비나 화학비료가 직접 닿으면 피해를 받게 되므로 뿌리가 닿는 부위에는 거름이 섞이지 않은 흙으로 메워준 후 물을 10~20ℓ 정도 주고 물이 스며든 뒤에 복토하여 주고 심은 후에는 받침대를 세워주고 나무를 고정해주어 바람에 흔들리지 않도록 하며 건조를 방지하기 위하여 비닐을 피복하거나 짚이나 건초를 깔아 주어야 한다.

2. 결실관리

사과의 결실관리는 안정된 수량의 지속적인 생산과 고품질의 과실을 생산하기 위한 중요한 재배기술에 속하며 수량의 안정적 생산은 먼저 충분한 결실량의 확보에 의해 이루어진다. 이와 같은 결실량의 확보는 전년도 기상, 병해충 방제에 의한 건전한 잎의 보호, 알맞은 결실조절 등에 의해 꽃눈형성이 정상적으로 이루어질 때 이루어지며 고품질의 과실생산은 조기적과, 적절한 결실량 등 합리적인 결실조절이 적기에 행해짐으로써 가능하다.

가. 결실저해 요인

1) 꽃눈형성 불량

정상적인 결실은 전년도 꽃눈형성이 정상적으로 이루어질 때 가능하며 꽃눈형성은 기상요인과 시비, 결실, 병해충 발생 등 여러 가지 재배적 요인이 복합적으로 관여한다.

꽃눈형성을 저해하는 요인은 꽃눈분화기의 과다한 강우와 일조부족에 의한 신초의 과번무, 여름철 야간의 고온에 의한 호흡량의 과다로 탄수화물의 생성보다 소비가 많을 때 또는 과다결실, 적과시기 지연, 강전정, 병해충 피해에 의한 조기낙엽 등이며 특히 기상요인과 재배적 요인이 중복되면 더욱 꽃눈형성이 나빠져 결실이 불량해지게 된다.

2) 불임성(不稔性) 및 불친화성(不親和性)

화기(花器)에 아무런 이상이 없고 외관상 건전한 상태에도 불구하고 결실이 되지 않는 경우가 있다. 이는 화분의 불임성과 자가불친화성에 기인되는 것이다.

사과나무의 염색체수는 생식세포 17, 체세포 34개가 일반적이지만 체세포가 51개인 품종이 있다. 이러한 품종을 3배체 품종이라 하는데 3배체 품종의 화분은 외관상 정상으로 보이지만 다른 품종에 대해 수분친화성이 약하고 불임화분을 생산하여 화분이 발아하지 못한다. 3배체 품종으로는 육오, 조나골드, 북두 품종을 들 수 있다.

또한 사과 재배품종의 대부분은 자가수정에 의한 결실이 나빠 다른 품종의 화분을 이용해야 정상적인 결실을 확보할 수 있는데 이와 같은 현상을 자가불화합성이라 부른다. 이러한 현상은 후지, 쓰가루, 데리셔스계 품종이 강하고 국광, 홍옥은 약한 품종에 속하며 자가불화합성은 현재 적절한 타파방법이 없으므로 수분수 재식, 인공수분, 방화곤충 이용 등에 의해 결실을 확보해야 한다.

3) 기상 및 재배적 요인

개화기에 기온이 낮으면 개약(開葯), 화분발아, 화분관 신장 등의 지연에 의해 결실률이 떨어지며 휴면기 저온이나 서리피해 등에 의해서도 화기(花器)의 동사나 발육이상에 의해 결실이 불량해진다. 또한 개화기에 1.5℃이하의 저온, 강풍, 강우 등은 방화곤충의 활동이 저해되어 수분작용이 이루어지지 못하여 결실이 불량해지며 이때는 인공수분 등의 대책을 강구해야 한다.

재배적 요인으로는 수분수가 없거나 불합리하게 재식되었을 경우 또는 개화기중 약제살포로 방화곤충을 죽게하거나 냄새에 의해 날아오지 않을 경우와 약제에 의해 화분발아, 화분관 신장을 억제하고 암술 등의 화기를 손상시키는 경우에도 결실이 나빠지는 경우가 있으므로 개화기중 약제살포는 유의해야 한다.

나. 인공수분(人工受粉)

1) 인공수분의 필요성과 효과

인공수분은 결실률을 높여 생산을 안정시키는 동시에 과실크기와 균일과(均一果) 생산비율을 높이기 위해 실시한다. 이러한 인공수분은

인공수분 전경

 꽃가루 채취, 수분 등 작업이 번거롭고 단기간에 노동집약도가 높은 작업에 속하나 최근 농약의 과다시용, 환경오염 등에 의해 방화곤충의 비래가 문제되는 지역이나 개화기 저온, 강한 바람, 강우 등으로 방화곤충의 활동이 어려울 때 또는 동해, 서리피해에 의해 결실확보가 어려울 때 그리고 수분수가 없거나 불합리하게 재식되어 있을 경우에는 인공수분에 의해 안정적 결실확보가 가능하다.
 이와 같은 인공수분은 비가 다소 오는날 실시하여도 결실률이 높으며 대과 생산비율이 높아지고 착색 및 정형과 생산비율이 높아 품질향상에도 효과적이다.

2) 꽃가루 준비

 인공수분시 꽃가루 채취품종은 수분하려는 품종에 대하여 친화력이 높고 꽃가루량이 많은 품종을 선택해야 한다. 꽃가루 채취품종으로 알맞은 품종은 쓰가루, 홍로, 데리셔스, 홍월, 홍옥 등이며 육오, 조나골드, 북두 품종은 꽃가루 채취품종으로 부적당하다.

화분량은 재배조건이나 영양상태 또는 채취시기와 기상상태에 따라 다르다. 꽃채취 시기는 풍선처럼 부풀은 개화직전의 꽃봉오리를 따서 채취하는 것이 꽃가루량도 많고 발아율도 높다.

또한 개화기에 비가 내린후 2~3일 경과한 꽃을 이용하거나 전정가지 이용시 간이하우스내에서 개화를 유도할 경우 하우스내 온도가 25℃이상의 고온이 되면 발아력이 떨어져 충분한 효과를 기대할 수 없게 되므로 주의해야 한다.

꽃가루 필요량은 수분예정 꽃수의 10%정도를 준비하여야 하며 채집한 꽃은 약(約)을 분리하여 온도 20~25℃, 습도 70%이내의 장소에 두면 약이 벌어져 꽃가루 채취가 가능하다. 채취한 꽃가루는 2~3일내 사용할 경우 0~5℃냉암소에 보관해도 되나 장기간 저장할 경우는 -20℃저온과 20%내외의 습도조건에서 보관하는 것이 발아력이 떨어지지 않는다.

3) 인공수분 시기 및 방법

과수의 꽃은 수분시기에 따라 수정능력에 차이가 있으며 대개 개화 직전이나 직후 수정능력이 높고 개화후 3일 이상이 지나면 수정능력이 떨어져 결실률도 낮아지게 된다.

꽃의 생육상태별 인공수분에 의한 결실률과 과실비대에 미치는 영향을 보면 시기와 관계없이 결실률은 90%이상으로 높으나 과실비대는 꽃이 상태가 진전됨에 따라 다소 큰 경향을 볼 수 있다.

인공수분 적정시기

따라서 인공수분 적기는 개화후 빠를수록 좋으나 대개 개화후 2~3일 까지는 수정능력이 높고 측화보다 중심화가 과실품질이 좋으므로 이들 꽃이 70~80%개화한 직후가 적기이며 1일중 수분시각은 오전 8시부터 오후까지 가능하지만 수분 후 화분관 신장이 고온에서 잘되므로 오전에 이슬이 마른 직후 수분하는 것이 좋다.

인공수분시는 꽃가루를 절약하기 위해 증량제를 적당량 혼합해서 사용하는 것이 효과적이며 증량제로는 흡습성이 적고 화분발아에 나쁜 영향을 미치지 않는 석송자를 보통 5~10배로 희석하여 사용한다.

희석정도는 꽃가루의 발아력이 높은 경우는 다소 많이 희석해도 좋으나 발아력이 떨어질 경우는 그 정도에 따라 3~4배 정도 희석하여 사용하는 것이 안전하다.

인공수분 기구는 붓, 솜봉, 귓속털이, 새털, 시험관, 피스톨 수분기 등이 이용되나 솜봉, 귓속털이가 보편적으로 이용된다. 시험관을 이용하여 시험관을 가제로 2~3중 막아 꽃위에서 흔들어 수분하는 방법과 소형피스톨 수분기는 작업효율은 높지만 꽃가루 소비량이 많은 것이 결점이다. 솜봉, 귓속털이 기구는 수분할 때 꽃에 이슬이 있을 경우 기구에 흡수되어 작업능력이 저하되고 꽃가루가 파괴되기 쉬우므로 꽃잎이 마른후 작업하는 것이 좋으며, 바람이 많은 날에는 작업효율이 떨어지고 꽃가루량도 많이 소요되므로 피하는 것이 좋다.

4) 머리뿔가위벌 이용에 의한 인공수분 대체효과

머리뿔가위벌은 꿀벌에 비해 관리가 편리하고 수정률이 높으며 집단이 파괴되지 않아 필요한 양의 종봉(種蜂)을 입수하면 이용후에도 농가주변이나 산간지에서 자가 증식하여 재활용이 가능하여 최근 사과재배 농가에 결실확보를 위해 이용이 증가되고 있으며 일부지역에서는 토종 머리뿔 가위벌을 유인 채집하여 이용하고 있다.

사과원의 머리뿔가위벌 이용효과는 자연방임에 비해 결실률이 높고 기형과 발생률이 적으며 과실품질 향상에도 효과적이다. 따라서 머리뿔가위벌을 이용하면 인공수분과 유사한 효과를 볼수 있는 반면 결실을 위한 노력절감에도 효과적이다.

머리뿔가위벌을 이용하기 위해서는 사육농가로부터 구입하거나 산야에 자생하고 있는 머리뿔가위벌을 채집하여 이용해야 한다.

야생종 채집시기는 갈대나 대나무트랩을 설치하여 유인한다. 갈대나 대나무 트랩은 내경 6~7mm정도, 깊이 30cm로 잘라 20~50개 정도를 한 묶음으로 하는 것이 좋다.

다. 적과(열매솎기)

1) 적과시기(摘果時期)

사과는 꽃이 피고 결실하기 까지는 주로 수체(樹體)내에 저장하고 있는 저장양분을 이용하여 생육한다. 따라서 결실이 많아지면 저장양분의 소모는 많아져 과실비대와 신초(新梢) 생육에 나쁜 영향을 미치게 된다.

또한 이듬해 꽃눈형성을 위해서 필요한 양분은 새로 만들어진 잎의 동화작용을 통한 탄수화물을 축적해야 하기 때문에 가능한 한 빨리 적과작업을 하여 과실에서 이용할 양분을 잎의 발육에 이용할 수 있도록 하여 새로운 잎에서 생성된 동화산물이 과실비대와 꽃눈형성에 공급되도록 해야 한다. 적과 및 적화시기가 과실 및 수체생육에 미치는 영향을 보면 적과보다는 적화(꽃따기)를 하는 것이 대과 생산비율도 높고 착색과 수체생육도 좋아진다.

따라서 적과시기는 빠를수록 좋으나 수정여부의 판단이 어렵고 조기낙과의 위험성이 있으며 기상재해, 병해충 피해 위험 등을 고려하여야 하나 좋은 품질의 과실을 생산하기 위해서는 적과보다는 적화 또는 봉오리따기를 행하는 것이 효과적이다.

2) 적과정도

과실은 잎에서 생성된 동화양분(同化養分)에 의해서 비대되기 때문에 어느 정도까지는 잎수(葉數)가 많을수록 과실의 발육은 좋아진다.

잎수에 비해 결실량이 많으면 과실당 잎수는 감소하게 되어 과실비대가 나빠지고 한정된 잎수에서 생성된 양분의 분배 역시 적어져 과실내 당함량은 떨어지고 착색도 나빠지게 된다. 그러므로 적과정도는 과실의 크기와 품질을 최대한 증가시킬 수 있는 엽면적(잎수)을 확보하는데 기준을 두어야 한다.

적과의 정도가 강하면 과실의 크기는 어느 정도까지 증가하나 어느 한계에 달하면 더 이상 커지지 않는다. 따라서 가장 알맞는 적과의 정도는 과실크기와 품질을 최대로 할 수 있는 엽면적을 확보하는 정도라고 할 수 있다.

잎수를 기준으로 할 경우 과실당 소과는 30~40잎, 대과는 50~70잎을 기준으로 하고 있으나 이는 이론상의 기준에 불과하며 실제 이 잎수를 기준으로 적과한다는 것은 불가능하다. 때문에 정아수와 과실간의 간격, 가지당 과실수, 10a당 목표생산량을 기준으로 하여 적과하는 것이 합리적이다.

끝눈(頂芽)을 기준으로 할 때 소과는 3~4 끝눈에 1과, 대과는 4~5 끝눈에 1과를 남기되 과실의 간격을 보아가면서 적과하는 것이 효과적이며, 과실간의 간격 20cm를 전후로 품종에 따라 가감한다.

그러나 적정 결실수를 결정하는 것은 수령, 품종, 수세 및 토양조건 등에 따라서 다르므로 일률적으로 기준을 정하기는 어렵다.

따라서 적과정도는 과실당 잎수, 정아수, 과실간의 간격이 기본이 되지만 수세가 강한 나무는 많이 착과시켜 수세안정을 꾀하고 수세가 약한 나무는 강하게 적과하여 수세회복을 꾀해야 하며 적과시기가 늦어진 경우는 과실비대를 극대화 시키기 위해 착과수를 다소 줄이는 것이 좋다. 또한 한 나무에서도 광선이 잘 드는 부위는 다소 착과량을 늘려도 과실크기와 품질에 영향이 없으나 광선이 잘 들지 않는 곳은 다소 강하게 적과하는 것이 좋다.

적과 작업 후 남은 과일

3) 고품질 과실생산을 위한 적과요령

적뢰, 적화 및 적과는 대부분 인력에 의해 이루어지게 되므로 노동력 소요가 많고 대면적 재배시 오랜시간이 걸리게 된다. 따라서 되도록 적과보다는 적뢰, 적화를 통하여 1차 결실조절을 한 다음 화총(花叢)내 2~3개의 과실을 남기는 여유있는 적과를 하여 1차 적과(적뢰 또는 적화)는 가능한 한 빨리 끝마치고, 과실의 발육상태를 보아 2~3차 결실을 조절하는 것이 상품과 생산비율을 높일 수 있다.

적화 작업

적화 작업(완료)

남기는 과실은 액화아 보다 정화아에서 결실된 과실이 좋은 품질이 생산되며 측과보다는 중심과를 남기는 것이 품질이 좋다.

또한 과경(열매꼭지)이 굵고 긴 것을 남기고 과총엽이 많이 붙어 있는 과실일수록 대과생산 비율이 높으며, 이외에도 화총내 꽃수가 많은 화총, 개화기가 빠른 화총, 4~5년생 가지에 결실된 과실 등은 좋은 품질의 과실을 생산할 수 있으므로 가급적 남기고 병해충 피해나 상처를 입은 과실, 나무발육에 지장을 주는 가지 끝에 매달린 과실, 기형과 등은 제거하여 유과시부터 고품질 과실을 생산할 수 있는 과실은 남기고 상품과 생산에 불리한 과실은 제거한다.

4) 약제적과(藥劑摘果)

인력적과는 남기는 과실이 정확하고 안정된 결실조절 방법이긴 하나 노력이 많이 소요된다. 반면 약제적과는 약제살포시기, 나무수세, 기상조건 등에 따라 효과에 차이가 있어 인력적과에 비해 정확성과 안정성은 적으나 노력절감 효과가 커서 앞으로 노동력 부족현상에 대비하고 생산비 절감을 위해서는 약제적과의 필요성이 증가되고 있다.

적과약제로는 나크수화제(세빈)가 살포시기 폭이 넓고 과실과 잎에 약해가 없으며 과실비대에도 좋아 실용화되고 있다.

살포농도는 500~1,000배 농도까지 살포폭이 넓으나 살충효과가 있는 700~800배가 실용적으로 이용되고 있다. 살포시기는 품종에 따라 다르나 대개 적과제에 둔한 품종(후지)은 살포시기가 빠를수록 효과적이고 민감한 품종(쓰가루)은 과다적과의 위험이 있으므로 만개후 2~3주 후에 살포하는 것이 좋다.

후지품종의 연도별 살포시기에 따른 적과효과는 해에 따라 다소 차이는 있으나 살포시기가 빠를수록 효과적이며 6개년 모두 어느시기에 살포하더라도 과다적과의 위험성은 없었다.

이와 같은 적과제 이용시 살포시기 판정은 중심화가 70~80% 개화했을 때를 만개기로 기준하여 후지품종은 만개 5~7일후 쓰가루 품종은 만개 2~3주 후가 살포적기이며 특히 쓰가루 품종은 과다적과의 위험이 있으므로 살포에 유의해야 한다.

라. 봉지씌우기

1) 봉지씌우기 효과

과실 봉지씌우기는 짧은 기간내에 많은 노동력을 필요로 하고 봉지비용 등으로 경영상 어려운 점이 많으나 과실의 병해충 피해를 줄이고 착색을 좋게 하는 외에 홍월품종은 과피반점 장해를 방지할 수 있다. 그러나 봉지재배는 과실당도가 낮아지고 성숙을 지연시킨다.

2) 봉지씌우는 시기

사과의 유과(幼果)는 개화 후 2~4주간은 세포수가 증가하는 시기인데 이 시기는 광의 영향을 많이 받으므로 차광하면 과실비대가 나빠지고 생리적인 낙과가 유발되기 쉽다. 봉지씌우기는 시기가 빨라짐에 따라 동녹발생이 적어지고 과피엽록소의 함량이 적어져 착색은 증진되지만 당도가 떨어지는 결과를 초래한다.

따라서 봉지씌우는 시기는 일반적으로 낙화 후 30일 전후가 적기이나 골덴 품종과 같이 동녹발생이 심한 품종은 낙화 후 10일 이내에 씌워야 동녹발생을 효과적으로 막을 수 있다.

3) 봉지벗기는 시기 및 방법

 과실의 착색이 좋아지기 위해서는 여러 가지 조건이 필요하게 되는데 비대가 진전되고 숙기가 가까워지므로 과실내 전분이 감소하고 당함량이 증가되어야 함은 물론 안토시안 발현을 위해 밤기온의 일정한 저온과 단파장의 광을 필요로 한다.

 일반적으로 봉지벗기는 시기는 과실비대기에서 성숙기로 전환하는 시기와 일치하는데 과실의 숙도가 진전되어도 광이 충분하지 않으면 황백색이 되고 적색의 안토시안 색소가 잘 발현되지 않는다.

 봉지벗기기는 시기가 빠르면 과면(果面)은 일시적으로 붉게 착색되지만 다소 엽록소가 생성되어 녹색이 되고, 그 후는 붉게 착색되지 않는 부분이 많아지며, 너무 늦으면 착색이 충분하지 못하고 과실의 당함량도 낮아지게 된다.

 후지품종의 봉지벗기는 시기에 따른 착색과 당도에 미치는 영향을 보면 수확 30~40일 사이가 착색도 좋고 당도가 높은 것을 볼 수 있다.

 조생종인 쓰가루는 수확기 고온 등에 의해 그 시기가 특히 중요하다. 일반적으로 과실내 당도가 11~12도 정도가 되고 야간의 최저기온이 20℃이하가 될 때 벗기면 착색에 효과적이다. 따라서 조생종인 쓰가루는 수확 10~15일전, 만생종인 후지는 수확 30일 전후를 기준으로 하여 그 시기의 기상조건을 고려하여 결정해야 한다.

 봉지를 씌운 과실은 벗긴 후 일소(日燒)가 생기기 쉬우므로 봉지를 벗길 때 주의해야 한다. 착색증진을 목적으로 하는 2중 봉지는 바깥 봉지를 벗긴 후 안봉지를 5~7일경에 벗기고 신문봉지는 봉지 밑을 터주어 5~8일간 산광을 쬐게한 다음 벗겨주며, 하루 중 과실온도가 높은 오후 2~4시 경에 봉지를 벗기는 것이 일소방지에 효과적이다. 봉지를 벗긴 후 과실주위 잎을 따주고 과실 돌리기를 하면 과실전체가 고루 착색이 좋아지지만 특히 지나친 잎따기는 과실 당도를 떨어뜨리고 수세쇠약의 원인이 되므로 잎따주는 시기와 정도에 유의한다. 봉지씌운 나무 아래 반사 폴리에틸렌필름을 깔아주면 수관 아랫부분의 과실착색에 효과적이다.

마. 생리적 낙과(落果)

생리적 낙과란 태풍, 병해충 등의 외적인 요인 외에 과실이 발육도중 갑자기 낙과되는 현상을 생리적인 낙과라 한다. 발생시기에 따라 낙화 후 1~3주 사이 수정불량에 의해 일어나는 생육초기 낙과와 낙화 후 3~6주 사이에 일어나는 6월낙과(June drop)를 들 수 있으며, 이들 두 시기의 낙과를 조기 낙과라고도 한다. 그리고 수확 직전에 떨어지는 수확전낙과를 들 수 있다.

수정불량에 의해 떨어지는 생육초기 낙과는 수분(受粉)이 충분하게 되지 않았거나 화기에 어떤 장해가 있는 경우 또는 수세가 현저하게 쇠약한 경우 등 일반적으로 그 원인이 잘 알려져 있으며 6월 낙과는 낙과 발생요인이 복잡하지만 사과에서는 큰 문제가 되지 않으며 재배상 문제가 되는 것은 수확전낙과이다.

1) 6월 낙과(June drop)

 낙과가 6월경에 많이 일어나므로 6월낙과라 한다. 6월낙과는 과종에 따라 차이가 심하며 사과에서는 재배상 큰 문제가 되지 않는다. 6월 낙과의 원인은 환경요인, 수체(樹體)의 내적요인 및 인위적 요인 등 여러 가지 요인이 복합적으로 작용하여 발생된다.

 즉 환경요인으로서 일조부족, 고온, 저온 등 불량 기상조건에서는 광합성저하, 호흡량 증대에 의한 광합성 산물의 과다소모가 원인이 되며 수체의 내적요인은 종자수가 적거나 저장양분이 적을수록 또는 결실이 과다할수록 낙과가 많아진다.

 인위적요인은 농약에 의한 약해, 질소 과다시용, 강전정 등에 따른 신초생장의 과번무로 과실로의 양분공급 부족에 의해 낙과를 유발하게 된다.

 6월 낙과를 방지하기 위해서는 첫째, 수분을 좋게 하여 과실내 종자수가 많아지도록 해야한다. 따라서 적절한 수분수 재식, 인공수분 등으로 수정률을 높여 종자수가 많아지도록 한다. 둘째, 저장 양분이 충분히 저장될 수 있도록 재배관리에 힘쓴다. 과실과 가지는 서로 양분 경합관계가 있고 광합성 산물이 적은 유과기는 양분 경합이 더 심하므로 저장 양분이 부족한 상태에서는 과실에 공급되는 양분이 적어 낙과를 유발시키는 원인이 된다.

 따라서 저장양분을 많게 하기 위해 병해충 방제에 의한 건전한 잎관리, 질소비료의 과다시용 금지, 수확기 전후 질소 엽면살포에 의한 노화된 잎의 생리기능 활성회복, 알맞은 결실관리 등에 힘쓰고 조기적과에 의해 저장양분의 헛된 소모를 줄인다.

셋째, 질소비료를 적절하게 공급하고 강전정을 피하여 나무의 수세조절과 영양상태의 조화를 꾀하며 낙화 1~3주 사이에 약제살포에 신경을 써 인위적인 낙과요인을 줄여야 한다.

2) 수확전 낙과

수확 1개월 전쯤부터 아무런 병해충이나 기계적 장애없이 일어나는 낙과로 그 정도는 품종에 따라 차이가 있고 쓰가루, 홍월, 스타킹, 홍옥 등이 특히 심하며 낙과가 많은 해는 결실수의 30~50%까지 낙과되는 수도 있다.

낙과 정도는 지역이나 해에 따라 큰 차이가 있는데 사과에서는 기온과 수체의 영양상태가 큰 원인으로 알려지고 있다. 비교적 따뜻한 지방일수록, 수확 전 고온이 계속될수록 즉 여름부터 가을까지 기온이 높거나 밤의 기온이 높은 지역일수록 낙과가 많고 특히 건조한 해는 낙과가 더 심한 것으로 알려져 있다. 또한 약해나 병해충에 의한 낙엽, 잎의 갈변도 낙과를 조장하는 요인이 된다.

수확전 낙과방지법은 생장조정제와 같은 낙과방지제 살포에 의해 효과적으로 방지할 수 있다. 그러나 수확전 낙과방지를 위해 생장조정제를 이용하면 낙과방지효과는 크나 과실경도 저하에 의해 저장력이 현저히 떨어지고 과경부위 연화(軟化)에 의한 상품성이 없어져 사용상 문제가 많다.

3. 정지 · 전정

가. 정지 · 전정의 목적

왜성 사과재배의 주요 목적은 고품질 과실 생산, 재배관리의 생력화, 조기결실에 의한 수익성 향상이라고 말할 수 있다. 이러한 목적달성을 위해서는 효과적인 재배기술 투입이 필요하며 그 중에서도 정지전정 기술은 품질이나 수량, 관리노력 정도에 크게 영향을 미친다. 따라서 재배자는 수체의 전정생리를 파악하고 나름대로의 원칙과 소신을 가지고 실천하는 것이 중요하다. 특히 정지전정 본래의 목적인 광환경 개선, 수세조절, 꽃눈분화 증진, 착색증진에 따른 고품질 과실생산에 필요한 기술적 체계를 정립하고 수형유지 및 관리에 필요한 원칙을 이해하는 것이 필요하다.

나. 정지전정의 구분

1) 동계전정과 하계전정

휴면기에 가지를 자르게 되면 남은 눈에서 발생하는 새가지가 강하게 생장한다. 이 때 전정이 강하면 강할수록 새가지의 발생이 강하게 된다.

이와 같이 전정에 의하여 새가지의 생장이 강하게 되는 원인은 전정에 의하여 남은 눈 수는 적어지지만 뿌리의 양은 변하지 않으므로 뿌리에서 흡수된 양·수분 및 저장양분이 남은 눈에 집중되기 때문이다. 반면 늦봄부터 초가을 사이에 하계전정을 하게 되면 잎의 숫자가 감소하여 광합성량이 적어지고, 2차 생장을 유발하여 양분소모는 많고 수체내 양분축적이 적어져 나무의 세력이 떨어지게 된다. 이와 같은 뿌리 및 가지 생장억제 효과는 잎의 광합성 능력이 가장 왕성한 8월에 실시하는 것이 가장 높다.

【하계전정】
도장지와 밀생지 등 불필요한 가지를 제거하여 줌으로써 수세를 조절하고, 수관 내부의 광 투과 효율을 높게 하여 과실착색증진과 병충해 방제를 용이하게 하며, 전정 노력의 분산으로 작업능률면에서도 바람직함
○ 높은 생산력을 유지하기 위한 하계전정 !!!
 → 기본은 측지 유인과 꽃눈확보 (결과지)

【동계전정】
일반적으로 나무의 골격을 재배형태에 맞게 수형교정 또는 나무세력을 확보하기 위한 전정임
○ 수형 및 수세관리를 위한 동계전정 !!!
 → 기본은 솎음전정을 통한 광환경 개선
 → 광환경 개선을 위한 결과지 배치
 → 과실품질과 생산력 유지를 위한 수형관리

2) 강전정과 약전정

전정을 강하게 하면 새가지의 세력이 강해져서 생장이 늦게까지 지속되기 때문에 수체내 양분의 축적이 적어 꽃눈 형성이 불량하고 뿌리 생장도 떨어지게 된다.

반대로, 전정을 약하게 하면 새가지 생육은 약하게 되지만 초기 엽면적이 많아지고 꽃눈 형성도 좋게 된다. 따라서, 나무의 생산성을 높이기 위해서는 가능한 한 약전정을 하는 것이 좋으나, 지나치게 가지를

많이 남기면 수관이 복잡하여지고 나무의 세력이 떨어지게 된다.

　일반적으로 나무의 세력이 강한 경우에는 약전정, 그리고 약한 경우에는 강전정을 하며, 유목기에는 약전정을 그리고 노목에 대해서는 강전정을 하여야 좋은 수세를 유지할 수 있다.

3) 절단전정과 솎음전정

　1년생 가지를 절단하면 절단 부위에서 2~3개의 강한 새가지가 발생한다. 가지의 절단 정도가 강하면 강할수록 강한 새가지가 발생하는데, 이 경우 단과지(短果枝)로 발육할 눈이 강한 새가지나 잠아(潛芽)로 되어 꽃눈이 형성되지 않는다. 따라서 결실시킬 부위의 가지는 절단을 하지 말아야 한다.

　절단전정을 실시하면 새가지가 강하게 생장하므로 몇 년 계속하면 튼튼한 가지를 만들 수는 있지만, 꽃눈 형성은 늦어지게 된다. 따라서 튼튼한 골격지를 만들거나 노목의 수세 회복을 목적으로 하지 않는다면 가지를 절단하지 않는 것이 결실량 확보에 유리하다. 한편, 솎음전정은 전정의 자극이 솎아준 가지 근처에만 미쳐 새가지의 생장을 촉진하는 효과가 적으므로, 수관 내부의 광환경을 좋게 하여 꽃눈 형성이나 과실 품질에 좋은 영향을 미치는 경우가 많다.

다. 정지 · 전정의 원칙

- 주간을 똑바로 세워야 나무 전체의 세력 균형을 유지할 수 있다.
- 주간을 바로 세우기 위하여, 주간보다 굵은 주지는 기부에서 잘라내고, 필요하면 갱신한다.
- 수관은 피라미드형이 되어야 수관 내부까지 좋은 과실을 결실시킬 수 있다.
- 따라서 아래쪽의 주지가 위쪽의 주지보다 굵고 길어야 한다.
- 위쪽의 주지가 아래쪽 주지보다 굵으면 기부에서 잘라내고 갱신한다.
- 위로 선 가지는 세력이 과다하게 되고, 주위의 세력 균형을 깰 우려가 있으므로 90°로 유인하거나 제거한다.
- 아래로 늘어진 가지는 세력이 약화되기 쉬우므로 유인하여 올려주거나 제거한다.
- 안쪽으로 향한 가지는 다른 가지에 나쁜 영향을 미치므로 기부에서 제거한다.
- 골격지로 키울 가지가 아니면 절단하지 않는다.

라. 가지생장의 원칙

○ 착생위치가 같고 분지각, 길이, 세력이 같은 두 개의 가지는 같은 세력으로 자람
 - 같은 높이 및 부위에 착생된 가지(車枝)가 2개 이상 있으면 세력이 강해짐
 - 성목기에는 측지간격이 적어도 한뼘(약 20~25cm) 수준은 띄어야 함

○ 다른조건이 같다면 분지각도가 좁은 가지는 넓은 가지 보다 강하게 자람
 - 수형에 맞는 유인각도 설정 및 세력에 따른 유인 필요
 - 무조건 적인 유인은 수형 및 수세조절 측면에서 악영향이 높음

주간부 차지

○ 분지각이 같다면 원줄기에 높게 부착된 가지가 낮은 가지보다 강하게 자람
  - 광환경 조건 및 양분흡수 능력에서 우수하기 때문에 기부의 가지보다 생장 왕성
  - 수형구조로 볼 때 왜 피라미드식을 적용하는가를 이해할 필요가 있음
○ 다른 조건이 같다면 굵은 가지가 가는 가지보다 강하게 자람
  - 굵은가지는 양분흡수를 하는 도관조직이 크기 때문에 세력이 왕성해짐
  - 굵은가지는 기부직경에 따라 전체적인 측지길이 또한 길어지기 때문에 재식거리 유지가 곤란

굵은 측지 / 가는 측지

○ 원줄기에 가까이 부착된 가지가 멀리 부착된 가지보다 강하게 자람
 - 정부우세성 및 양분분배 특성상 기부가지 생장 왕성
 - 측지의 갱신 및 대체지 육성에 활용

마. 일반적인 밀식재배 수형

 수형은 나무를 정지, 전정을 통하여 나타난 수체의 최종 모습으로 성목기 접어든 나무의 골격을 말한다. 수체 각 부분의 기능이 최대한 발휘되도록 하는 것이 수형구성의 목적이라 할 수 있다.
 이러한 목적을 이루기 위해서 주어진 공간을 효과적으로 활용하여 최대엽면적을 확보하고 광합성 산물을 극대화함으로 좋은 품질의 과실이 달리도록 하는 동시에 관리노력의 단순화 및 기계화가 가능한 수형으로 만들어야 한다.

1) 방추형(spindle bush type, spindle type)

  1940년 독일에서 개발한 수형으로, 주간을 똑바로 세운 원뿔형 정지법으로 수고는 2~3m, 수폭은 2~2.5m, 간장은 70cm정도를 표준으로 하고, 1.5m이하에 반영구 주지를 형성시키고, 윗부분은 짧은 가지로 구성한다.

○ 재식거리 : 3.0~4.0m×1.2~2.0m(278~125주/10a)
○ 이용대목 : M.26, M.9
○ 지주설치 : 필요

2) 세장방추형(slender spindle bush type)

  1960년 화란에서 고안된 수형으로 현재 가장 많이 이용되고 있는 수형으로 수고 1.8~2.0m, 수폭 1.0~1.5m 정도로 방추형 보다 원가지를 짧게 구성한다.

○ 재식거리 : 2.8~3.5m×1.0~1.5m(357~222주/10a)
○ 이용대목 : M.9
○ 지주설치 : 필수

바. 세장방추형의 전정방법

  사과 밀식재배시 안정생산을 위한 유목기 수체관리 방법은 조기착과와 수형구성을 위한 유인작업으로 대변될 수 있는데 재식 1년차부터

세장방추형

지속적인 수체관리에 주의를 해야 한다. 특히 밀식재배는 나무와 나무 사이의 간격이 좁기 때문에 재식거리를 유지하기 위해서는 적당한 수세를 지속적으로 유지시키는 것이 중요하며, 아울러 조기 수량증대를 위한 빠른 수형구성이 필수적이다. 따라서 밀식재배에 이용되는 세장방추형 수형을 적용할 경우, 재식 3년차까지 지속적인 측지확보와 함께 유인과 착과를 통한 수세안정화를 도모하는 것이 중요하다. 이와같은 목적을 달성하기 위해서는 시기별 수체관리 방법을 염두에 두고 실천하는 것이 중요하며 주요 내용을 제시하면 다음과 같다.

1) 수형구성 원칙

(가) 유목기는 튼튼한 골격을 구성한다. 지표에서서 1단 측지의 높이는 작업에 지장이 없는 한 높이며(60~80cm), 분지 각도는 넓게 한다.

또한 가지와 가지 사이에는 세력의 차이를 두며 바퀴살 가지(차지)를 형성시키지 말아야 한다.

(나) 결실기에는 수광, 통풍, 결실안정 위주로 목표 수관의 크기, 공간 확보 등 수형을 유지한다. 안정 결실을 위하여 결과지 및 발육지의 비율을 조절하여 화아를 확보하여야 하며 노쇠지는 갱신, 견제지는 정리한다.

2) 재식 당년의 전정

지상 60cm 이하에 발생된 가지는 제거하고 위쪽에 발생한 가지는 극단적으로 굵지 않는 한 남겨서 측지수를 확보한다. 생육기중에 주간부에서 발생하는 새가지는 이쑤씨개 등으로 먼저 분지각도를 넓혀 주고 가지가 굳을 무렵 세력이 강한 가지일수록 수평 이하로 강하게 유인한다.

유인방법

유인방법(유인추)

세력이 약한 가지는 유인시기를 늦추어 생장을 유도해 준다. 겨울 전정은 측지수가 많이 확보된 경우는 주간을 절단하지 않으며, 측지수가 적고 주간연장지의 세력이 약한 나무는 곁가지가 없는 부분의 주간 1/2부위에서 절단해 주고 지나치게 왕성하게 자란 경우라도 남기는 길이가 50cm를 넘으면 안 된다. 주간연장지와 경쟁하는 가지나 분지각도가 좁은 측지는 제거해 준다. 이와같은 과정은 수고가 2m정도 될 때까지 계속한다.

3) 재식 2~4년차의 전정

가능한 조기에 결실시켜 수세를 안정시키는데 최대한 노력을 기울여야 한다. 결실된 과실이 불량과 일지라도 수세안정을 위하여 결실시키는 것이 좋다.

주간부에 일정한 간격으로 결과지가 부착되고 수관 아래쪽 가지는 다소 강한 가지를, 위로 갈수록 약한 가지가 배치되도록 한다. 그리고 가지의 각도는 하부의 측지는 수평으로 유인하고, 그 위의 측지는 120도 정도로 수평 보다 낮게 유인하여야 한다.

전정방법으로 절단전정은 가능한 피하며 주간과 경합하는 가지 및 주간연장지는 재식당년과 동일하게 관리한다. 곁가지는 수평 유인하여 기부 가까이 결과지가 발생하도록 하고 선단부는 끝을 자르지 말고 약해지도록 관리한다. 주간선단부에 가지가 많으면 세력 균형이 맞지 않고 아래쪽 가지에 광선 투과를 방해하므로 도장성 가지는 하계전정 시 제거하여 약한 가지가 배치되도록 한다. 특히, 유목기는 곁가지수를 확보하는 것이 중요하나 곁가지 간격이 너무 좁으면 광투과가 좋지 않아 꽃눈분화가 불량해지므로 솎아주거나 빈 공간으로 유인한다. 곁가지는 끝자름이나 절단하지 말고 수평으로 유인하여 꽃눈분화를 촉진시킨다. 또한 곁가지수가 너무 많아지지 않도록 전체적으로 균형있게 가지를 배치 한다. 결실이 시작된 가지는 수세가 떨어지지 않은 한 끝자름이나 절단을 하지 않고 수세가 강하고 곁가지 등쪽이나 기부에서 도장지가 발생할 경우는 하계전정을 한다.

〈후지/M.9 재식 2~3년차 생육시기별 주요 수체관리 방법〉

시 기	관리방법
3월하순 ~ 4월중순	- 2년차 이후 동계전정시 솎음전정 위주로 하되 거의 무전정이 수세안정화에 유리 - 모든 측지는 수평유인 실시 • 세장방추형 수형을 구성하기 위하여 지상 1.2~1.5m 부위 이하에 발생된 측지는 수평유인을 실시하고 각각의 측지에 4~5개의 결과지를 배치하여 화아가 착생되도록 관리 • 지상 1.2~1.5m 이상 부위에 발생된 측지는 120도 이하로 유인을 실시, 피라미드 형태 구성
4월중순 ~ 5월초순	- 재식 3년차까지 주당 측지수를 30개 정도 배치되도록 관리하며, 측지 부족시 아상처리 실시
5월중순 ~ 하순	- 적과는 목표 착과수의 120%를 남기고 적과작업 후 6월하순까지 목표 착과수로 지속 적과 (비대 불량과, 기형과 등) - 결과지 확보를 위한 염지처리
7월상순 ~ 중순	- 측지연장지나 결과 후보지가 생장이 과다할 경우, 적심 등을 통하여 생장을 억제하고 꽃눈유도 (시기가 빠르면 안됨)
6월 ~ 8월중순	- 하계전정은 밀식재배 관리 특성상 6~8월 중순 동안 지속적으로 실시하며, 배면지 가지 또는 생장과다한 도장지는 손으로 제쳐서 기부에서 제거하고 결과지 확보를 위한 유인 지속 실시

4) 성목기의 전정

이 시기의 전정은 첫째 수관 전체에 햇빛이 고루 들도록 하고, 둘째 안정결실과 품질향상을 위하여 결과지는 주기적으로 갱신하며, 세째 나무의 크기를 주어진 공간으로 제한되도록 하여야 한다.

곁가지수가 많아 솎음이 필요할 경우 될 수 있는 한 위쪽에 있는 강한 곁가지부터 솎아내어 결실부위가 높아지지 않도록 한다. 도장지나 각도가 너무 좁게 발생한 결과지들은 제거하여 햇빛이 잘 들 수 있도록 한다. 또한 세장장추형 수형의 기부에 위치한 측지는 광환경 개선 및 안정생산을 위한 꽃눈확보 측면에서 연차적으로 솎아냄으로써 생산력 유지 및 결과지 상승을 억제시킨다.

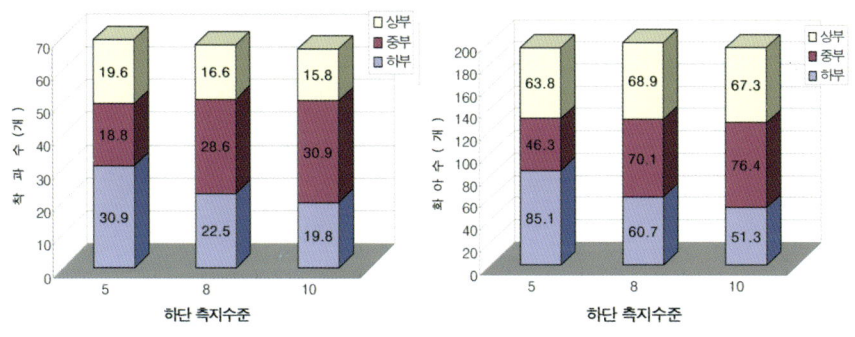

〈세장방추형 수형의 기부 측지수 조절에 따른 착과수 및 화아수〉

결과지를 주기적으로 갱신해 주는 방법으로는 늘어져 오래된 가지와 노쇠한 가지는 제거하고, 늘어진 긴 가지는 단축하여 새로운 결과지로 대체해 주면 다음해 좋은 과실을 생산할수 있다.

그리고 주어진 공간내에서 나무의 높이와 폭을 일정하게 유지하기 위하여 주간선단부의 수세가 약하면 잘라주어 세력을 회복시키고, 강하면 세력이 약한 측지로 대체함으로써 일정한 수고를 유지토록 관리한다.

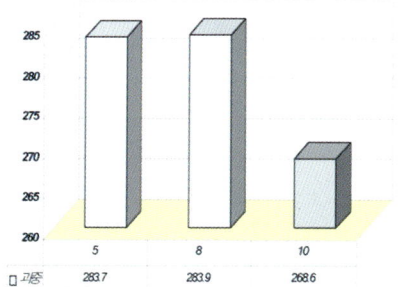 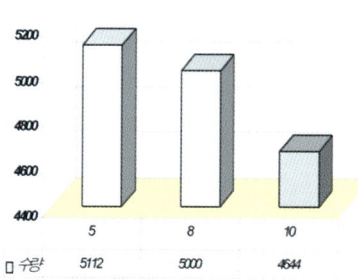

〈기부 측지수별 과중 및 수량〉

끝으로 세장방추형 수형을 이용한 유목기 및 성목기 수세기준을 통하여 수체상태를 파악하고 적절한 정지전정 및 결실관리 기술을 투입함으로써 고품질 안정생산을 달성할 수 있도록 노력하며, 효과적인 수체관리 계획을 수립·실천하는 것이 중요하다.

생육구분	유목기	성목기
평균신초장	16~20cm	20~25cm
신초생육분포		
10cm 미만	20~30%	20~30%
40cm 이상	5% 이하	10% 이하
과대지신초장	20cm 미만	25cm 미만
신초정지율(6월 하)	5% 미만	5% 미만

후지/M.9 밀식재배시 유목기 및 성목기 수세기준

5) 성목기 수형관리 및 동계 전정시 주요 고려사항

○ 수관하부는 곁가지에서 발생된 1, 2년생 가지의 수가 많아지므로 상하좌우의 가지 발생 상태를 보아 주간에서 발생된 곁가지 또는 2년생과 1년생 가지를 적절히 솎아낸다.
○ 수관의 중간부와 상부에도 세력이 과도하거나 복잡한 가지는 솎아내되, 수관전체로 보아 햇빛 투과에 크게 방해가 되지 않는 가지는 남겨 둔다. 특히 지상 1.5m 이상에서 발생된 가지 중 세력이 강한 가지는 제거한다.
○ 재식3년차 부터 수관하단(120cm 이하)에 주 결실지로 이용할 측지 5~6개정도 선정하고 중상부는 20~25개 수준을 유지
○ 선정된 측지와 경쟁되는 측지는 수평이하로 유인하여 세력을 약화시키고, 수관이 복잡하면 제거하고, 주간상부에 발생한 측지도 수평이하로 유인하여 줌
○ 각 측지내에는 결과지군을 형성 시킴(20cm 정도의 결과지 6~8개)
○ 주 결실용 측지가 지나치게 굵어지기 전에 대체지를 양성하여 갱신
○ 기부측지는 지나치게 늘어지지 않도록 관리 (유인 또는 전정)

4. 토양관리

가. 토양의 생산력에 관여하는 요인

토양의 생산력은 일반적으로 재배작물의 생육정도와 수량의 다소에 의해서 평가된다. 사과나무는 영년생 심근성 작물이므로 알맞는 생육을 보이는 토양조건을 이해하고, 이를 만족하는 관리가 필요하다.

〈사과나무의 토양 적응성〉

내습성	내건성	뿌리깊이	토양물리성	토양조건	토양반응	비료 반응
중	약	심근성	수분과 공기의 요구도가 높다	유기질이 풍부한 사양토	미산성~중성 (5.8~6.5)	질소 과다가 나기 쉽다

1) 토양의 물리성

사과나무의 생육에 미치는 토양의 물리적 요인으로는 토성(土性), 삼상(三相), 경도(硬度), 투수성(透水性), 지하수위, 유효토심, 경반층의 유무 등이 있다.

가) 토성

토성은 토양의 무기질 입자의 입경조성(粒徑組成) 즉, 모래, 미사, 점토의 상대적인 비율로서 과수의 생육에 중요한 여러 가지 이화학적 성질을 결정하는 중요한 요소이다. 점토분이 많을수록 보수 보비력은 크지만 통기성과 투수성이 불량하여 생육이 불량하다. 이와 반대로 모래가 많을수록 보수 보비력은 떨어지나 투수 및 통기성이 양호하다. 따라서 이상적인 토양은 사토와 식토의 중간 정도인 토성이라 할 수 있다. 그러나 토양의 생산력은 토양 입자의 구성만 갖고 단순히 말할 수 있는 것은 아니며 토양의 구조, 유기물의 함량, 점토의 성질 등 세부적인 조건에 따라서도 영향을 받게 된다.

〈토성별 사과 수량〉

토성	사양질	식양질	미사식양질	식 질
수량(kg/10a)	2,341	2,048	1,972	1,967
수 량 지 수	100.0	87.5	84.2	84.0

※ 농진청, 과수 적지선정기준, '94

나) 삼상 분포

토양을 구성하고 있는 광물질과 유기물인 고상(固相), 토양입자 사이의 틈새기에 차 있는 공기인 기상(氣相)과 물로 채워져 있는 액상(液相)의 구성비율(%)로 표시된다. 고상은 대체로 고정되어 있는 경우가 많고, 액상과 기상이 차지하는 비율을 전공극율이라 하며 이들 간에는 강우나 관수에 의하여 지속적으로 변화한다. 사과나무의 뿌리는 기상에 함유되어 있는 산소를 이용하여 뿌리가 호흡하고 거기서 얻어지는 에너지로 액상의 수분과 거기에 녹아있는 양분을 흡수하여 생장하게 된다. 따라서 이들이 적절히 조화된 토양에서 생산성이 높아진다. 사과나무의 생육에 적당한 이들의 비율은 고상 40~50%, 액상 20~40%, 기상 15~30% 범위이다.

다) 토양 경도

토양경도는 땅의 굳기를 나타내는 것으로 뿌리의 신장과 밀접한 관계가 있으며 점토, 유기물 함량, 구조의 발달, 수분 함량 등과 관계가 있고, 구조발달이 불량한 무기질 토양이 건조하면 그 경도는 아주 커진다. 토양 경도가 18~20mm일 때는 가는 뿌리(세근)의 발달이 잘 되고, 24mm이상이면 생장에 심한 장해를 받으며, 29mm이상일 때는 뿌리가 전혀 생장하지 못한다

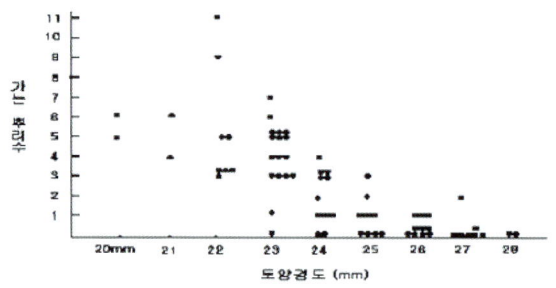

〈토양의 경도와 가는 뿌리수 (涉川, 1984)〉

라) 투수성

투수성은 토양의 물빠짐 상태를 말하며, 토양의 구조가 잘 발달하여 크고 작은 공극이 알맞게 분포되어 있을 때 물이 잘 빠진다. 과수원 토양의 적정 포화수리전도도(수분이 포화된 상태에서의 투수속도)는 2~4mm/시간으로서 우리나라 토양들의 투수속도를 토성으로 보면 사양토~양토가 여기에 속할 수 있으나, 입단 형성이 불량한 경우는 투수성이 나빠진다. 사토는 투수성은 크지만 양수분의 보유능력이 떨어지므로 오히려 좋지 않다.

마) 유효토심

유효토심은 작물이 뿌리를 뻗고 그 속에서 호흡하며 물과 영양분을 흡수할 수 있는 깊이를 말한다. 유효토심은 표토 아래 암반층, 지하수위, 자갈층, 조립질의 순 모래층이나 경도 25mm이상의 단단한 토층이 나타나는 깊이까지로 정의하는 것이 일반적이다. 유효토심이 얕으면 물과 영양분을 저장할 수 있는 토양용적이 적어 과수의 지상부 및 지하부의 생육량이 줄고 수량이 떨어지는 것이다. 따라서 사과원을 조성할 때는 유효토심을 60cm이상으로 해야한다.

유효토심이 깊어 뿌리가 깊은 곳까지 발달되어 있는 사과원일수록 과실 수량이 안정될 뿐 아니라, 높은 수량을 유지하는 경우가 많다. 이것은 뿌리 분포 범위가 넓다는 것은 그만큼 토양 내에 함유되어 있는 양수분의 이용 범위가 넓어지기 때문이다

〈사과원의 유효토심과 수량〉

유효토심(cm)	조사과원수(호)	주당수량(kg)
30 이하	5	131
30~50	9	169
50~70	10	274
70~100	13	389

※ 농시연보(식환편) 13집 1971, p74

2) 토양의 화학성

가) 토양산도(pH)

 토양의 반응은 토양 미생물의 종류 및 활동, 토양물질의 형태변화에 크게 영향을 미친다. 토양 pH와 각 식물 영양분의 유효도는 영양소별로 pH에 따라 넓거나 좁게 표시되어 있는데, 넓게 표시된 부분이 그 영양소가 작물에 이용되기 쉬운 상태의 pH범위이다. 질소, 인산, 칼륨, 칼슘, 마그네슘, 유황은 pH 6.5~7.5부근에서 흡수도가 높고, 철, 망간, 붕소, 구리, 아연 등의 미량요소들은 pH가 높아지면 유효도가 급격히 떨어지므로 양분이 골고루 흡수될 수 있는 토양반응, 즉 pH 5.8~6.2범위로 유지될 수 있도록 관리해 주어야 한다.

 토양중에 있는 양분의 형태변화는 화학반응과 미생물의 활동에 의한 두가지 과정에 의하여 이루어진다. 토양반응은 이러한 화학반응을 조정하고 미생물의 종류나 활동에도 영향을 미친다. 그리고 토양 pH가 낮을 경우는 뿌리의 활력저하로 양분 흡수력 약화, 인산고정, 불용성화로 인산 결핍 유발, 양분의 용탈 조장, 질소고정 또는 질산화 작용 부진, 미량요소, 특히 망간 과잉 및 구리, 납 등의 중금속해를 가중시킨다.

〈토양 pH와 유효태 망간(Mn)〉

pH	4.2	5.1	5.7	6.7
유효Mn (ppm)	170.0	6.7	2.2	1.5

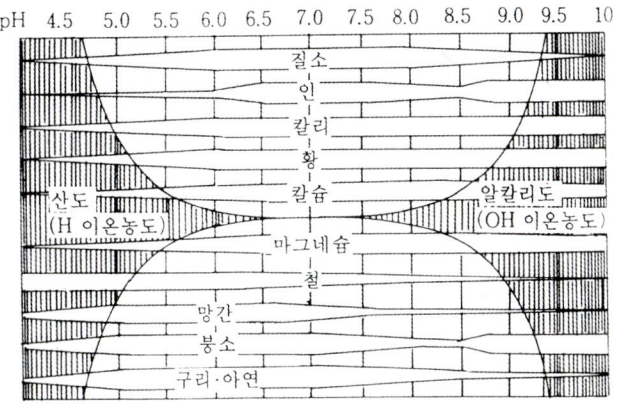

〈토양반응과 필수원소의 이용되기 쉬운 정도와의 관계 (Truog, 1953)〉

나) 양이온치환용량(CEC)

토양 교질 표면은 음(-)으로 대전되어 있어 양성(+)을 띤 물질을 흡착할 수 있다. 일정량의 토양교질이 흡착할 수 있는 양이온의 총당량을 양이온의 흡착량이라고 하며, 이 양이온을 염기(K, Ca, Mg, Na 등)로 치환한 것이 양이온치환용량이다. 양이온치환용량은 일정량의 토양이 가지고 있는 치환성 양이온의 총량을 cmol로 표시한 것으로 점토와 부식의 음전하 총수와 같다.

양이온치환용량은 시비후 농도장해 발생의 난이, 질소비효 발현의 빠름과 늦음, 비료분의 유실 난이 등의 성질을 지배하여 나무의 생장에 대하여 직접, 간접으로 영향을 미친다. 대체로 양이온치환용량이 작은 토양은 모래함량이 많고, 유기물 함량이 적은 토양이며, 큰 토양은 점토 함량이 많고 유기물 함량이 많은 토양이다.

다) 염기포화도

양이온치환용량에 대한 치환성 염기총량의 백분율을 염기포화도라고 하며, 산성 토양을 개량하는 지표로서 이용하기도 한다. 산성토양 개량은 작토중 양이온의 포화도를 K 5%, Ca 60%, Mg 15%, 정도로 하여 염기이온의 포화도가 80% 정도가 되도록 하면 pH가 6.0~6.5정도로 조절된다. 토양의 염기포화도를 높히는 방법은 칼슘(Ca, 석회)과 마그네슘(Mg, 고토)을 함께 시용하는 것이 좋으며, 이때 Ca : Mg cmol/kg비율은 3~5정도로 고려해야하며 동시에 Mg : K의 비율도 2 이상이 유지되는 것이 합리적이므로 특정성분이 높을 때는 양분의 함량비를 고려하여 시비량도 가감할 필요가 있다.

나. 토양개량

1) 토양개량의 목표

사과원의 구체적인 토양개량 목표치는 다음의 표와 같다. 우리나라 사과원 토양의 pH는 60년대보다는 현저히 높아져서 6.1~6.4로 적당한 수준으로 도달하여 있으며, 유기물 함량도 증가하여 20g/kg수준으로 높아졌으나 아직도 부족한 실정이다. 유효인산은 400mg/kg으로 과다한 상태이며, 양이온인 K, Ca는 비교적 충분하나 Mg함량은 부족한 상태여서 고토석회, 또는 고토비료 시용이 필요하고 본다.

〈우리나라 과수원 토양개량 목표(농촌진흥청)〉

구분	항목	목표치
물리성	유효토심 (cm)	60 이상
	토양경도 (mm)	22 이하
	투수계수 (mm/시간)	2.7이상
	지하수위 (m)	지표하 1이하
화학성	pH(H2O)	6.0~6.5
	유효인산함량 (mg/kg)	200~300
	염기치환용량 (cmol/kg)	15~20
	염기포화도 (%)	60~80
	석회함량 (cmol/kg)	6~8 이상
	마그네슘(고토)함량(cmol/kg)	1.5~2.3
	칼리함량 (cmol/kg)	0.6~0.8
	마그네슘/칼리비율 (%)	당량비 20이상
	붕소함량 (mg/kg)	0.3~0.5

2) 토양개량 방법

가) 심경

심경은 소형포크레인 등을 이용하여 일정한 크기로 땅을 파고 묻어주는 것이며, 폭기식 심토파쇄기를 이용하면 같은 효과를 얻을수 있으나, 효과의 지속성은 떨어진다.

(1) 심경의 효과

심경은 토양 깊은 곳까지 신선한 공기를 넣어줌으로서 투수, 통기성이 개선되어 작토층을 확대하고, 심토의 양분을 활용할 수 있게 하는 효과가 있다. 심경시에 퇴비를 겸하여 시용하면 토양이 부드러워지고 토양내 공기가 더욱 많아져서 뿌리의 생육이 좋아지고, 수분 보유능력이 증가되는 효과가 더해져서 사과나무의 생육이 좋아진다

〈심경이 사과나무(후지)의 생육 및 수량에 미치는 영향(1973)〉

처 리	간 주(cm)				수 량			
	1년후	2년후	3년후	4년후	개화율(%)	개수(개)	수 량(kg/주)	평균과중(g)
대 조	15.3	19.8	21.0	25.3	33	106	32	302
심경(1)	15.0	20.2	24.8	30.6	56	162	51	315
심경(2)	15.2	21.8	26.4	33.1	64	162	52	321

※ 심경(1) : 나무로 부터 70cm 떨어진 곳에 40cm 폭으로 심경
  심경(2) : 심경(1)에 고토탄산석회, 용성인비, 부식질 개량제 투입

(2) 심경시의 주의점 및 방법

밀식 사과원에서는 재식거리가 좁기 때문에 개원 이후에는 포크레인 등이 들어가 작업하거나, 인력으로 심경을 할 수는 없다. 따라서 재식 1년 전부터 토양의 이화학적 특성을 개선한 후에 재식하여야 하고, 좋은 특성유지와 유기물 공급을 겸하여 열간에 초생재배를 하는 것으로 심경을 대신한다.

기존 사과원의 경우는 근군이 확대됨에 따라 주간으로 부터 점차 외곽으로 넓혀나가야 하므로 연차 계획에 의거하여 이전에 심경했던 부분과 연결되게 해야 한다. 심경은 전 포장이 심경되었을 때 끝낸다. 배수가 좋지 못하거나 지하수위가 높은 토양에서는 심경한 구덩이 또는

고랑에 물이 고이기 쉽다. 이러한 과수원에서는 나무 뿌리가 호흡 장해를 받거나 환원성 유해물질에 의하여 손상을 받게된다. 심경의 방식은 수령, 토성, 경사도 등을 감안하여 적절한 방법을 선택한다.

(3) 심경의 시기와 깊이

밀식재배 사과원인 경우에도 개원시 충분한 토양개량이 이루어지지 못하여 나무의 생육이 나쁠 경우는 소형 농기계를 이용하여 심경을 해 줄 필요가 있다.

심경시기는 나무의 생육활동이 정지되었을 때로서 낙엽이 지면서 부터 흙이 얼기 전까지 나무가 휴면하는 동안 기비시에 실시하는 것이 좋다. 심경의 깊이는 일반 사과원의 경우 배수정도와 지하수위를 감안하여 적어도 60cm 정도, 폭은 40~50cm정도를 기준으로 하고 있지만 밀식과원인 경우는 과수원의 상태에 따라 적절하게 조절한다.

나) 유기물 시용

유기물을 토양에 시용하면 토양 구조의 발달을 좋게하여 삼상비율을 사과나무의 생육에 유리한 조건으로 만들어 주며, 양분과 수분의 보유능력이 증가되고, 각종 유용 미생물의 번식이 조장되는 등 여러 가지 효과를 기대할 수 있다.

유기물 시용은 심경과 동시에 하는 것이 작토층에 골고루 섞여지게 할 수 있고 심경의 효과도 지속된다. 저수고 밀식 사과원은 일반 사과원과 달리 토양을 용이하게 취급할 수 없으므로 수관하부 청경부에 완숙 유기물을 뿌리고, 삽 등을 이용하여 군데군데 가능한 깊이 파고 섞어주는 방법으로 한다.

일반 사과원에서는 하층에는 분해가 느린 것을 많이 넣고, 상층에는 분해가 빠른 것이나 완숙 퇴비를 넣는 것이 좋다. 분해가 늦은 조대 유기물만을 넣으면 토양이 입단화되기 어려우며 짚이나 녹비와 같이 분해가 용이한 재료만을 넣어주면 입단화는 용이하지만 지속성이 좋지 않다. 또 분해가 느린 유기물(C/N율이 높은 재료)을 다량으로 투입하면 날개무늬병(紋羽病)의 발생이 조장될 우려가 있으므로 피하여야 한다.

생우분이나 돈분은 짚과 약 6개월간 같이 썩혀서 사용해야 하고, 생계분은 토양내에서 발효하여 가스가 발생되므로 조심해야 한다.

퇴비는 2,000~3,000kg/10a을 사용하고, 계분은 과수원에서 사용하지 않는 것이 좋으나, 사용할 경우에는 완전히 부숙시켜 500kg/10a(생계분)정도로 사용하는 것이 좋다.

다) 심토파쇄에 의한 물리성 개량

심토파쇄 방법은 심경보다 확실한 방법은 아니지만 토층을 유지하면서 이용할 수 있는 방법으로 쉽고 효과 있는 과수원 토양 물리성 개량 방법으로 널리 이용될 수 있다. 최근에는 심토파쇄와 동시에 석회를 시용할 수 있는 심토파쇄기가 실용화 되어 있어 전층시비와 심층파쇄를 함께 할 수 있을 것으로 기대된다.

(1) 처리 방법

파쇄 반경을 고려해 공기압력 10kg/㎠, 1회 공기 주입량이 80ℓ 인 파쇄기 끝을 40~60cm깊이로 일시에 압축공기를 보낸다. 처리간격은 열간을 2~3m간격으로 처리하면 토성에 따라 파쇄반경을 2.0~2.5m 정도의 균열을 얻을 수 있다.

(2) 처리 시기

폭기식에 의한 심토파쇄는 나무뿌리 손상이 적으므로 생육이 왕성한 시기를 제외하고 계절에 관계없이 실시할 수 있으나, 봄에는 토양이 녹은 시기부터 개화 전까지, 여름에는 장마후기에 배수를 고려하여, 가을에는 낙엽기부터 토양이 얼기 전까지가 좋은 시기이다.

(3) 심토파쇄에 의한 물리성 개량효과

심토파쇄 처리에 의한 물리성 개량효과를 보면 기상이 현저히 증가하고 단위 부피당 뿌리의 밀도가 많아졌으며, 통기성도 좋아진다.

〈처리별 심토의 토양물리성 개량효과〉

구 분	무처리	혼층구	혼층구+배수관	폭기식파쇄
경도(mm)	26.0	25.4	23.4	24.6
가비중(g/cc)	1.41	1.34	1.32	1.28
통기성(cm/sec)	1.14	2.09	2.66	1.32
고상 (%)	53.21	50.53	49.99	48.45
액상 (%)	28.21	23.17	25.26	22.66
기상 (%)	18.58	26.30	24.75	28.89
뿌리밀도(mg/350㎤)	70	150	530	570

※ 농토배양기술, 1992. 농촌진흥청

라) 토양 반응(pH)의 교정

사과나무는 pH 5.8~6.2범위에서 생육이 좋으므로 토양산도를 이 범위내로 유지해 주는 것이 중요하다

산성 토양에 석회를 시용하면 토양산도(pH)가 중성 쪽으로 교정되어 질소, 인산, 칼륨(가리), 마그네슘 등의 유효도가 증가된다. 그리고 Mn2+의 유효도를 저하시켜 적진병 발생이 방지되며, 인산의 불용화가 적어지고 토양의 입단화를 촉진하며, Ca결핍으로 오는 고두병, Corkspot, 홍옥반점병의 발생을 억제시킨다. 또한 석회는 토양산도 교정외에 중금속을 중화하거나 독성을 경감시킨다. 한편, 치환성 Al의 중화로 양이온치환용량(C.E.C)을 증가시켜 보비력이 커지며 유용한 미생물의 생육을 조장하여 토양 구조를 개선하고, 양분의 유효도를 증가시킨다. 그러나 일시에 다량 시용하면 망간, 붕소 등의 유효도가 떨어져 미량요소 결핍을 초래하는 경우가 있다

〈석회 비종별 알칼리분 함량〉

비 종	알칼리분(%)	비 종	알칼리분(%)
생석회	80	고토석회석 분말	53
소석회(부산소석회)	60	부산석회분말	45
석회석 분말	45	패화석 분말	40

(1) 석회 시용 방법

토양에 전층 시용하여야 한다. 표면시용을 하면 13년 정도가 걸려야 50cm까지 이동되므로 심경과 동시에 시용하는 것이 효과가 크다. 점

토함량이 많을수록 많이 시용하여야 한다. 사질토양은 200~300kg/10a, 점질 토양은 400kg/10a정도로 한다. 분말입자가 고울수록 좋다. 소석회를 시용하는 것이 무난하나 고토석회를 2년마다 교대로 시용한다. 퇴비를 동시에 시용하는 것이 좋다.

마) 인산 및 붕소 시용

산성토양에서는 인산이 고정되어 이용될 수 없는 형태로 존재하기 쉽고, 칼슘(석회), 마그네슘(고토), 붕소 등은 빗물이나 지하수를 따라 씻겨 내려가기 쉬우므로 검정을 통하여 이들 성분을 보충해 주어야 한다. 또한 야산을 개발하여 과수원을 개원한 경우는 토양내 유효인산의 함량이 100mg/kg, 붕소가 0.15mg/kg내외(적정 함량 0.5mg/kg)로 매우 부족하므로 재식할 때 구덩이를 파고 용성인비를 한 구덩이에 1kg 정도를 흙과 골고루 섞어서 전층시비하고, 붕사는 10a당 2~3kg을 과수원 표면에 시비한다.

다. 표토관리

표토관리에는 청경재배, 초생재배, 멀칭재배법이 있으며, 과수원의 조건에 따라 한가지 혹은 몇가지 방법을 절충하여 사용하는 것이 좋으나, 저수고 밀식 사과원에서는 열간은 초생재배를 하고, 수관하부는 청경으로 하는 부분초생재배를 기본으로 한다.

1) 청경재배(淸耕栽培)

 사과나무 이외의 식물을 모두 제거하여 관리하는 방법으로 사과원에 발생하는 잡초를 제초제 살포나 로타리작업 등으로 모두 제거하여 풀이 없이 관리하는 방법이다.
 김매기는 연간 4~5회 필요하고, 제초제를 이용하면 2~3회 정도 살포하면 된다. 노동력이나 비용 면에서는 제초제를 이용하는 편이 훨씬 경제적이나 토양의 미생물상이 변하게 되고, 토양의 물리성도 좋지 않은 방향으로 전개되므로 제초제 사용을 줄이는 것이 좋다.

2) 초생재배(草生栽培)

 사과원에 자연적으로 발생한 풀이나 목초 등을 재배하는 방법을 말한다. 초생재배의 단점은 초생이 나무와 양·수분의 경합을 일으키는 것인데, 특히 유목기와 가뭄이 심할 때는 더욱 심하다. 토양관리법에 따른 1일 평균 수분소비량은 초생방임구에서 가장 많고, 풀을 예취하여 부초한 구는 토양수분의 증발이 적다. 또한 양분도 풀에 의해서 많이 흡수되므로 초생재배시에는 비료량을 늘여야 한다.
 뿌리의 발달이 적은 유목기에는 초생과 양수분의 경합이 심하므로 수관하부를 청경 또는 멀칭을 하여 주고, 그 이외의 부분은 초생재배한다. 풀베기는 초장이 약 30cm전후에서 실시한다.

전면초생재배

〈토양관리 방법별 1일 평균 수분소비량〉

처 리	1일 평균수분 소비량
초생 방임구	269g(100)
초생 예취구	93g (35)
초생 예취하여 부초	56g (20)
청경구	89g (33)

※ 小林章, 果樹園藝大要, P 203. 1955

목초를 이용할 경우 톨페스큐는 건물 생산량이 많고, 뿌리가 깊게 뻗어 토양개량 효과가 높으며, 켄터키 블루그라스(Kentucky bluegrass)는 피복도가 높아 잡초 발생을 억제하고, 흰날개무늬병 발생을 억제하는 효과가 있으나, 건물 생산량이 적고 초기 생장이 늦어 빠른 확립이 어렵다. 따라서 두 초종의 단점을 보완하지 위하며 톨페스큐와 켄터키 블루그라스의 무게비 3 : 1로 열간에 혼파를 추천하고 있다.

 종자 파종방법은 8월 하순~9월 상순경 파종을 목표로 파종 전 10~15일전 이행성 제초제를 살포하여 숙근성 잡초를 제거하고, 경운, 정지한 다음 파종될 실제 면적에 대해 필요한 량은 3~5g/m²을 기준으로 하여 계산한다.

 초생관리 방법은 초장이 약 30cm정도일 때 예취하며, 재생력 유지를 위하여 지상에서 5cm정도 그루터기를 남긴다. 5~6년이 경과되면 건물 생산량이 떨어지므로 갱신해 주어야 하며, 이때 토양산도를 조사하여 필요한 양의 석회질 비료를 시용한다.

〈초생재배 사과원의 목초 초종별 특성〉

구 분	예취회수 (회/년)	건물량 (g/m²)	피복도 (%)	뿌 리[1]		
				건물중 (g/m³)	분포깊이(cm)	
					40 이상	40 이하
캔터키 블루그라스	4~6	769	97	312	99.9	0.1
페레니얼 라이그라스	3~4	411	15	210	92.3	7.8
오챠드 그라스	4~6	822	65	219	99.6	0.4
톨 페스큐	4~6	1,072	79	594	88.0	12.1
화이트 크로바	4	876	72	80	99.1	0.9
자연 초종	4~5	842	-	-	-	-

[1] '98 9 파종, '99. 10월말 조사
※ '98~'99 2년간 평균(원예연구소 사과시험장)

3) 멀칭재배

멀칭재배는 수관하부의 토양표면을 여러 종류의 자재로 피복하여 관리하는 방법이다. 피복 자재는 예초시에 나온 풀이나 짚, 왕겨, 톱밥 등과 같은 유기질 자재와 보온덮개, 폴리프로필렌, 흑색비닐이나, 반사 필름 등과 같은 무기질 자재로 나눌 수 있다. 풀이나 짚의 피복은 수분보존 효과와 토양에 부식함량이나 비료성분을 증가시킬 수 있으며, 잡초방제 효과까지 보기 위해서는 두께를 10cm이상으로 하여야 한다. 그러나 장기간 피복하고 있을 경우는 뿌리가 지표부근으로 발달할 우려가 있고, 비옥도가 높은 토양에 다년간 계속 피복을 하면 질소의 흡수와 축적이 늘어나 착색불량과 비율이 높아질 우려가 있으므로 주의해야 한다. 잡초발생 억제만을 목적으로 할 경우는 광을 차단할 수 있는 자재, 즉 보온덮개, 폴리프로필렌, 흑색비닐이나, 반사 필름 등을 피복한다.

PP필름 피복

차광망 피복

 보온덮개는 과수원의 잡초가 5월부터 자라기 시작하므로 잡초가 조금 자랐을 때 피복한다. 피복시기가 너무 늦으면 보온덮개가 잘 덮히지 않아 제초효과가 떨어진다. 피복시기가 늦은 경우는 강우 직전에 피복하면 된다. 일반적인 피복시기는 지온이 상승된 5월 중순경이 알맞으며, 첫번째 이동시기는 장마가 오기전인 6월 중·하순경이고, 7월 하순 경에 다시 옮겨주면 수관하부의 토양수분 조절효과가 있다. 그리고 수확 30~45일 전에는 다시 수관하부에서 열간으로 옮겨 토양수분을 조절하여 착색이 잘 되고 당도가 높아지도록 하는 것이 좋다.
 보온덮개를 설치한 후 방치하면 쥐가 서식하여 지접부를 갉아먹어 피해를 주는 일이 있고, 사과나무 뿌리가 지표 가까이 발달하는 수가 있다. 또한 지열의 발산을 차단함으로써 겨울철 동해와 발아, 개화기에 오는 늦서리 피해를 조장할 우려가 있다. 최근에 보급되고 있는 흑색 프로필렌 부직포는 내구성이 3~4년 정도로 폴리에틸렌 필름이나 보온덮개보다 통기성이 우수하여 이들이 갖는 문제점들을 상당히 완화해 주는 효과가 있는 것으로 알려지고 있다.

4) 절충재배

사과원 표토관리는 관리방법별로 장단점이 있으므로 경사도, 수령, 재식양식, 시기별 조건에 맞게 선택하는 것이 좋다.

평지에 위치한 성목원에서는 열간은 초생재배하고 나무 밑은 청경재배하는 부분초생재배가 적합하다. 이 관리법은 수관하부는 풀이 발생하지 않도록 하여 나무와 풀사이에 일어나는 양수분 경합을 방지하고, 열간 사이에는 목초를 키워 유기물을 생산하여 그것을 나무 아래에 깔아줌으로서 지력유지를 꾀하는 것이 특징이다.

경사지에 위치한 성목원은 토양유실을 방지하기 위해서 나무 밑은 초생예초나 부초가 좋으며, 열간은 초생예초를 하는 것이 유리하다.

수관하부제초제

평지 유목원에서는 부초를 하다가 어느 정도 자라면 평지 성목원에 준하여 관리한다.

〈표토관리 방법의 장단점 비교〉

관리방법	장 점	단 점
청경법	초생과의 양수분 경합이 없다 병해충의 잠복장소가 없어진다	토양 및 영양분이 씻겨 내려 가기 쉽다 토양 유기물이 소모된다 토양의 물리성이 나빠진다 주야간 지온교차가 심하다 수분증발이 심하다 제초제를 사용으로 약해의 우려가 있다
초생법	유기물의 적당한 환원으로 지력이 유지된다 침식이 억제되어 영양분이 유실이 억제된다 과실의 당도가 높아지고 착색이 좋아진다 지온이 조절효과가 조금 있다	과수와 초생식물과의 양·수분 경합이 있다 유목기에 양분부족이 되기 쉽다 병해충의 잠복장소를 제공하기 쉽다 저온기의 지온상승이 어렵다
부초법	토양 침식을 방지한다 멀칭재료에서 양분이 공급된다 토양수분의 증발이 억제된다 지온이 조절된다 늦서리의 피해를 입기 쉽다 유기물이 증가되고 토양 물리성이 개선된다 잡초발생이 억제된다 낙과시 압상이 경감된다	이른봄 지온상승이 늦어진다 과실 착색이 지연된다 건조기에 화재 우려가 있다 늦서리의 피해를 입기 쉽다 겨울동안 쥐 피해가 많다 근군이 표층으로 발달한다

라. 토양보존

우리나라 사과원은 60%정도가 경사지에 위치하여 있어 표토의 유실이 많다. 심한 경우에는 뿌리가 드러나고 나무가 도복되기도 한다. 토양침식을 유발하는 인자는 강우, 경사정도, 지표면의 피복유무, 토양의 물리화학성 등이다. 집중강우, 강우량이 많거나 오래 지속될수록 침식량이 많아지며, 포장의 경사가 급할수록 경사면이 길수록 증가하고, 토양의 입자가 미세하고 응집성이 적을수록, 입단구조의 발달이 불량할수록 침식량이 많아진다.

〈경사도별 토양 유실량〉

경사도(°)	토양유실량(kg/10a)	물 유출율(%)
5	65.9	12.7
10	124.0	14.0
15	205.4	15.0
20	441.0	17.0

※ 원예연구소, 1979

1) 토양침식의 피해

침식 정도에 따른 사과나무의 생육상태를 보면 침식이 심할수록 생육이 현저히 감소되고 수량이 감소한다.

〈토양 침식정도와 사과나무 생육〉

침식정도	간주 (cm)	수폭 (m)	수고 (m)	수관용적 (m²)
약	112.2	8.60	3.81	139.6
중	102.9	7.58	3.07	84.4
강	93.8	7.38	2.59	64.5

2) 토양침식 방지 방법

(가) 초생재배 및 부초

초생재배와 부초는 풀이나 부초재료가 토양표면을 덮고 있어서 빗방울이 토양에 직접적인 타격을 주지 않기 때문에 토양입자의 분산이 적어 유거수가 발생되더라도 비료분의 유실은 있어도 토양의 유실은 적다. 아래의 표는 표토관리 방법에 따른 비료 성분의 유실량을 측정한 것으로 청경재배는 초생재배에 비하여 비료의 유실량이 많아진다. 따라서 경사지 토양에는 초생재배를 하는 것이 유리하다.

〈표토 관리방법에 따른 5년간의 비료 유실량〉

표토관리방법	유실량 (Kg/10a)			
	질소(N)	인산(P2O5)	칼리 (K2O)	석회 (CaO)
초 생	43.1	0	21.6	374.2
청 경	128.5	0	31.9	588.4

※ 澁川, 1954~1958

(나) 심경과 유기물 시용

 심경을 하고 유기물을 시용하면 토양에 공극량이 많아지고, 토양의 입단형성이 촉진되어 물의 침투 속도가 빨라 지표면으로 흐르는 물의 양이 적어진다. 이러한 방법은 침식 대책의 보조적인 수단으로 이용된다.

(다) 집수구와 배수로 설치

 경사가 심하고 경사면의 길이가 긴 곳에는 지표면으로 흐르는 물의 량이 많기 때문에 등고선에 따라 집수구를 만들고 상하로 배수로를 만든다. 집수구를 설치하면 경사면의 길이를 짧게하여 물의 흐름을 중간에서 차단, 배수로로 보내지게 되어 유실량을 감소시킨다.

라. 수분관리

 수분은 토양내에서 각종 영양분을 녹여 뿌리에 공급하는 역할을 하고, 체내에서는 영양분의 운반, 필요물질의 합성·분해의 매개체가 되며, 식물체의 구성성분으로 합성된다. 그러나 토양 중에 수분이 과다하게 많거나 적을 때는 각종 장해가 발생한다.

1) 배수

(가) 습해

 과수는 뿌리가 깊이 뻗어가기 때문에 지하수위가 최소한 1m이하에 있어야 한다. 땅이 습하면 토양공기가 적어지므로 산소가 부족하여 뿌리의 호흡 저해로 생육이 나빠지고, 유해한 환원물질이 생성, 집적되어 뿌리를 해친다.

(나) 배수 효과

 암거배수 시설을 하여 토양수분 상태를 개선하면 뿌리의 생육이 좋아져서 수량 및 과실 품질이 향상된다. 그러나 과수원의 입지조건이 불량하여 상습적으로 습해를 받는 사과원에서는 근본적으로 이를 극복하기는 어려우므로 개원시에 배수정도를 조사하여 습해의 우려가 없는 곳을 선택하는 것이 좋다.

암거배수가 사과의 수량 및 품질에 미치는 영향

지역	처리	수량 (kg/주)	과실등급 (%)			
			상	중	하	등 외
A	암 거	322.4	45.2	39.6	12.2	3.0
	방 임	255.8	37.7	44.3	13.4	4.8
B	암 거	278.1	32.4	52.0	8.4	7.2
	방 임	206.4	5.0	39.3	39.9	15.8

※ A지역은 1961~1965까지 조사평균, B지역 1963~1965까지 조사평균

(다) 배수 방법

 명거배수는 암거보다 시설이 간단하고 비용이 덜 드나, 과수원의 일반 작업관리에 불편한 점이 있고, 토양 깊은 곳까지 습해를 경감하는 효과가 떨어진다.

 저수고 밀식사과원에서는 왜화도가 높은 대목을 이용하여 환경 적응성이 낮으므로 암거배수 시설을 기본으로 하고 있다. 암거배수는 시설비용은 많이 들지만 과수원의 일반 작업에 불편이 없고, 토양 깊은 곳

까지 배수효과가 있어 효과적이다. 그러나 장기간 경과후에는 관이 흙으로 메워져 배수 효과가 낮아지는 결점이 있다

2) 관수

 우리나라의 연간 강수량은 900~1,300mm정도로 충분한 양이지만 그 대부분이 6월 하순에서 8월 중순으로 편중되어 있어서 봄과 가을에는 건조가 지나칠 때가 있다. 특히 하천변의 모래 함량이 많은 과수원이나 경사지 과수원에서는 이 위험에 봉착하는 일이 많다. 따라서 사과나무의 건전한 생육과 과실의 품질을 향상시키기 위해서는 관수가 반드시 필요하다.

(가) 사과나무의 수분흡수와 증산

 사과나무 뿌리의 대부분은 토양표면으로부터 60cm깊이까지 분포하고 있다. 통기성이 좋은 토양에서는 뿌리분포가 깊고 뿌리의 활력도 좋아 수분흡수가 왕성하지만 배수가 불량한 토양에서는 뿌리의 분포도 얕고 뿌리의 활력도 떨어지므로 수분흡수는 충분치 못하다. 그러므로 이런 토양에 심겨진 사과나무는 가뭄의 피해를 쉽게 받는다.

 증산량 역시 사과나무의 수분 상태에 큰 영향을 미친다. 대부분의 증산은 잎의 기공을 통하여 이루어지므로 잎의 크기, 모양, 나무당 엽수, 잎당 기공수, 기공의 개폐정도 등에 따라 차이가 난다. 증산량은 일사량, 온도, 공중습도, 바람 등과 같은 환경요인에 의해서도 크게 좌우된다. 강한 햇빛, 고온, 건조 및 산들바람이 부는 등 증산을 촉진하는 조건들이 겹쳐질 때에는 토양수분이 충분하더라도 증산이 더 많이 일어나 한낮의 사과나무 잎은 일시적으로 수분부족 상태에 빠질 수 있다.

(나) 관수효과

 토양수분이 부족하면 잎의 동화기능이 저하되고 증산량이 감소하여 신초 생장, 줄기둘레 비대, 과실의 발육이 지연되거나 정지되고 잎의 형질이 나빠진다. 한발기에 관수를 실시하면 이러한 문제점이 해결되어 생육이 좋아지고 수량, 평균과중이 증가한다. 또한 토양내 비료분의 유효도가 증대되어 무기양분의 흡수가 증가하며 특히 칼슘, 붕소가 많이 흡수되어 생리장해가 예방된다.

〈관수가 생육, 평균과중 및 수량에 미치는 영향(후지/M.26)〉

처 리	신초장 (cm)	간주비대량 (cm)	수 량 (Kg/10a)	평균과중 (g/개)
자연강수	23.9	2.77	678	248.3
관 수	38.3	3.37	912	275.3

※ 원시연보, 1988. 과수편 (6월 27일 조사)

(다) 수분 부족의 영향

 일정기간 강우가 없거나 관수를 하지 못하여 토양수분이 부족해진 상태를 한발이라하고 수분부족에 의하여 식물의 생리작용에 이상이 초래되는 현상을 수분스트레스라고 한다. 수분스트레스가 장기간 지속되면 사과나무에는 다음과 같은 가시적 영향이 나타나게 된다.

① 영양생장

 수분이 부족하게 되면 신초의 생장이 억제된다. 특히 생육초기에 가

묶이 심하면 신초의 길이 뿐만 아니라 잎의 크기도 작아지며 이후에 충분한 수분이 공급되더라도 수관용적이 작아져 나무의 광합성 능력이 떨어지게 된다. 여름 이후에 가뭄이 있을 경우 줄기의 비대가 크게 떨어지게 되고 뿌리의 발달도 나빠져 양수분의 흡수 능력이 떨어진다.

② 결실

개화기에 수분이 부족하면 암술머리가 일찍 마르고 꽃가루의 수명이 짧아져 결실율이 떨어지고, 유과기에 수분이 부족하면 배의 발육이 지연 또는 정지되어 낙과가 심해진다. 그러나 7~8월에 심하지 않은 한발은 영양생장을 다소 억제시키고 화아분화를 조장시켜 다음해에 개화량과 결실의 증가를 가져온다.

③ 과실비대 및 낙과

수분이 부족할 경우 가장 먼저 민감하게 영향을 받는 것이 과실의 비대이다. 과실비대기에 가뭄으로 인해 일단 비대가 지연되면 그 후 충분히 관수를 해도 충분한 크기로 회복되기 어렵다. 최상의 과실비대를 위해서는 과실의 전 비대기간을 통하여 수분관리를 잘 해주어야 한다. 성숙기에 수분 부족이 심하면 수확전 낙과가 많아진다.

④ 수량 및 품질

수분이 부족하면 과실비대 불량으로 소과의 비율이 증가하여 수량이 감소한다. 과실의 당도는 증가하나 과즙이 줄어들어 착색이 불량해지므로 전체적으로 품질이 떨어진다. 과실비대기에 가뭄이 계속되다가 갑자기 비가 오거나 가뭄 끝에 관수를 할 경우에는 열과의 발생비율이 크게 증가한다. 그러나 성숙기간 동안 강우가 잦거나 수확기까지 관수를 자주하면 과실비대에는 도움이 되나 당도가 낮아지고 경도가 감소하여 저장력이 떨어진다.

⑤ 낙엽 및 동해

가뭄이 오래 지속되면 잎이 황화되며 조기에 낙엽된다. 조기낙엽된 상태에서 휴면에 들어간 나무가 겨울 가뭄을 만나면 양분축적이 적고 탈수가 더욱 진전되어 동해를 받기가 쉽다.

⑥ 나무의 영양상태

토양수분이 부족하면 뿌리의 활력이 저하되어 무기영양분의 체내 흡수 및 이동이 아주 나빠진다. 특히 가뭄이 계속되면 붕소와 석회 흡수가 더욱 억제되어 생리장해가 유발되는 경우가 많다.

(다) 생육시기별 수분관리

사과나무의 수분요구정도는 생육시기에 따라 달라진다. 독일에서 수행한 3년생 골든 데리셔스/M.9의 생육시기별 수분흡수량 시험결과를 보면, 미결실수 경우에는 새가지 생장이 왕성하면서 기온이 다소 높은 6월에 가장 많은 수분을 필요로 하고, 8~9월은 기온이 높지만 새가지 생육이 정지되어 있으므로 수분의 요구량은 6월보다 다소 적다. 하지만 결실수의 경우 6~7월의 생육기 뿐 아니라 8월 이후에도 과실의 비대 및 성숙을 위하여 미결실수보다 더 많은 수분이 필요함을 알 수 있다. 그러므로 생육시기별 수분요구정도를 감안하여 수분관리를 해야 한다.

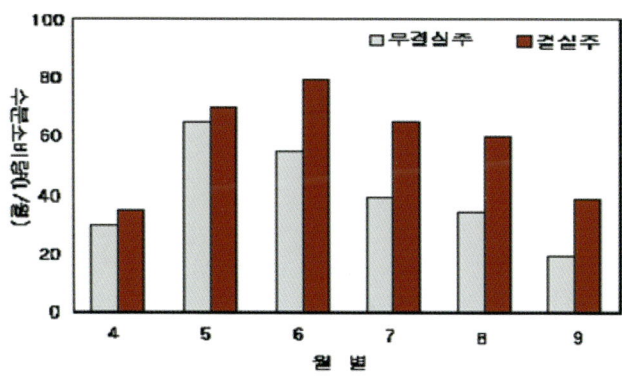

〈재식 3년차 골든데리셔스에 있어서 월별 수분 요구량〉

① 개화전부터 만개 후 45일까지

잎의 전개와 발달, 개화 및 착과가 이루어지는 시기이므로 수분공급이 충분해야 한다. 이 시기에 수분스트레스는 착과를 나쁘게 하고 양분의 흡수를 불량하게 하여 잎의 발달이 늦어진다. 이 시기의 토양수분은 포장용수량의 80%(텐시오메타 $-20 \sim -30kPa$)수준으로 유지시키는 것이 이상적이다.

② 6~7월 신초 신장기

생육초기 보다는 과실비대에 영향을 미치지 않는 범위 내에서 수분이 다소 적은 것이 좋다. 이는 지나친 신초 신장을 억제하고 조기에 정지시킴으로 꽃눈분화와 과실비대를 좋게 한다. 이때의 토양수분은 포장용수량의 30~60%(텐시오메타 -45~-60kPa) 수준으로 유지시키는 것이 바람직하다.

③ 8월 이후의 신초생장 정지기

이 시기에는 토양수분을 포장용수량의 65~80%(텐시오메타 -30~-40 kPa) 수준으로 높여주는 것이 과실의 비대와 분화된 꽃눈의 발달 및 가지의 목질화에 유리하다. 이 시기에 수분이 부족하면 과실이 작아지고 관수를 자주 너무 많이 하여도 과실의 착색이 나빠지고 경도가 떨어져 과실의 품질과 저장력에 나쁜 영향을 미치게 된다. 과실을 수확한 후에도 가뭄이 있을 경우 관수를 해 조기낙엽을 방지한다.

(라) 관수시기 결정

관수 시기 및 관수량을 결정은 나무의 수분 상태와 토양의 수분상태을 정확히 측정하는 것이 가장 좋으나 대부분 정밀한 기기와 복잡한 수식을 이용하여야 하기 때문에 재배자가 쉽게 이용하기가 어렵다. 따라서 여기에서는 농가 수준에서 간단히 응용할 수 있는 몇가지 간이적인 방법을 소개한다.

① 삽을 이용하는 방법

삽으로 25cm정도 땅을 판 후 이곳의 흙을 손으로 뭉쳐지면 수분이 알맞은 상태이고, 부서지면 너무 건조한 상태이며, 수분이 스며 나오면 과습한 것으로 판단할 수 있다.

② 텐시오메터(tentiiometer)를 이용하는 방법

텐시오메터는 투명한관의 기부에 다공질의 세라믹으로 이루어져 있고, 위는 공기가 통하지 않게 되어 있으며 압력계가 달려 있다. 관에 물을 채우고 약 25cm깊이에 토양과 틈새가 없도록 잘 접촉시켜서 꽂은 다음 압력계의 수치를 읽으면 대략 근권부의 수분상태를 알 수 있다. 과수원 한 곳에 2~3개 정도 설치하는 것이 기기의 오류나 설치상의 잘못에 따른 오측정을 막을 수 있다. 설치한 텐시오메타는 관속의 물이 줄어들게 되므로 여름에는 자주 물을 보충해주어야 하며, 겨울에는 동파의 우려가 있으므로 포장에서 철수해 보관한 다음 재사용시에는 계기의 감도나 세라믹의 투기압 등을 점검 교체해야 한다.

스프링쿨러를 이용한 관수에서는 토양의 종류에 따라 다음과 같은 관수 개시점을 추천할 수 있다. 위와 같은 수치에 도달되면 사질토에서는 15~20mm정도, 사양토에서는 20~30mm정도 그리고 식양토에서는 30~35mm정도 되게 관수를 한다. 점적관수의 경우는 이보다 낮은 수치에서(발아 후 6월 상순까지는 -12~15kPa, 6~7월은 -25~-35kPa, 8월 이후는 -15~-20kPa)관수를 시작하도록 한다.

③ 천근성 잡초의 관찰

사과원에 자라고 있는 천근성 잡초가 시들기 시작할 무렵을 관수 개시점으로 정할 수도 있다. 사과나무를 관찰하여 관수를 하는 경우는 관수시기가 너무 늦어 지게 되어 실제 나무의 생장이나 과실의 비대에 상당한 악영향을 미친 후가 되므로 좋은 방법이 되지 못한다.

(마) 관수시기 및 관수량

관수는 4월부터 30mm정도의 강수가 10일 정도 없으면 시작하는 것을 기준으로 토양에 따라 관수량과 관수간격을 설정하였다.

관수량은 토양수분 함량을 계산하여 필요한 량을 산출할 수 있다. 적정 수분함량이 25%이고, 현재 수분함량이 15%일 경우, 1ha(3,000평)에 토양 깊이 30cm까지 관수하고자 할 경우 소요되는 물의 량 = 표면적×토양깊이×부족량으로 계산하면 300톤(= 10,000㎡×0.3m×0.1)이 된다.

〈과수원 1회 관수량 및 관수 간격〉

토 양	관수량(mm, 톤)	관수간격(일)
사질토	20	4
양 토	30	7
점질토	35	9

※ 농촌진흥청

(바) 관수 방법

관수방법에는 표면관수, 살수법(스프링쿨러법), 점적관수 등이 있는데, 포장조건, 관수물량의 확보상태, 시설비, 노력 등을 감안하여 가장 경제적인 방법을 선택하여 실시한다.

① 살수법(스프링쿨러법)

과수원내 고정식 또는 이동식으로 배관을 하고 주로 수관 상부의 살수노즐을 통하여 높은 압력으로 물을 분사시켜 관수하는 방법이다. 비교적 수원이 풍부한 지역에서 관수하고자 할 때 이용할 수 있는 방법이다. 스프링쿨러 관수의 장점은 사과원 전면에 고른 관수를 할 수 있고, 경사지나 지면이 고를지 않은 사과원에도 가능하며 전면관수에 비해 수원이 적어도 된다. 또한 서리가 잦은 지역에서는 서리 피해 방지를 목적으로도 이용할 수 있다. 단점은 시설비가 많이 들고 수압을 높일 수 있는 강력한 가압시설이 필요하다. 또한 수관내부의 습도를 높여서 병 발생을 많게 하며, 흐르는 물을 따라 수관상부에서 하부로 병원균의 전파가 가능하다. 관수 후 지면이 마를 때까지 기계이용이 어렵고 땅이 굳어지는 문제와 경사지에는 침식이 일어나기도 한다. 스프링쿨러를 이용하여 관수할 경우는 기상조건에 따른 증발량만큼 관수를 통해 보충한다는 개념으로 하도록 한다.

만약 1주일 이상 비가 오지 않으면 관수를 해주어야 한다. 이때 수분보유력이 약한 사질토양에서는 소량의 물을 자주 그리고 수분보유력

관수 방법(미니스프링쿨러)

이 강한 점질이 많은 식양토~식토에서는 관수간격을 늘이고 관수량을 많이 한다.

이와 같은 관점에서 사질토양은 5~9월에는 주당 2회, 사양토~식양토에서는 주당 1회 관수하는 것이 합리적이다.

관수시기나 주기는 강수량에 따라 다르다. 점질이 많은 토양은 최대 30~50mm까지, 사질토양은 25~30mm까지의 강수량에 해당되는 수분을 함유할 수 있으며 증발에 의한 손실만큼의 물을 관수를 통하여 보충해 주면 된다.

② 점적관수

가장 최근에 개발된 방법으로 수도관에 연결된 미세한 관이나 점적단추를 나무 밑에 배치하여 나무가 필요로 하는 만큼의 물을 한방울씩 일정한 속도로 계속 관수하는 방법이다. 사과나무 뿌리가 분포하는 부분에 지속적으로 관수하는 방법으로 적은 량의 물로 뿌리부분의 토양을 최적수분상태로 유지할 수 있어 물의 이용효율이 가장 높다. 장점으로는 스프링쿨러에 비해 시설비가 적게 들고 관수시에도 수관내 습도가 올라가지 않아 병해발생이 적고, 점적부위외는 지표면이 말라 있어 잡초발생이 적고 농기계작업이 용이하다.

비료를 관수하는 물에 녹여 시비할 수 있어 시비의 노동력을 경감하고 비료의 효율을 높일 수 있다. 단점은 여과장치를 부착하지만 물에 불순물이 많을 경우 노즐이 막히는 경우가 생기고 점적호스를 지면에 깔거나 40~50cm 높이에 설치할 경우 작업에 불편을 주는 경우가 있다. 또한 모래땅에서는 수분의 수평이동이 적어 관수효과가 떨어진다.

점적관수

과수원용 점적단추는 시간당 2~4ℓ의 물을 배출하는 것이 사용되는데 M.9대목의 경우 주당 한 개의 점적단추면 충분하나 나무에서 30cm 이상 떨어지게 설치해서는 안된다. 나무가 크거나 사질토양이며 토심이 얕은 곳에서는 주당 2개의 점적단추를 달도록 한다. 점적호스 설치 시에 열의 길이에 따라 1~2m정도 여유를 두면 온도 변화에 따라 호스가 늘어나거나 줄어들어도 무리가 없다.

관수할 물의 양은 증산량과 증산 지수로 산출할 수 있으며, 물론 나무의 수령, 수관용적, 수량 등에 따라 다르다.

점적관수장치가 완전자동인 경우는 매일 관수하고 수동으로 조절하는 경우에는 적어도 주 2회 이상은 관수해 주도록 한다. 점적관수에서도 스프링쿨러 관수와 같이 자연 강수량을 보충해 준다는 개념으로 관수를 하도록 한다. 물론 관수의 주기와 양은 토성에 따라 달라진다.

③ 미세살수(Microjet) 관수법

점적관수 방법과 유사하게 수관하부 근권부위에 소량의 물을 관수하는 방법이나 관수범위를 넓히기 위하여 미세 살수노즐을 일정 높이에 설치하여 관수하는 방법이다.

모래나 자갈이 많이 섞여 점적관수시 수분의 분포가 폭이 좁고 길게 퍼지는 경우나 성목으로 근권이 넓은 경우에 알맞은 관수 방법이다. 장단점은 점적관수와 같다.

미세살수장치를 이용하여 관수하면 골고루 물을 분산시켜 관수하는 것이 가능하다. 점적관수와 차이는 물의 소요가 많은 것이다. 충분한 수원이 확보된 장소에서는 장점이 있으며 가능한 관수시간을 짧게 해야 한다. 미세살포장치의 노즐크기 및 종류는 다양하게 나와있다. 살수되는 양은 노즐에 크기와 압력에 따라 시간당 20ℓ 에서 200ℓ 로 다양하며 분사각도는 $180°$, $360°$, $2 \times 30°$ 가 있다. $360°$ 분사각도는 수관하부와 열간 전체에 관수하는 것이고, $2 \times 30°$ 분사노즐의 경우 수관 하부만 관수하게 된다.

④ 수분 센서를 이용한 자동관수 방법

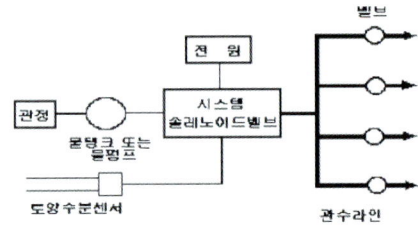

〈토양 수분센서를 이용한 자동관수 시스템〉

토양수분 센서를 이용하는 관수방법은 센서에 토양의 적정수분 범위를 설정하여 주면 토양수분 함량에 따라 전기적인 신호를 보내어 솔레노이드벨브를 열고 닫는 방법으로 관수를 하게된다.

현재 이용되고 있는 토양수분 센서는 텐숀메타와 TDR로서 전자는 가격이 저렴하나 관리가 불편하고, 후자는 고가이나 취급은 용이하다.

(아) 관수시 유의사항

관수를 수확기까지 계속하면 착색이 불량하고 당도가 저하되어 품질이 불량해지므로 수확 4주전에 관수를 중지한다. 관수를 하면 토양내 양분의 유효도가 증대되어 비료분의 흡수가 많이 된다. 특히 질소의 과다가 발생될 수 있으므로 질소의 시비량을 30~40%감량해야 한다. 일단 관수를 시작하면 관수 간격을 지켜서 관수를 해야 한다

제4장
기상재해

제4장 기상재해

1. 최근의 기상재해 현황과 특징

　지구온난화 등 최근의 기후변화는 과수의 생장과 발육에 영향을 주는 것은 물론, 주산단지의 위치변화, 과실의 품질과 작황, 배의 유체과 발생, 포도의 화진현상 등 각종 생리장해를 유발하고, 과실의 안정생산과 농가 소득에 중대한 영향을 미치는 중요한 변수로 해가 갈수록 더욱더 문제가 되고 있으며, 2000년의 태풍 "프라피룬"과 2002년의 태풍 "루사(RUSA)"와 같이 최근에는 피해규모도 갈수록 증가하고 있는 추세이다.

　한편 농작물 재해보험 도입 등 기상재해로부터 피해를 줄이고 신속한 피해복구를 위한 국가정책이 추진되는 등 다소 느리기는 하지만 기상이변으로 인한 재해의 심각성을 느끼고 대처하려는 움직임이 가시화 되고 있으며, '98~'99년 태풍 등으로 인한 농작물 피해가 극심해지면서(표 4-1), 농작물 재해보험제도 도입문제가 크게 대두되었으며, '99년 9월에는 태풍피해가 심한 지역의 사과, 배 농가에 대한 설문조사에서 가입희망률이 60%(사과 49%, 배 71%)로 나타나게 되었다. 2001년에는 우리 나라에서는 처음으로 사과, 배를 대상으로 재해보험을 도입하였고, 2002년에는 복숭아, 포도, 단감, 감귤을 추가하여 실시하고 있다. 이러한 재해보험은 자연재해로 인하여 발생되는 농작물의 피해를 보전하기 위하여 정부의 재정보조금과 농민소득의 일부(보험료)를 보험준비금 형태로 모아 두었다가, 실제 재해손해가 발생하였을 때에 이 준비금에서 보험금을 지급하여 준다. 이 보험은 농가경제의 안정과 농업생산력 증진을 위한 사회보장적 성격의 보험이며, 본인 부담을 근거로 한 보험방식을 활용하여 재해로 인한 위험을 피함으로써 재생산활동의 보장이나 기대 수확량을 보장하는데 그 역할이 기대된다.

〈주요 재해발생 현황〉

재 해	발 생 현 황	피 해 현 황
태풍	'80~'99년 기간중 34회 발생 (연평균 1.7개)	'96~'99년 기간중 과수전체 피해면적 41,397ha (연평균 10,349ha)
우박	'95~'99년 기간중 11회 발생 (연평균 2.2회)	'95~'99년 기간중 과수전체 피해면적 10,843ha (연평균 2,169ha)
서리	'89~'95년 기간중 6회 발생	'89~'95년 기간중 피해면적 14,127ha (연평균 2,018ha)

※ 2000. 3 설문조사 (최근 10년간 태풍(86%), 우박(41%), 서리(27%)를 경험한 것으로 나타남

재해와 관련된 기상요인별로 살펴보면 이러한 재해들은 과수 재배지대 전체에 나타나기도 하지만 최근 들어서는 게릴라성 호우 등의 양상으로 지형적인 영향을 많이 받는 특징을 나타내고 있다. 이러한 주요 원인에 대하여 Balling(1999), Hulme(1994) 등은 산업화와 도시화가 기후변화의 주요 원인이라고 추정하고 있는데 최근 들어 도시지역의 기상이 열섬 등의 형태로 크게 특징지어지는 것을 볼 때 수긍이 가게 되며 도시의 도로포장 등에 의하여 땅속으로 스며들 수 없는 빗물이 급격한 홍수피해로 나타나기도 한다.

〈재해와 관련된 기상요인〉

재해의 종류	과수에 대한 피해
저온 및 고온	동상해, 결실량, 엽소, 과실비대불량, 숙기지연 등
가뭄	수세쇠약 및 고사, 양분 결핍증상, 생리장해 등
호우	낙엽, 낙과, 침수에 의한 생리장해 등
태풍	낙과, 잎 및 과실손상, 수체손상 등
우박	낙과, 잎 및 과실손상, 수체손상 등
일조부족	과실비대 및 착색불량 등
폭설	하우스, 방조망, 시설물 피해, 수체손상 등

 최근 들어 우리 나라는 폭풍, 태풍, 우박 등이 증가하고 있는 추세이며 특히 폭풍과 우박의 발생빈도가 높아지고 있다. 폭풍의 경우에는 '70년대 이후 급격한 증가를 보이고 있으며, 우박은 급격한 기류의 변화에 의하여 발생되므로 폭풍과 같은 양상으로 증가하고 있다. 이러한 기류의 국지적 변화는 산업화에 따른 도시의 에너지소비 등과 관련이 있을 것으로 추정되지만 아직 이를 단정지을 만한 확실한 연구결과는 없어 보인다. 어쨌든 이러한 풍해와 우박피해에 대하여 방풍림 조성, 방풍망 및 방조망 설치 등으로 준비를 더욱 강화할 필요가 있으며, 농작물 재해보험에서도 이 부분이 특히 심도 있게 다루어져야 할 것이다.

 특히 근년에는 태풍의 피해가 극심하였는데 2000년에 불었던 태풍 "프라피룬"이 35개 시·군·구를 중심으로 30명의 인명피해와 146,254백만원의 재산피해를 낸데 반하여 금년의 태풍인 "루사"는 수백명의 인명피해는 물론 7조 수천억원의 재산피해를 입힌 최악의 태풍이었으며 아직도 정확한 재산피해를 밝히지 못할 정도의 심각한 타격을 주었다.

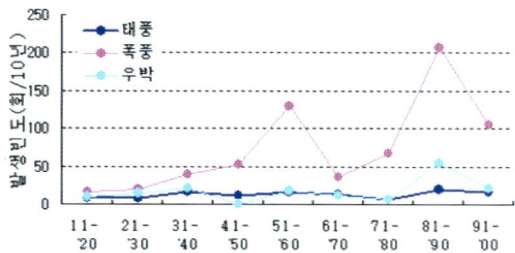

〈그림 1〉 지난 90년간 우리 나라의 태풍, 폭풍 및 우박 발생빈도

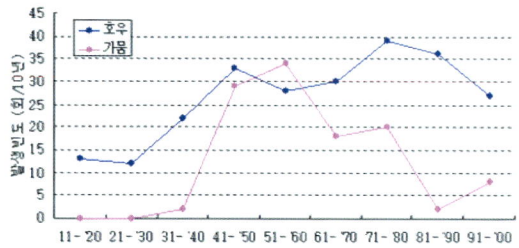

〈그림 2〉 지난 90년간 우리 나라의 호우 및 가뭄발생 빈도

한편 호우와 가뭄발생 빈도를 보면 호우는 꾸준히 증가하는 경향을 나타내고 있으며 가뭄은 '50년대를 정점으로 감소하다가 최근 10년간 그 빈도가 증가하는 경향을 보이고 있다. 호우의 경우, '70년대를 정점으로 빈도는 다소 감소하고 있으나 주목되는 점은 가뭄과 호우가 점점 그 피해규모가 커지고 있는 점이며 특히 호우는 요즘 게릴라성 호우라

고 말할 정도로 국지적으로 폭우를 쏟아 붓는 양상을 띠고 있다.

월별 기상재해 발생상황을 살펴보면 그림 3와 같은데 한파의 경우는 12~1월에, 가뭄은 3~5월과 10월에, 우박은 5~6월과 10월에 집중되고 있으며 폭풍은 봄가을에 집중되는 반면 우리가 두려워하는 태풍은 8~9월에 많이 발생하고 있다. 한편 호우는 7월에 가장 많이 내리는 특징을 보이고 있다.

우리 나라에서 나타나는 이러한 기후변화의 영향을 파악하고, 기상재해의 발생특징, 발생시기 및 피해양상 등을 분석하여 재해를 경감할 수 있는 방법과 사후 대책을 수립하는 것은 재배기술의 개발과 더불어 안정적으로 고품질 과실을 생산할 수 있는 기반 구축에 중요하며 특히 최근에는 기상이변이 증가 추세에 있으므로 사전에 대응할 수 있는 기술개발을 위한 연구가 매우 필요한 시점이다.

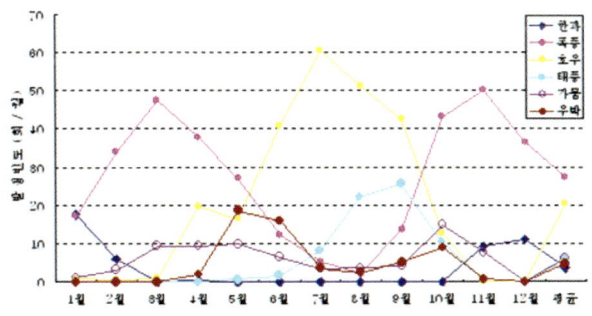

〈그림 3〉 월별 기상재해 발생비율 변화

2. 피해양상 및 대책

가. 동해(凍害)

1) 동해발생에 미치는 요인

가) 기온

사과의 동해는 겨울 또는 이른봄에 불시적인 온난(溫暖)후 급격한 저온에 의한 피해가 더 크다. 동해 한계 온도는 −30~−35℃ 정도로 과수 중에 가장 낮다. 그러나 지상부는 −40℃까지 견디나, 지하부는 −11~−12℃에서도 동해를 입는다. 특히 만개기는 −1~−2℃의 저온에서도 쉽게 동해를 받는다.

〈사과 생육초기 발육단계별 꽃눈피해 한계온도〉   (단위 : ℃)

구 분	꽃 눈 발 육 단 계								
	은색 선단기	녹색 선단기	녹색기	단단한 화총기	분홍 초기	완전 분홍기	개화 초기	만개기	만개 후기
과거표준온도	−8.9	−8.9	−5.6	−2.8	−2.8	−2.2	−2.2	−1.7	−1.7
10% 동사 평균온도	−9.4	−7.8	−5.0	−2.8	−2.2	−2.2	−2.2	−2.2	−2.2
90% 동사 평균온도	−12.0	−9.4	−9.4	−6.1	−4.4	−3.9	−3.9	−3.9	−3.9

나) 저온 지속기간

극저온이라도 저온이 얼마나 지속되느냐에 따라 동해 피해정도의 차이가 난다. 저온 강하 속도나 동결된 후 해빙되는 속도가 빠를수록 동해가 심하다. 피해 정도는 급속동결과 급속해빙 〉 급속동결과 서서히 해빙 〉 서서히 동결과 급속해빙 〉 서서히 동결과 서서히 해빙 순이다.

〈저온 및 저온 지속별 화아의 동사율 (1월 20일)〉

온도 (℃)	지속시간별 동사율(%)				
	1시간	2시간	4시간	8시간	16시간
-25	0	0	0	0	0
-30	0	0	0	0	0
-35	10	0	10	30	20
-40	90	80	70	100	100

다) 수체 저장양분 함량

동해를 받는 정도는 전년도 결실과다, 병해충 피해를 받거나 조기 낙엽 또는 영양생장의 과다 즉 가을 늦게까지 영양이 생장이 계속된 경우 특히 동해를 받기 쉽다.

〈사과나무 적엽정도에 따른 잎눈 동사율〉

적엽정도	-25℃	-30℃	-35℃
84.2 %	13	37	100
78.2 %	14	30	100
무적엽	6	8	100

라) 지형 및 품종

경사지 보다 평지가, 강가, 호수 주변에서도 동해가 심하게 나타난다. 이러한 현상은 찬기류가 산기슭에서 내려와 낮은 곳에 정체(停滯)하기 때문에 피해를 더 받기 쉽다. 또 품종에 따라서 내한성의 차이가 있으며, 후지와 스퍼얼리브레이즈가 강하고, 쓰가루, 골덴델리셔스 등은 동해에 약하다

2) 사과의 동해 양상

수체에서 가장 동해를 받기 쉬운 부위는 눈 특히 꽃눈이고 그 다음이 잎눈, 1년생 가지가 피해를 받기 쉽다. 큰 가지에서도 분지각도가 좁은 분기(分岐)부위가 피해가 많으며, 주간의 경우 지표 가까이 지제부(地際部)에서 피해가 많다. 피해를 받은 부분은 수피(樹皮)가 갈라지고 피해부위는 부란병, 동고병 등 병원균의 침입이 쉬우며, 만생종보다 조생종 품종에서 피해가 심하다. 또한 조직이 충분히 경화되지 않은 초겨울과 휴면타파가 이루어진 2월 이후 훨씬 내동성이 약해진다.

3) 사과의 동해 식별 방법

가) 육안으로 관찰하는 방법

정아를 채취하고 꽃눈과 잎눈을 예리한 칼로 세로로 절단한다. 10배 정도의 확대경으로 꽃눈의 생장점이 갈색이나 흑색으로 변색된 것은 동해를 받아 동사(凍死)한 것으로 간주한다.

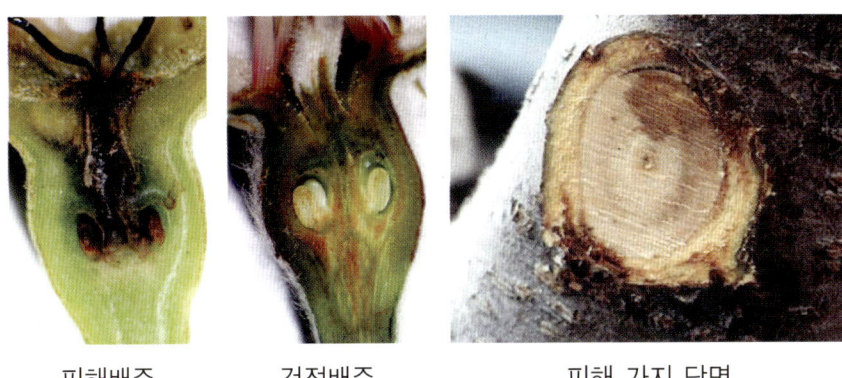

| 피해배주 | 건전배주 | 피해 가지 단면 |

〈육안에 의한 동해 판정〉

나) T.T.C 시약에 의한 염색법

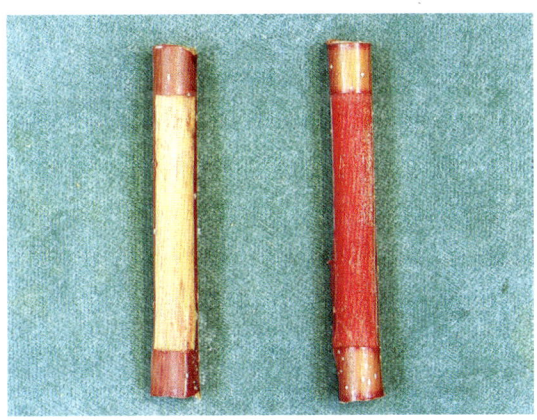

〈동해판정을 위한 TTC 검정〉

0.6% TTC (2,3,5-triphenyl tetrazolium chloride)용액을 적당량 희석한다. 꽃눈 또는 가지를 얇게 세로로 절단한 다음 TTC 용액에 침적한

후 염색정도를 관찰하여 그림 2와 같이 적색으로 염색된 경우 동해피해를 받지 않은 것이 된다.

4) 동해대책

동해 우려가 없는 적지를 선택하여 재식한다. 동해를 받기 쉬운 주간, 주지에 백색페인트 또는 짚 등으로 피복한다. 동해 피해가 있으면 전정시기를 늦추어 4월 초순에 상황판단 후 전정을 하고, 피해를 받은 나무는 도장지 등을 이용하여 수관을 형성시킨다. 화아를 육안으로 감별하여 피해정도가 50%이상이면 겨울전정시 2배 정도 가지를 더 남기고, 50%이하 일 때는 20%정도 더 남긴다. 꽃눈의 동사로 결실이 되지 않아 수세가 강한 나무는 질소비료의 시용을 30~50%정도 줄이고, 동해로 인하여 수세가 쇠약한 나무는 요소 등의 엽면시비로 수세회복을 꾀한다. 파열, 열상 등의 피해를 받은 부위에 대하여 베푸란도포제와 같은 약을 도포함으로 병해충의 피해를 최소화한다.

나. 상해(霜害, 늦서리 피해)

1) 상해발생과 재배환경

상해를 받으면 안정적인 수량확보와 소질이 좋은 중심과 착과가 어려우므로 피해의 위험성이 없는지 충분히 검토하여 개원하고, 기존 과원은 적절한 대책을 세워야 한다. 상해는 대륙에서 발생한 비교적 온도가 낮고, 건조한 이동성 고기압이 통과할 때로서 바람이 없고 맑으며, 야간에 기온이 빙점(氷點) 이하로 떨어지는 날에 발생한다. 찬 공기는 지표부근에 깔리므로 나무 아래 부분에 피해가 많이 나타난다. 화기의 피해 한계온도는 -1.7℃로서 기온이 이보다 높아도 지속시간이 길면 피해를 입게된다.

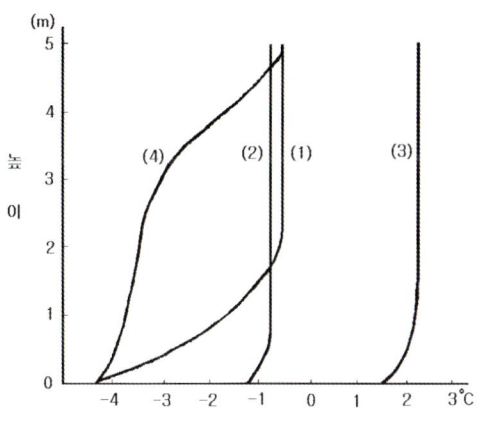

〈지면에서 부터 높이별 온도분포〉

(1) 맑고 바람이 없는 날   (2) 맑으나 구름이 있는 날
(3) 구름낀 날   (4) 냉기류가 흐르는 곳(霜道)이나 냉기류가 정체되는 곳

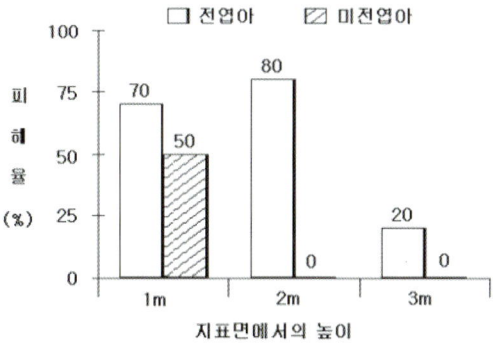

〈높이별 사과나무의 피해정도〉

2) 상해 상습지의 지형 조건

피해 상습지는 산지로부터 냉기류의 유입이 많은 곡간 평지, 사방이 산지로 둘러싸여 분지 형태를 나타내는 지역, 산간지로 표고가 250m 이상되는 곡간 평지 등이다

3) 사과나무의 상해 양상

화기발육 초기단계에서는 약 -2~-5℃의 저온에 노출되면 화편이 열리지 않거나, 열려도 암·수술의 발육이 상당히 나쁘고 갈변하며 수정률이 저하된다. 개화기를 전후한 피해는 암술머리와 배주(胚珠)가 흑변된다. 어린 잎이 상해를 받으면 물에 삶은 것처럼 되어 검게 말라 죽는다. 또한 과실 표면에 혀모양(舌狀), 또는 띠상의 동녹이 발생하고, 과형을 나쁘게 하여 상품가치를 저하시킨다.

〈늦서리 피해를 입은 화기 및 모식도〉

4) 상해 대책

가) 사전 대책

개원전에 지형, 미기상(微氣象) 등을 충분히 조사하여 상해가 심하게 나타나는 지역은 가급적 피하는 것이 좋다. 피해 상습지는 품종을 고려해야 한다. 냉기 유입을 차단하기 위하여 폭 2m 정도의 방상림을 설치한다. 경사지에 개원할 때는 냉기가 흘러가는 방향을 예상하여, 경사 방향과 같이 상하로 재식열을 만든다.

나) 응급대책

기상예보에서 피해가 예상될 때는 송풍법, 연소법, 살수법 등 이용 가능한 방법을 선택하여 대비한다. 송풍법은 상층의 더운 공기를 아래로 불어내려 과수원의 기온 저하를 막아주는 방법이다. 일시에 많은 자본이 소요되어 경제적 부담은 크나 노력이 들지 않고, 효과도 안정적이다. 연소법은 왕겨, 톱밥, 등유 등을 태워 과수원의 기온 저하를 막아 주는 방법이다. 연소기 준비 및 화점관리에 노력이 많이 소요되고, 효과도 크지 않아 실용적이지 못하다. 살수법은 스프링클러, 미세 살수장치 등을 이용하여 물이 얼 때 발생하는 열로 나무 조직의 온도가 내려가는 것을 막아주는 방법이다. 미세 살수장치를 이용하면 효과가 높고, 과수원이 과습되지 않으면서 적은 물로 이용이 가능하다.

〈방상선(防霜扇) 설치에 의한 늦서리 피해 방지효과〉

구 분	결실화총률 (%)	중심화결실률 (%)	과 실 품 질				수 량 (kg/주)
			과중(g)	과형지수	당도(°Bx)	산도(%)	
설 치	63	34	290	0.87	14.9	0.52	79.2
미설치	47	24	272	0.84	14.4	0.55	65.8

※ '95, 원예연구소 사과시험장

방상펜

연소법

미세살수장치

살수에 의한 결빙모습

〈늦서리 피해 방지 방법〉

다) 사후 대책

 사과는 영년생 작물이므로 한번 수세가 불안정해 지면 수년간 생장과 결실에 영향을 미치게 되므로, 병해충 방제, 비배관리, 전정 등의 사후관리를 더욱 철저히 해야한다. 개화기 피해는 화기가 수정능력을 잃으므로 사전에 일정량의 꽃가루를 확보하여 남은 꽃 또는 측화라도 인공수분을 해 주어야 한다. 암술이 검게 변한 것은 피해를 입은 꽃이므로 측화라도 남아 있는 건전한 꽃에 인공수분을 실시한다. 나무의 아랫부분보다 윗부분이 비교적 피해가 적으므로 그 곳에 중점적으로 인공수분을 실시한다. 유과기 피해에 대비하여 피해 상습지에서는 1, 2차 적과를 약하게 하고, 마무리 적과시 확실한 과실을 남긴다. 피해가 심할 경우는 적과 대상 과실이라도 수세 유지를 위하여 일정량의 과실은 남긴다. 잎까지 피해를 입었을 때는 착과량을 줄이고, 낙화 후 10일 경에 종합영양제(4종복비)를 엽면살포하여 수세회복을 꾀한다.

다. 우박

1) 우박의 발생 과정

 우박은 상승기류를 타고 발달하는 적란운에서 발생된다. 적란운은 수직으로 크게 발달한 웅대한 구름 덩어리로서 그 꼭대기가 $-5 \sim -10$ ℃ 정도 된다. 지표면에서 데워진 공기가 상승하게 되면 그 안에 섞여 있던 수증기는 10km 높이 이상의 대기중에서 눈이나 빙정상태로 변하여 존재하게 된다. 하강기류가 생기게 되면 눈이나 빙정이 하강하게 되어 호우가 되기도 하나, 수증기가 다시 상승기류를 타고 빙결고도까지

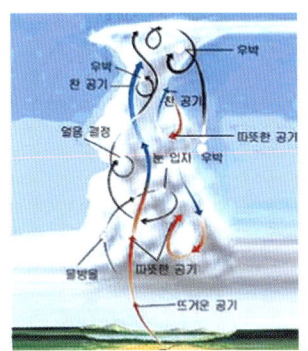

〈적란운 발생 및 우박 형성 과정〉

지 상승하게 되면 재차 빙정이나 눈으로 변하게 된다. 이와 같이 상승과 하강을 반복하게 되면 과냉각된 물방울에 다른 물방울이 첨가되고, 빙결되는 과정을 반복하게 된다. 이 과정에서 우박이 형성되며, 상승기류가 약해지면 우박은 무게를 지탱할 수 없게 되어 지면으로 떨어진다. 보통 뇌우가 강하게 나타날 때 우박이 내리는 것으로 알려져 있지만, 우박의 빈도와 뇌우의 빈도는 언제나 일치하지는 않는다.

2) 우박이 내리는 계절

우박이 내리는 시기는 5~6, 9~10월에 기온이 5~25℃사이일 때 많이 발생하고 시간은 보통 몇 분 정도이나 30분 이상이 될 때도 있다. 우박의 크기는 직경이 2~30mm정도이나 50mm이상의 것도 내린 기록이 있다.

3) 우박이 내리기 쉬운 지형

우박이 내리는 범위는 나비가 수 km에 불과하며, 통과 경로에 따라 가늘고 긴 띠 모양이 된다. 이것은 보통 번개의 경로와 일치하거나 평행한다. 대체로 큰 강의 상류에 빈도가 많다.

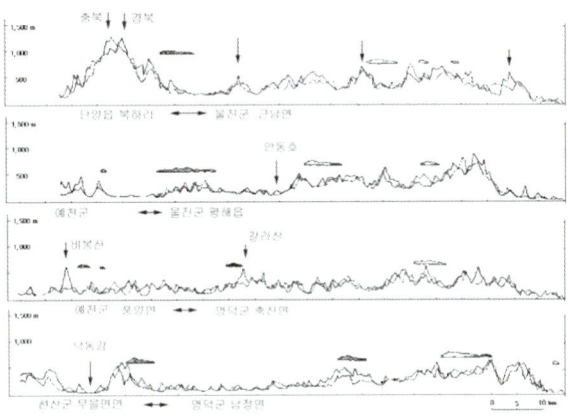

〈우박이 내리기 쉬운 지형 (서↔동)〉

4) 우박피해 양상

우박의 직접적인 피해는 비닐하우스, 사람, 가축, 과수, 농작물 등이 손상될 뿐만 아니라 다시 농작물에 생리적 장해나 병해를 발생시킴으로써 간접적인 피해를 유발한다. 과실 크기가 작은 시기에는 피해가 적고, 성숙기에 가까울수록 피해가 커진다. 우박의 특징은 돌발적이고, 짧은 시간에 큰 피해가 발생하며 피해지역이 비교적 좁은 범위에 한정된다는 것이다. 우박의 지름이 2cm이상, 지속시간이 30분 이상되면 상당한 피해를 입는다. 우리 나라에서는 5~10월에 걸쳐서 많이 발생한다.

| 잎 피해 | 과실 피해 |
| 피해 나무 | 성숙기 과실피해 |

〈우박피해〉

마) 우박피해 대책

우박피해를 방지하기 위해서는 수관 상부에 그물을 씌워주는 것이 유일한 방법이지만, 동일 지점에 내릴 수 있는 빈도가 극히 적기 때문에 경영적인 측면에서 고려되어야 한다. 새의 피해가 심한 산간지에서는 우박피해 방지와 겸하여 망목이 9~10mm인 그물망을 씌우는 것이 좋다. 그러나 망을 씌운 후 겨울이 내리기 전에 반드시 망을 걷어 눈에

〈수관상부 그물망 설치〉

의한 망의 붕괴로 나무가 피해를 입는 것을 방지하여야 한다. 피해를 입은 이후에는 피해 과실을 제거하되 수세안정을 고려하여 일정한 과실을 남겨두어야 한다. 살균제를 충분히 살포하여 상처 부위에 2차 감염이 일어나지 않도록 하여야 한다.

라. 태풍

1) 태풍 피해상황

태풍은 열대 저기압 중에서 중심부근의 최대풍속이 33m/s인 강한 비바람을 동반하고 움직이는 것을 말한다. 한 해 평균 3개 정도의 태풍이 우리 나라에 영향을 주고, 가장 많이 내습한 달은 8월, 7월, 9월 순이다. 태풍에 의한 피해는 강한 바람에 의한 풍해와, 많은 비에 의한 수해로 구분된다.

2) 태풍의 피해 양상

가) 풍해의 양상

태풍에 의한 바람의 피해는 낙과, 잎이 찢어지고 가지가 꺾여지는 나무의 꺾임, 나무 전체가 뽑혀 넘어지게 되는 도복으로 나타난다. 피해는 과실 품질이 저하되는 경우와 나무 자체의 저장양분이 빈약해져서 이듬해 개화와 결실에 나쁜 영향을 받게 되는 것으로 나타난다. 왜성대목의 종류에 따라 지주가 없을 때 쓰러진 나무의 비율 즉 도복률은

주간부 찢어짐

접목부위 절단

낙 과

〈사과 나무의 태풍피해 양상〉

M.9가 3.8%로 가장 높으며, M.26은 2.8%로 나타나 왜화도가 높은 대목일수록 도복률이 높고, 부러짐률도 높은 것으로 나타났다. 왜화도가 높은 대목일수록 반드시 지주에 잘 묶어 주어야 한다.

〈대목의 종류별 도복 및 부러짐률(1979, 일본 아오모리시험장)〉

대 목	미결속 도복률(%)	미결속 부러짐률(%)
M.27	0.5	0.0
M.9	3.8	2.4
M.26	2.8	0.9
M.7	1.9	0.9
MM.106	0.9	0.0
실생	0.5	0.5

※ 수령 4년생, 후지, 델리셔스계 211조사주 중의 비율

나) 수해의 양상

사과원의 수해피해는 주로 유속이 빠를 때 나타나는 토양침식에 의한 도복피해, 유속이 느릴 경우 물에 함유되어 흙이나 각종 부유물질이 과수원에 쌓이는 피해, 장기간 과수원이 침수되어 생기는 습해로 나타난다. 수해를 입으면 병충해의 발생도 심해지는데 이것은 사과나무가 침수에 의해 저항성이 약해지는 반면 침수가 병원균을 전파시키는 역할을 하게 되기 때문이다. 하천 주변을 중심으로 침수피해를 받은 사과원은 낙과 및 과실의 상처에 의한 병해 발생으로 수량 감소가 초래되기 쉽다.

도 복 　　　　　　토양침식

토사퇴적 　　　　　　역병발생

〈사과 나무의 수해피해 양상〉

침수피해 사과원의 침수상태별 수량　　　　　　(kg/10a)

침수 상태		당년	2년차	3년차	누계
지속시간(hr)	침수높이(m)				
3	2.5	200	1,579	0	1,779
12	2.0	225	3,572	2,513	6,310
63	1.5	4,350	4,600	2,683	8,633
4	1.5	1,000	3,698	4,465	9,163
20	1.2	2,100	4,215	1,715	8,030
36	1.0	545	1,888	3,819	6,252
10	1.0	560	3,231	4,405	8,196
2	2.0	750	2,742	5,334	8,826

※ '98년 침수피해. 원예연구소 2000년 보고서

3) 태풍 대책

가) 풍해 대책

① 사전 대책

방풍림에 의한 풍해 방지법으로 포플러, 오리나무, 낙엽송, 삼나무, 화백, 측백 등이 좋으며, 관목을 혼합하여 아래쪽으로 바람이 새는 것을 막으면 좋다. S.S기의 주행에 지장을 주지 않을 정도의 거리로 심는다. 주간 0.5~1.0m간격으로 1줄 또는 2줄로 심는데, 방풍림의 높이는 전정 때에 5m로 한다. 방풍림과 인접하는 사과나무의 품종은 조생종이나 황색종으로 한다.

방풍망 설치로 15~30%까지 바람의 감속 효과가 있으며 높이의 18배 정도까지 효과가 미친다. 높이 5.0~5.5m로 최대 순간풍속 30m/s 이상에 견디고 다른 작업에 지장을 주지 않게 설치한다. 그물눈은 4mm정도의 한랭사를 사용하여 과수의 윗면 전체에 수평으로 그물을 치는 것이 좋다.

② 응급 대책

보도기관의 기상정보로 부터 태풍의 진로나 통과시간을 미리 알아 다음의 응급대책을 강구하여 피해경감에 힘쓴다. 뿌리가 얕은 나무는 지주로 줄기, 주지를 받쳐 도복을 방지한다. 유목은 도복하기 쉬우므로 지주를 튼튼히 세우고 끈으로 묶는다. 줄기, 주지 등에 공동(空洞)이 생긴 것은 찢어지기 쉬우므로 지주로 받치고 밧줄 등을 이용하여 보강한다.

③ 피해후 대책

 첫째, 도복한 나무는 즉시 땅이 젖어 있을 때 세우고 지주로 받쳐 준다. 둘째, 가지가 찢어진 경우는 결과모지를 줄여 부담을 가볍게 하고 찢어진 부위를 접착시키기 위해 끈으로 감거나 걸림쇠를 넣어 단단하게 고정한다. 또 살아나기 힘들다고 판단되는 가지는 빨리 잘라내고 절단면을 매끈하게 손질한 후 도포제를 바른다. 셋째, 풍해에 의해 뿌리가 상한 나무는 이듬해 적과시 과경이 잘 떨어지지 않아 과경을 통해 부란병이 많이 발생할 수 있으므로 낙화 후 20일 쯤에 톱신엠수화제 또는 벤레이트수화제를 반드시 사용한다. 넷째, 생산력을 조기에 회복하기 위하여 수세 진단을 통하여 수세별로 차등 관리한다. 피해가 심한 나무는 착과량을 억제하고 추비 및 질소의 엽면시비(요소 0.3~0.4%)를 실시한다. 또 피해가 아주 심한 나무는 그 해에 착과된 과실을 제거하여 수세 회복에 힘쓴다.

나) 수해 대책

 하천유역이 침수된 경우에는 과수원에 정체되어 있는 물은 가능한 빨리 배수시킨다. 도복된 나무는 신속히 일으켜 지주를 세운다. 토사가 쌓인 경우는 신속히 제거한다. 흙이 건조하게 되면 가능한 신속히 경운하여 통기성을 유지한다. 봉지를 씌운 과실은 봉지를 제거하고 흙앙금은 맑은 물로 씻어낸 후 별도의 살균제를 살포한다. 적토가 쌓였던 토양에서는 이듬해 시비를 약간 적은 듯하게 줄이는 편이 좋다.

 경사지에서 토양침식 또는 토사매몰 피해를 입은 경우에는 농로의 복구, SS기 운행 통로의 정비를 서두른다. 또한 파손된 급·배수 파이프를 복구하여 방제용수를 확보한다. 돌, 자갈의 유입으로 나무에 상처가 났을 경우는 톱신페스트, 베푸란도포제를 도포하여 보호한다.

마. 일소(日燒)

1) 발생에 미치는 요인

일소는 높은 과실 온도와 강한 광선의 상호작용에 의해서 발생한다. 7~8월 대기온도가 32℃이상일 때 많이 발생하며, 과실 표면의 온도차는 양광면(陽光面)이 음광면(陰光面)보다 10℃이상이다. 일소발생은 나무의 남, 서쪽에서 많이 발생하며, 기상이 여러 날 동안 구름이 끼거나 서늘하다가 갑자기 빛이 나고 따듯해질 때 자주 발생한다. 과다착과에 의해 가지가 늘어져 과실이 높은 온도나 강한 광선에 갑자기 노출되면 일소 발생이 증가한다. 나무에서 수확되거나 수분 스트레스에 있는 과실은 과피와 과육 온도가 훨씬 높아 일소의 원인이 된다. 나무 주위의 공기 흐름 정도, 나무의 관리가 과실의 일소를 일으키는 또 다른 주요 요소이다. 수세가 약하거나 과다 결실된 나무에서 일소가 많이 발생한다. 후지, 조나골드, 무쓰, 브레이번 등이 갈라, 골든델리셔스보다 일소에 민감하며, 산사 등의 조생종이 만생종에 비해 일찍 발생한다. 과실내 칼슘 농도가 낮을 경우 일소발생이 많다. 왜화도가 높은 대목일수록 일소과 발생이 많다.

〈시간대별 과실 온도 변화 (8월 27일)〉

구분 (시)	조도 (Lx)	일사 (kw)	과실 온도(℃)				엽온 (℃)	대기습도 (%)	대기온도 (℃)
			남쪽		서쪽				
			양	음	양	음			
11	4.83	0.83	33.5	27.5	30.6	26.8	30.2	49	27.2
12	4.27	0.90	36.5	30.2	36.1	30.6	30.6	49	29.2
13	17.2	0.87	40.6	31.2	43.0	31.6	33.0	45	30.2
14	4.74	0.92	35.1	32.2	43.9	33.3	33.6	37	31.2
15	73.4	0.74	33.8	31.6	44.6	32.6	31.3	40	32.0

〈일소과의 방향별 발생률〉 (단위 : %)

구 분	동	서	남	북
Ⅰ(남서120°)	0	54.3	38.6	7.1
Ⅱ(북서335°)	4.2	63.5	32.3	0
Ⅲ(동남115°)	0	25.2	58.8	16.0
Ⅳ(북동 45°)	29.9	63.6	6.5	0

〈일소과 발생 다소에 따른 수체생육〉

구 분	과대지길이 (cm)	주당엽수 (장)	총엽면적 (cm²)	2년생가지	
				총신초장 (cm)	평균신초장 (cm)
일소과다(18.2%)	8.0	2,415	34,001	52.2	12.3
일소과소(5.0%)	18.2	2,574	51,833	72.9	15.4

2) 피해양상

초기 증상은 태양광선이 직접 닿은 면이 흰색 또는 엷은 노란색으로 변한다. 증상이 진행되면 직사광선을 받은 쪽의 과피가 갈색으로 변하거나 시일이 지남에 따라 엷은색으로 퇴색하고, 정도가 심하면 피해부가 탄저병 등이 2차적으로 전염되어 부패하며, 수확기가 되어 동녹이 심하게 발생되기도 한다. 수확시 일소를 받은 과육은 일소를 받지 않은 부분보다 경도, 당도가 높으나 저장중에는 빠르게 연화되는 경향이 있다. 일소를 받은 과피는 왁스층이 파괴 소실된다.

〈생육기에 나타난 일소피해 증상〉

3) 피해 대책

과실들이 강한 직사광선을 받지 않게 가지들을 잘 배치하고, 지주에 결속 및 정지 전정을 정확히 한다. 엽과비에 맞게 적과를 하여 착과과다를 지양한다.

햇빛이 골고루 들어갈 수 있게 생육기 동안 도장지를 제거하거나 지나친 하계전정은 삼가한다. 관수를 적절히 한다. 많이 결실된 가지들을 늘어지지 않게 버팀목을 받치거나 끈 등으로 묶는다. 일소를 받은 과실은 추가적인 피해를 감소시키기 위해서 가능한 늦게 제거한다. 열간부위에 초생재배는 청경재배에 비해 일소를 감소시킨다. M.9대목을 이용한 밀식재배에서 수관이 충분히 형성 안된 유목일 경우 봉지재배를 한다. 과실이 햇볕에 많이 노출되었을 경우 탄산칼슘(크레프논, 칼카본) 200배액(400g/20ℓ), 카올린(Surround WP)을 3~4회 살포하여 과피를 보호한다. 물이 풍부하면 수관상부 미세살수 장치가 설치된 사과원은 대기온도가 30~32℃일 경우 작동시킨다.

카올린 살포　　　　　　　　미세살수장치 수관 살수

〈일소 피해 방지 방법〉

제5장
사과의 병해

제5장 사과의 병해

1. 붉은별무늬병 (赤星病)

가. 병징

주로 잎에서 발생하나 발생밀도가 높으면 과실, 가지에도 발생한다. 발생시기는 해에 따라 다소 차이가 있으나 꽃잎이 질 무렵인 5월상중순부터 잎 표면에 1mm정도의 황색 반점이 나타나 윤기 있는 등황색(오렌지색)으로 변하며 병반은 0.5~1cm정도로 커진다. 병반은 부풀어 올라 흑갈색으로 변하면서 잎 뒷면이 두터워져서 6월부터 털 모양의 모상체를 형성하고, 녹병자기는 모상체가 형성된 잎 뒷면에 형성된다. 중간기주식물은 가이즈가향나무, 섬향나무, 참향나무 등의 향나무류이다.

향나무에 형성된 겨울포자퇴

사과나무 잎의 병징

나. 병원균 : *Gymnosporangium yamadae*

담자균(擔子菌)으로 사과나무에서 소생자와 녹포자를 형성하고 향나무에서는 겨울포자와 담포자(擔胞子)를 형성하는 이중기생균이며, 순활물기생균이다. 이 병원균은 생활사를 통해서 핵상(核相)이 변화된다. 향나무에 형성된 겨울포자는 초기에는 한 개의 세포에 +핵(n)과 -핵(n), 두개가 들어 있으나 말기에는 서로 융합되면서 2n이 된다. 겨울포자가 발아하면서 감수분열이 일어나며 전균사의 4개의 세포는 -핵(n) 또는 +핵(n)을 가지게 되고 여기서 형성된 소생자도 + 또는 -의 1개 핵(半數體)을 갖는다.

녹포자는 구형~타원형으로 오렌지색, 단세포이며 직경이 17~28μm이며 그 표면에는 작은 돌기가 밀생하고 여러 개의 발아공이 있다. 겨울포자는 방추형으로 등갈색, 2세포이며 크기는 32~45×15~24μm이다. 겨울포자에서 형성된 전균사에서는 담자기(擔子器)가 생기고 그 위에 담포자가 형성된다. 담포자는 난형으로 단세포이며 크기는 13~16×8~10μm이다.

잎에 형성된 모상체

다. 발생생태

사과나무 잎 뒷면에서 9~10월에 형성된 녹포자는 형성 직후 발아하지 않고 월동 후 다음 해 봄에 향나무에 침입한다. 그 해 여름을 지낸 후 병반을 형성하고 그 다음 해 봄 3~5월에 동포자퇴가 형성된다. 겨울포자퇴는 4~5월 강우에 부풀어 담포자가 형성되고 바람에 의해 비산되며 비산거리는 1km내외에 달한다. 비산된 담포자는 사과나무에 침입, 발병하여 피해를 주고 다시 소생자와 녹포자를 형성한다. 향나무에서의 생활은 약 21개월이 되며 사과나무에서는 3개월로서 2년 주기의 생활환을 가지고 있다. 병이 해마다 발생하는 것은 2년 주기의 생활환을 가진 병원균이 서로 엇갈려 발생하기 때문이며, 향나무에서 겨울포자퇴는 2~3년간 전염력을 가진다. 이 병은 한국, 일본, 중국 등지에 국한해서 발생하는데 사과나무, 개아그배나무, 꽃아그배나무, 아그배나무, 능금나무, 야광나무, 털야광나무, 들해당화 등의 사과나무속 식물(Malus spp.)에 발생한다. 우리나라에서는 1918년 수원에서 처음 발생이 보고되었으나 그 전부터 발생되었을 것으로 생각되며, 1975년 이후 경북 지역을 위시하여 전국에서 발생량이 증가하였고 피해가 늘어났으나 현재는 사과원에서 5월에 평균이병엽율 1%, 발생과원율 70%로 그 피해는 경미하다.

라. 방제

○ 가장 중요한 것은 사과원 부근 1km이내에 중간기주인 향나무류를 심지 않는 것이며, 풍향·풍속 등에 의해 달라지나 보통 500m를 넘을 경우 발병력이 줄어든다.

○ 향나무에 형성된 혹(동포자퇴)이 터져서 젤리 모양이 되기 전에 잘라서 태우든가 4월~5월에 석회유황합제나 적용약제를 살포한다.
○ 사과나무에는 낙화 후 검은별무늬병, 점무늬낙엽병, 그을음(점무늬)병과 동시방제 하는 것이 효과적이다.
○ 누아리몰유제 등 18종의 약제가 등록되어 있다.

2. 검은별무늬병 (黑星病)

가. 병징

사과 잎의 병반

사과 과실의 병반

잎, 잎자루, 꽃, 꽃받침, 과실, 과경 및 가지에 발생하나 주로 잎, 과실에서 발생한다. 잎 앞면에 직경 2~3mm의 녹황색 반점이 나타나고 갈색의 가루가 덮혀 있는 형태가 되는데 이 가루가 병원균의 분생포자이며 분산하여 새로운 병반을 만들게 된다. 시간이 경과하면 잎 표면이 부풀어 오르고 여름이 되면 표면의 분생포자가 소실된다.

과실에서는 1~2mm의 흑색 반점이 나타나 과실의 비대와 함께 표면에 균열이 생기고 기형과가 된다. 드물지만 발생이 심한 경우에는 가지에서도 발생하는데 표면이 거칠어지고 껍질이 터져 흑색 병반이 형성된다.

나. 병원균 : *Venturia inaequalis*

병원균은 자낭균(子囊菌)에 속하며 전년도의 병든 잎에 자좌를 형성하고 그 속에 자낭과가 형성되며 자낭포자(子囊胞子), 분생포자(分生胞

子)를 형성한다. 자낭각은 구형으로 흑색이고 직경 90~150㎛이며 자낭각당 50~100개 정도의 자낭을 함유하고 있다. 자낭은 곤봉형으로 무색이며 크기는 55~75×6~12㎛이며 8개의 자낭포자를 함유하고 있다.

자낭포자는 담황록색 ~ 황갈색으로 장타원형이며 2세포이고 크기는 11~15×5~7㎛인데 아래쪽 세포보다 위쪽 세포가 더 짧고 넓다. 분생자경은 갈색으로 물결무늬이다. 분생포자는 암갈색으로 난형 ~ 방추형이며 한 쪽이 좁으며 단세포이고 크기는 12~22×6~9㎛이다.

다. 발생생태

병든 잎과 과실에서 자낭각 형태로 월동한다. 또한, 해양성 기후에서는 가지 병반상에 균사로 월동하기도 하지만 그 밖의 지역에서는 흔치 않다. 가을에 균사체를 형성한 후 낙엽한 4주 이내에 대부분의 자낭각이 형성된다. 동면기 후에(온도 0℃) 자낭각은 계속해서 성숙하며 자낭과 자낭포자가 발달한다. 습기가 자낭각 발달에 필요하다. 자낭각 발달에 최적온도 범위는 8~12℃이며 자낭포자 성숙의 최적온도는 16~18℃이다. 사과원의 월동엽이 젖어 들어감에 따라 성숙한 자낭이 주공을 통해 팽창하며 자낭포자를 방출하게 되는데 이것은 바람에 의해 분산되며 이들이 1차 감염을 시작한다. 대부분의 경우에 발아기경에 1차 자낭포자가 성숙하며 감염을 일으킬 수 있다. 자낭포자는 계속 성숙하며 5~9주 동안 포자방출은 계속된다. 자낭포자 최대분산시기는 보통 개화 직전과 만개기 사이에 일어난다.

자낭포자가 얇은 층의 습기가 찬 상태의 잎이나 과실표면에 부착되면 포자가 발아하며, 감염은 1~26℃온도범위에서 일어난다. 균이 일단 큐티클층을 통과하면 육안으로 보이는 병반상에 분생자경, 분생포자를 형성한다. 분생포자는 여름철 병 발생의 주요 전염원이 된다. 이 병은 전세계 대부분의 사과 재배 지역에서 발생하고 있으며 미국이나 유럽에서는 가장 중요한 사과병해이다. 우리나라에서는 1972년 미국 Maryland에서 도입된 378주의 사과나무 가운데 수원, 대전, 전주에 심겨진 55주의 묘목에서 최초로 발생이 확인되었다. 즉각적으로 실시된 박멸프로그램에 의해 그후 병 발생보고는 없었으나 1990년부터 1992년까지 경북 청송 지방을 위시하여 영주, 의성, 봉화, 경주, 영천 등지에서 산발적으로 발생하여 상당한 피해를 입힌 바 있다. 그후 1993년부터 1996년까지 청송, 거창, 무주 등지의 극히 일부 사과원에서 발생하였으며, 1997년 이후부터는 병 발생이 거의 없는 것으로 조사되었다.

라. 방제

○ 사과원의 습도를 낮추기 위해 배수관리를 철저히 하며 병든 잎, 과실은 불에 태우거나 땅 속 깊이 묻는다.
○ 외국에서 병 발생이 심할 경우에는 가을철 낙엽에 질소질 비료를 살포하여 겨울철 동안 잎의 분해율을 높임으로써 월동 전염원을 감소시킨다. 그러나 우리나라와 같이 겨울이 건조하고 추운 기상조건에서는 실용화 가능성이 적다.
○ 봄철 1차 감염시기의 방제가 가장 중요하므로 4월중순~5월중순에 점무늬낙엽병, 붉은별무늬병, 그을음(점무늬)병의 방제와 겸하여 적용약제를 살포하는 것이 효과적이다.
○ 적용약제는 디페노코나졸수화제 등 18종의 약제가 등록되어 있다.

3. 흰가루병 (白粉病)

가. 병징

사과 잎의 병징

잎, 가지, 꽃, 과실에 발생하나 주로 신초의 어린 잎, 가지에서 발생한다.

처음에 흰색의 균총이 나타나고 병반이 확대되어 잎 전체가 흰가루 모양의 분생포자로 덮히며 잎이 오그라든다. 과실에서는 유과기에 발생하여 동녹의 원인이 된다.

나. 병원균 : *Podosphaera leucotricha*

이 병원균은 표피세포에 흡기를 삽입하여 영양분을 흡수하며 기주조직이 죽으면 병원균도 죽는 활물기생균이다. 자낭균(子囊菌)으로 자낭포자(子囊胞子)와 분생포자(分生胞子)를 형성한다. 자낭각은 흑갈색으로 구형이며 직경 75~96㎛이다. 자낭은 준구형으로 크기는 55~70

×44~50㎛이다. 자낭포자는 무색으로 단세포이며 타원형 ~ 난형이고 크기는 22~26×12~14㎛이다. 분생포자는 분생자경 위에 연쇄상으로 형성되고 무색으로 단세포이고 원통형이며 크기는 28~30×12~19㎛이다.

다. 발생생태

병든 새순이나 가지에서 균사나 자낭각의 형태로 월동하여 봄에 잎이 전개할 때 자낭포자에 의해 1차 감염이 이루어진다. 1차 감염된 잎에서 형성된 흰가루 모양의 분생포자에 의해 2차 감염이 이루어진다. 5 ~ 6월에 발생이 많으며 홍옥이 감수성 품종이다. 이른 봄 기온이 한랭하고 안개가 많이 낄 때 발생이 많다. 이 병은 세계 각지에 널리 분포하는데 우리나라에서는 1917년 마산에서 처음 발견된 이후 1940년대까지는 함경남도 원산 지방에서 많이 발생한 것으로 기록되어 있다. 현재는 사과원에서 평균 이병엽율 1% 미만, 발생 과원율 5%미만으로 거의 발생하지 않는다.

라. 방제

- ○ 피해 받은 새순의 끝이나 피해가지를 잘라 태우거나 땅속 깊이 묻는다.
- ○ 개화전~낙화기(4월 중순 ~ 5월 중순)에 검은별무늬병, 점무늬낙엽병, 붉은별무늬병, 그을음(점무늬)병과 동시방제 하는 것이 효과적이다.
- ○ 적용약제로는 페나리몰수화제 등 21종의 약제가 등록되어 있다.

4. 점무늬낙엽병 (斑點落葉病)

가. 병징

사과잎의 병반

잎, 과실, 가지에 발생하는데 주로 잎과 과실에서 발생한다.

5월부터 잎에 2~3mm의 갈색 또는 암갈색 원형 반점이 생기며 품종과 기상조건에 따라 병반이 확대되어 0.5~1cm정도의 크기로 되기도 하고 회색 병반으로 되기도 한다. 여름에 자라 나온 새 가지의 잎에 발생이 많다. 과실에서는 5~6월부터 과점으로 감염되기 시작하여 8~9월까지 감염되며 흑색의 작은 반점을 형성하여 병반은 크게 확대되지 않고 과실이 성숙하면 병반 주변이 적자색으로 된다. 가지에서는 껍질눈을 중심으로 회갈색의 병반을 형성하며 주변이 터진다.

나. 병원균 : Alternaria mali

병원균은 유성세대(有性世代)가 밝혀지지 않은 불완전균(不完全菌)으로 분생포자(分生胞子)를 형성한다. 분생자경에 5~13개의 분생포자가 연쇄상으로 형성된다. 분생포자는 흑갈색이고 곤봉형으로 한 개 내지 여러 개의 격막이 있으며 크기는 13~50×6~20μm이다.

다. 발생생태

병든 잎, 과실, 가지에서 균사 또는 분생포자로 월동한 후 봄에 형성된 분생포자에 의해 1차 감염이 이루어진다. 포자비산은 4월부터 일어나기 시작하여 10월까지 계속되는데 6월에 가장 많고 7, 8, 9월에도 꾸준히 비산된다. 2차 전염은 잎에서 발생한 병반에서 형성된 분생포자에 의해 계속 일어나며 과실의 감염은 7~8월에 가장 많이 일어난다. 품종에 따라 발병정도가 다르며 여름에 고온다습하면 발생이 많고 질소비료의 과다로 인해 잎이 연약하고 배수와 통풍이 잘 되지 않는 사과원에서 피해가 많다.

우리나라에서는 1917년에 대구에서 처음 발견되어 1960년대부터 경북지역을 중심으로 인도, 스타킹 품종에 많이 발생하기 시작하여 전국적인 발생양상을 보였다. 1980년대 중반이후 가장 재식면적이 넓은 후지품종의 경우 점무늬낙엽병에 중도저항성을 나타내는 품종으로 5월부터 발생하기 시작하여 10월 평균이병엽율 10%미만, 발생과원율 90%이상으로 잎에서의 피해는 그다지 크지 않으나 일부 과실에 감염되는 경우에는 상품가치를 떨어뜨린다.

1996년이후 국내에 본격적으로 도입된 M.9대목의 후지품종은 5월중 하순부터 6월 중순까지 병 발생이 많아 낙엽증상까지 나타내는 경우가 많으며, 이는 토양, 기상 및 재배관리 요인에 의한 것으로 추측된다.

라. 방제

○ 이른 봄에 낙엽을 모아 태운다.
○ 여름 전정을 통하여 병반이 많은 도장지를 잘라서 없애고 통풍, 투광을 원활히 하며, 질소비료가 과다하여 잎이 연약할 때 발생이 많으므로 과다 되지 않도록 한다.
○ 4월~5월에는 검은별무늬병, 붉은별무늬병, 그을음(점무늬)병과 동시방제하고, 6월~8월에는 겹무늬썩음병, 갈색무늬병과 동시 방제하는 것이 효과적이다.
○ M.9대목 후지품종에서 전년도 초기 점무늬낙엽병이 많았을 경우 낙화 후 살포약제 선정이 중요하므로 관련기관에 문의한다.
○ 적용약제로는 도딘수화제 등 60종의 약제가 등록되어 있다.

5. 갈색무늬병 (褐斑病)

가. 병징

잎의 병반

후기 갈변 증상

잎, 과실에 발생하나 주로 잎에서 발생한다.

잎에 원형의 흑갈색 반점이 형성되어 점차 확대되어 직경 1cm정도의 원형~부정형 병반이 되며 병반위에는 흑갈색 소립이 많이 형성되는데 이것이 병원균의 포자층으로 많은 포자를 생성한다. 잎은 2~3주 후에 황색으로 변하여 일찍 낙엽이 되나 황변하지 않고 그대로 나무상에 남아 있는 것도 있다.

병반이 확대되어 여러개가 합쳐지면 부정형으로 되며, 발병후기에는 병반 이외의 건전부위가 황색으로 변하고 병반주위가 녹색을 띠게 되어 경계가 뚜렷해지며 병든 잎은 쉽게 낙엽이 된다.

나. 병원균 : Diplocarpon mali

자낭균(子囊菌)으로 자낭포자(子囊胞子)와 분생포자(分生胞子)를 형성한다.

자낭반은 월동한 병든 잎에서 형성되는데 직경은 0.1~0.2mm이고 높이는0.1~0.2mm이다. 자낭은 긴 원통 또는 곤봉상이고 크기는 55~78×5~6㎛이고 8개의 자낭포자가 있다. 자낭반은 월동한 병든 잎의 각피 아래에 형성되며 성숙하면 각피를 뚫고 나와 찻잔모양의 자낭반이 된다. 자낭포자는 무색이고 한 개의 격막이 있어 2세포이며 크기는 23~33×5~6㎛이다. 분생포자는 잎의 표피세포의 큐티클층 아래에 형성되는 분생자퇴 위에 생성되는데 무색이며 2세포로 하나는 원형에 가깝고 다른 하나는 끝이 가느다란 장타원형이며 크기는 20~24×7~9㎛이다.

다. 발생생태

병든 잎에서 균사 또는 자낭반의 형태로 월동하여 다음 해 자낭포자와 분생포자가 1차 전염원이 된다. 이 병은 분생포자나 자낭포자의 공기전염에 의하며 포자비산은 5월부터 시작되어 10월까지 계속되는데 7월 이후 증가하여 8월에 가장 많은 양이 비산된다. 잎에서는 빠르면 6월 중하순에 병징이 나타나기 시작하며 7월상순경에는 과수원에서 관찰할 수 있다. 8월이후 급증하여 9~10월까지 계속된다. 여름철에 비가 많고 기온이 낮은 해에 발생이 많으며 배수불량, 밀식, 농약살포량 부족인 사과원에서 발생이 많다. 사과나무에서 조기낙엽을 가장 심하게 일으키는 병이다. 포자비산은 5월부터 10월까지 이루어지는데 포자비산량 조사를 통해서 초기발생 시기와 이후의 발생정도를 예측할 수 있다. 사과원에서 보통 빠르면 6월 중하순, 늦어도 7월 상순에는 관찰할 수 있기 때문에 초기 병징의 발현을 방제시작의 신호로 보면 된다. 이 병은 일본, 한국, 중국, 인도네시아, 캐나다, 브라질 등지에서 발생하는데 우리나라에서는 1916년 수원, 1917년 나주, 대전, 대구 등지에서 최초 발생이 보고된 이래 1960년대까지 우리나라 전역에 걸쳐 발생하여 탄저병과 더불어 그 피해가 극심하였다.

1960년대까지는 주재배 사과품종이 갈색무늬병에 이병성인 홍옥과 국광이었으나 1970년대 이후는 후지 등의 신품종으로 대체하여 재배하였고 농약의 개발로 1980년대까지는 갈색무늬병의 발생은 크게 문제되지 않았다.

그러나 1990년대에 들어서면서 주 품종인 후지 품종과 다른 신품종에도 발생하기 시작하여 매년 발병율이 증가하고 있는 실정이며 농약의 관행방제 사과원에서도 많이 발생되어 조기낙엽 등의 피해를 일으키고 있다.

특히 7, 8월에 강우량이 많고 저온이었던 1993년에 대발생하여 큰 피해를 입었다. 그 이후 계속해서 여름철에 많이 발생하고 있으며 1998년에는 봄철 고온다우로 인해 병 발생이 5월부터 시작되었고 여름철엔 비 온 날이 계속되었으며 9~10월 고온조건이 유지 되므로서 10월 평균 이병엽율 50%이상, 발생과원율 100%로 그 피해가 심각하였다.

라. 방제

○ 관수 및 배수를 철저히 하며 균형 있는 시비, 전정을 통해 수관내 통풍과 통광을 원활히 하고, 병에 걸린 낙엽을 모아 태우거나 땅속 깊이 묻어 월동 전염원을 제거한다.
○ 약제에 의한 방제는 6월 중순경(발병초)부터 8월까지 가능한 강우 전에 정기적으로 적용약제를 수관내부까지 골고루 묻도록 충분량을 살포 한다. 과수원에서 초기병반이 보이는 즉시 약제를 살포한다. 이 병은 한번 발생하면 이후 방제하기가 매우 곤란한 병이므로 예방에 초점을 맞추어 방제한다.
○ 적용약제로는 디티아논수화제 등 55종의 약제가 등록되어 있다.

6. 탄저병 (炭疽病)

가. 병징

초기병반

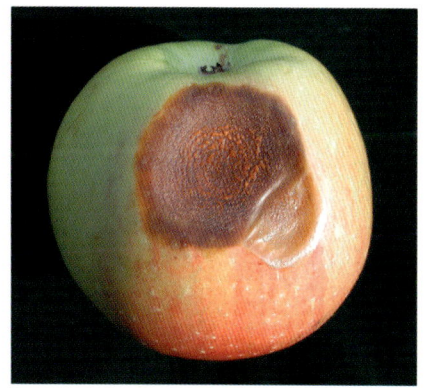
후기병반

 환경조건이 병 발생에 알맞을 때는 어린 과실에서도 발생하지만 주로 성숙기인 8월 상순부터 수확기까지 발생하며 저장 중에도 많이 발생한다.
 처음에는 과실에 갈색의 원형반점이 형성되어 1주일 후에는 직경이 20~30mm로 확대되며 병든 부위를 잘라보면 과심방향으로 과육이 원뿔모양으로 깊숙이 부패하게 된다(V자 모양).
 과실표면의 병반은 약간 움푹 들어가며 병반의 표면에는 검은색의 작은 점들이 생기고 습도가 높을 때 이 점들 위에서 담홍색의 병원균 포자덩이가 쌓이게 된다.

나. 병원균 : *Glomerella cingulata*

자낭균으로 병반에서는 주로 분생포자를 형성하나 드물게는 병반 조직 내에 자낭각을 형성하여 자낭포자도 생성한다. 자낭각은 흑색이고 구형내지 플라스크형으로 직경이 210 ~ 280㎛이다. 분생포자의 크기는 9 ~ 29×3 ~ 8㎛이며 병반의 표피층 바로 밑에 형성된 분생 자층의 짧은 분생자경 위에 형성되어 표피를 뚫고 누출하게되며 점성을 띤다.

다. 발생생태

세계 각지에서 사과, 배, 포도, 아카시, 복숭아, 고추 등 약 300여종의 식물에서 발견되며 비교적 온난하고 다습한 지방에서 많이 발생한다.

주로 홍옥, 국광, 인도, 욱 품종에서 심하게 발생하며, 한 해 동안 50 ~ 90%의 이병과율을 나타낸 경우도 있어 1970년대 말까지 우리나라 사과병해 중 가장 피해가 심했던 병이다. 1960년대 말부터 후지 등 탄저병 저항성 품종이 재배 되고부터는 병의 발생이 현저히 줄어들었다.

주로 사과나무 가지의 상처부위나 과실이 달렸던 곳, 잎이 떨어진 부위에 침입하여 균사의 형태로 월동한 후 5월부터 분생포자를 형성하게 되며 비가 올 때 빗물에 의하여 비산되어 제 1차전염이 이루어지고 과실에 침입하여 발병하게 된다.

병원균의 전반은 빗물에 의해서 이루어져 기주체 표면에서 각피 침입하여 감염되며 파리나 기타 곤충 및 조류에 의해서도 분산 전반되어 전염이 이루어지는 것으로 되어 있다.

과실에서는 7월 상순경에 최초 발생하며 7월 하순에서 8월 하순까지 많이 발생하며 9월 중순 이후 감소한다. 저장 중에도 많이 발생한다. 병원균의 생육온도는 5 ~ 32℃이며 생육적온은 28℃이다.

라. 방 제

○ 중간기주가 되는 아카시아나무를 사과원 주변에서 없앤다.
○ 병든 과실은 따내어 땅에 묻고 수세가 강하게 비배관리를 철저히 하며, 과실은 봉지 씌우기를 하면 병원균의 전염이 차단된다.
○ 적용약제로는 아족시스트로빈수화제 등 56종의 약제가 등록되어 있다.

7. 겹무늬썩음병(輪紋病, 胴腐病)

가. 병징

겹무늬썩음병 병든 과실

줄기 사마귀증상

줄기 초기 괴사증상

줄기 후기 괴사증상

과실에서 발병은 일부 일소피해를 입은 과실에서는 7월 하순에 발병하는 경우도 있지만 대부분 9월 하순 이후에 다발생 하며, 초기에 발병된 과실에서는 병반상에 작은 흑색소립이 밀생하는 경우가 있는데 이들은 내부에 다량의 병원균 포자를 형성하여 2차 전염원이 된다.

최초의 병징은 과점을 중심으로 갈색의 작고 둥근 반점이 생기는데, 이 반점의 주위는 붉게 착색되어 눈에 잘 띈다. 병반이 확대되면 둥근 띠모양으로 테가 생기지만 띠모양이 확실하지 않는 경우도 있고, 과실이 썩으면서 색깔이 검게 변하는 것도 있다.

과실을 잘랐을 때 썩는 부위가 연한 갈색 혹은 짙은 갈색으로 불규칙하게 썩으며, 이런 증상은 V자 모양을 띠며 씨방쪽으로 썩어 들어가는 탄저병과는 뚜렷하게 구별되는 증상으로 나타난다.

가지에서의 병반은 사마귀를 형성하는 것과 사마귀를 형성하지 않고 조피증상을 나타내는 것, 검붉은색의 암종을 형성하는 것의 3가지 유형으로 나누어진다.

사마귀를 형성하는 경우는 처음 병원균이 침입한 가지의 피목부위가 융기하여 사마귀 형태가 되는데 그 수개월이 지나면 사마귀 주변으로 균열이 생기면서 갈라져 조피증상을 나타내며, 이 사마귀 내에 다수의 병자각이 군생한다.

사마귀를 형성하지 않고 조피증상만 나타나는 경우에는 가지의 피목부위에서 장타원형의 균열이 생기며 이곳에서 다수의 병자각이 형성된다.

검붉은색의 암종을 형성하는 것은 주로 델리셔스계통 품종의 나무에서 많이 발견되지만 거의 모든 품종에서 찾아볼 수 있다. 이 증상은 동해, 한해, 영양결핍에 의해 쇠약해진 나무에서는 더욱 뚜렷하게 나타나며 수분스트레스를 지속적으로 받는 가지, 오래된 가지일수록 증상이 잘 나타난다.

나. 병원균: *Botryosphaeria dothidea*

자낭균에 속하며 동일한 자좌 내에 병자각과 자낭각을 형성한다. 자좌 속에 보통 2~4개의 자낭각이 존재하며, 병자각은 단독 또는 군생한다. 자낭각의 모양은 병자각과 거의 같으며 크기는 175~320×230~320㎛이다. 자낭은 80~130×12~23㎛ 크기로 곤봉형이며, 2중벽 구조로 되어 있고, 8개의 포자를 가진다. 자낭포자는 무색, 단포, 방추형-장란형(長卵形)이며 크기는 16~28×7~12㎛이다.

병자각은 줄기 및 가지의 병반은 물론 과실 병반에서도 형성되며, 크기는 103.5~287.5×92~287.5㎛이며 병자각실 내벽 전면에 분생자병이 발달하고 그 위에 병포자가 단생한다. 병포자는 무색, 단포, 타원형-방추형으로 크기는 4.3~7.3×20.0~31.3㎛이다.

소형 분생포자를 형성하는 경우가 있는데 이것도 역시 병자각 내에 형성되며 무색, 단포, 간상형이고 크기는 1×2 ~ 3㎛이며 그 기능은 분명치 않다.

병원균의 생육온도는 10 ~ 35℃이며 생육적온은 28℃ 전후이다.

다. 발생생태

세계 각지에서 사과나무, 배나무 등 20과 34속 식물에서 발견되며 비교적 온난하고 다습한 지방에서 많이 발생한다.

자낭포자는 강우가 없어도 전반이 이루어지지만 분생포자는 강우시에 전반된다. 병자각에서 분출되는 병원균의 양은 강우의 양과 지속시간과 관계가 있다.

병원균은 균사, 병자각, 자낭각의 형태로 사마귀 조피증상이나 가지

마름증상, 전년도 이병과실에서 월동하고 다음해 5월 중순~8월 하순 경사이 비가 올 때 포자가 누출되고 빗물에 튀어 과실의 과점 속에서 잠복하고 있다가 과실이 성숙되어 수용성 전분함량이 10.5%에 달하는 생육후기에 발병한다. 포자가 과실 표면에 도달하여 감염이 성립되기 위해서는 15℃에서는 24시간, 20℃에서는 10시간, 25℃에서는 8시간의 보습기간이 필요하며 우리나라에서 감염최성기는 장마 기간 중이다.

1970년대부터 병원균에 감수성이 높은 후지품종의 재배증가와 무봉지재배 그리고 이전까지 사과원에서 빈번히 사용되어온 보르도액이 제조상의 번거로움과 과실 색택의 문제로 인해 사용되지 않게 되어 이 병의 발생이 증가되었다.

1999년에는 홍로품종의 주간부 피목부위에서 수액이 누출되면서 짙은 적색으로 썩는 증상이 다발생한 사례가 있으며, 이것은 봄철의 관배수 관리와 밀접한 연관성이 있다.

라. 방제

○ 병원균의 월동처에서 비산된 포자가 과실에 부착하지 못하게 하는 봉지 씌우기 재배가 가장 효과적인 방법이지만 노동력 투하로 인한 생산비 상승이 문제된다. 우리나라에서는 봉지 씌우기를 6월 상순에서 중순에 걸쳐 이행하는데 겹무늬썩음병 방제만을 고려한다면 장마가 시작되기 전까지만 봉지를 씌우면 방제에는 큰 문제가 없다.

○ 이 병은 감염가능 기간이 길고 이 기간 중 비만 오면 언제든지 대량감염의 우려가 있으므로 최대 비산 및 감염시기가 되는 장마기 전부터 8월 하순까지 매회 방제효과가 높은 약제를 살포해야 한다.

○ 어린 유목시기에 가지에 형성된 사마귀 병반부위를 도포제 혹은 수성 페인트로 발라두면 병원균의 비산방지와 예방에 효과가 있으나 노목의 경우 도포처리의 어려움과 비용 과다로 효과적이지 못하다.
○ 석회보르도액이 겹무늬썩음병에 방제효과가 높으나, 사용시는 약해와 외관 품질에 대한 점을 정밀하게 검토해야 한다.
○ 전정한 나무가지를 사과원에 방치하지 않도록 한다. 사과원 바닥에 전정가지를 방치하면 여기에 병원균이 부생적으로 기생하여 다량의 포자를 형성하게 되어 이들이 전염원이 될 수도 있다. 약제 살포시 가지에 약이 충분히 묻도록 하는 것도 중요하다.
○ 적용약제로는 테브코나졸수화제 등 80종의 약제가 등록되어 있다.

8. 그을음병(煤斑病) / 그을음점무늬병(煤点病)

가. 병징

과실의 그을음 증상 　　줄기의 그을음증상

    그을음병은 과실 표면에 흑녹색의 원형 또는 부정형의 그을음 모양의 병반이 형성되며 나뭇가지에도 장타원형의 병반이 형성되며 병반은 과실 전면에 형성되어 손으로 문질러도 간단히 제거되지 않는다.
    그을음점무늬병의 병반은 과실의 표면에 6~8개 때로는 50개 이상의 암흑색의 작은 점이 원을 이루어 형성되며, 이들 작은 점은 광택이 있고 약간 융기해 있어 마치 파리똥처럼 보이므로 이 병을 영명으로는 flyspeck이라고 한다.

나. 병원균 : *Gloeodes pomigena, Schizothyrium pomi*

    *G. pomigena*는 불완전균의 일종으로 병포라는 무색 투명하고 격막이 1~5개 까지 형성된다. 병포자의 크기는 3.1×31.4㎛이다. *S. pomi*는 자낭균의 일종으로 자낭의 크기는 19~55×6~10.5㎛이며, 자낭포자는 2세포 무색이며, 크기는 10~14×3.5㎛이다.

다. 발생생태

사과와 배를 재배하는 세계 각지에서 발생하며 22종의 식물에 기생성이 있고 비가 많은 조건하에서 특히 6 ~ 7월에 일조시간이 부족할 때 많이 발생한다. 그을음병은 봄에 포자를 형성하며 강우에 의해 포자가 분산되는 과실의 감염은 빠른 경우 낙화 2 ~ 3주부터 시작되며, 최적 조건하에서 12 ~ 18일간의 잠복기를 거쳐 발병하게 되며 포장조건에서는 20 ~ 25일의 잠복기간이 소요된다. 그을음병의 발생시기는 6월 중순부터 9월 하순까지인데 봄과 가을에 발생이 많고 특히 이 기간에 기온이 낮고 강우가 잦으면 발생이 많아지며, 여름의 고온 기간에는 발생이 적다.

라. 방 제

○ 사과원내 통풍이 나쁜 나무에서 발생이 많으므로 정지전정을 할 때에 가지의 배치를 적절하게 한다.
○ 비가 올 때 봉지 씌우기 작업은 절대하지 않도록 하며 봉지 씌우기전 약제살포를 하도록 한다.
○ 점무늬낙엽병 및 겹무늬썩음병의 방제를 위해 정기적으로 약제를 살포하면 그을음병과 그을음점무늬병은 동시에 방제된다.
○ 방제 약제로는 유기유황계 농약이 효과적으로 알려져 있으며 1회 살포로 30~40일간 방제효과가 지속되나, 일반적으로 EBI(Ergosterol Biosynthesis Inhibitor)제는 효과가 낮은 것으로 알려져 있다.

9. 열매점무늬병(斑點病, 黑點病)

가. 병징

쓰가루 품종 반점증상

홍옥 품종 반점증상

6월 초중순경 조생종 품종(쓰가루)에서 많이 발생되나 홍옥, 모리스, 홍로, 후지 등 중·만생종 품종에서도 발생된다. 과점을 중심으로 1~5mm 크기의 작은 반점이 발생하며 과실의 음광면 부위에서는 과점 부위가 짙은 갈색의 반점증상이 발생되고, 주변부위로 녹색의 수침상 증상이 발생된다. 과실의 양광면 부위에서는 과점 부위가 짙은 갈색의 반점증상이 발생되며, 반점주변은 보라색 혹은 짙은 보라색으로 착색되고, 과점주변 부위는 붉은색의 달무리증상이 발생되며 녹색의 수침상 증상이 발생된다.

물리적 장해 혹은 고두증상, 탄저병 초기증상과 매우 흡사하여 혼동되는 경우가 많으며, 발생이 심할 경우 과실이 열과 되는 경우도 있다.

나. 병원균 : *Mycosphaerella pomi*

포자는 투명하고 두 개의 cell로 이루어져 있으며, 크기는 2~4×10~12㎛정도이다.

PDA 배지상에서 병원균은 생장속도가 매우 느렸으며, 2주간 배양된 균사콜로니의 크기는 약 1~1.5cm 정도이다.

다. 발생생태

1928년 조선총독부 권업모범장 연구보고에서 최초 확인된 병으로 국내 연구자에 의해 1967년 사과 병해로 보고 되었다.

쓰가루 및 홍옥 품종의 병반표면상의 분생포자층 위에서 병원균 포자를 형성한다.

라. 방 제

○ 병해의 방제를 위해 옥신코퍼 · 폴리옥신수화제(더브러, 정밀포리동)가 등록되어 있으며, 미국의 경우 캡탄, 톱신엠, 홀펫 살균제를 살포하여 다른 병해와 동시방제를 하고 있다.

10. 꽃썩음병(花腐病)

가. 병징

어린 과실의 병반

병든 과실

이른 봄부터 6월 상순까지 발생하며 잎, 꽃 어린 과실에 발병한다.

잎이 전개된 후 어린잎의 주맥으로부터 잎맥에 길이 2~3㎝ 정도의 적갈색의 변색부를 나타내고 썩는다. 심하면 잎 전체가 갈색으로 마른다.

꽃에는 병에 걸린 지 2~3일 이내에 갈색으로 변하여 서리 피해를 받은것 과 같이 말라 죽게 된다. 어린과실의 일부 또는 전반에 썩은 반점이 나타나고 병반이 진전되면서 과실 표면이 움푹 들어가고 황갈색의 물방울이 맺힌다.

나. 병원균 : *Monilinia mail*

자낭균의 일종으로 균핵 및 자실체를 형성하고 자낭포자와 대형의 분생포자를 형성한다. 자실체는 부패된 이병과에서 발생하지만 자낭반 형성에는 0 ~ 2℃의 저온이 20일 이상 경과해야 한다. 자낭포자는 무색으로 단포이며 타원형이며 크기는 8.8 ~ 9.6×3.1 ~ 3.6㎛이고, 균사의 생육적온은 18 ~ 23℃이다.

다. 발생생태

봄철 개화기에 비가 자주 내려 기온이 낮고 다습하여 밤과 낮의 온도차가 심하면 발생한다. 홍옥, 얼리블레이즈 품종은 꽃썩음 증상에 약하고 후지, 육오 품종은 과실 썩음증상에 약하다

이른 봄에 균핵으로부터 자실체가 형성되고 그 위에 자낭포자가 형성된다.

자낭포자가 비산하여 개화기의 어린 잎이나 꽃에 침입하여 잎썩음과 꽃썩음이 나타나고 여기서 만들어진 분생포자가 개화 중 암술머리에 침입하여 과실 썩음을 일으킨다. 꽃썩음증상은 병원균이 직접 꽃을 침입하여 일어나는 것이 아니라 잎썩음증상의 진행에 의해 화총의 기부가 감염되어 직접 병원균의 침해를 받지 않은 꽃과 잎이 시드는 것이다. 화총의기부로부터 병반이 거꾸로 잎자루, 중맥, 엽맥순으로 갈변하면서 갈비뼈 모양의 병반을 형성한다. 병든 과실은 6월중 하순에 땅에 떨어져 균핵으로 되어 월동한 후 이듬해 전염원이 된다. 잎의 발병은 주로 개화기 직전부터 6월 상순까지 볼 수 있다.

라. 방 제

○ 자실체 발생을 방지하기 위하여 과원을 건조하게 하고 발아 7 ~ 10일 경 10a당 소석회 30 ~ 40kg을 시용한다.
○ 전년도 병든 낙엽을 제거하여 다음해 과원내 1차 전염원을 제거한다.
○ 병든 부위는 빨리 제거하여 2차 전염을 막는다.

11. 부란병 (腐爛病)

가. 병징

줄기병반

줄기 확대 병반

가지, 줄기에 발생한다.

나무껍질이 갈색으로 되며 약간 부풀어 오르고 쉽게 벗겨지며 시큼한 냄새가 난다. 병이 진전되면 병이 걸린 곳에 까만 돌기가 생기고 여기서 노란 실모양의 포자퇴가 나오는데 이것이 비, 바람에 의해 수많은 포자로 되어 날아간다.

나. 병원균 : *Valsa ceratosperma*

자낭균(子囊菌)으로 자낭포자(子囊胞子), 병포자(柄胞子)를 형성한다. 자낭각은 흑색으로 플라스크형이며 크기는 0.3~0.5×0.5~0.9mm이다. 자낭은 무색으로 곤봉형이며 크기는 28~33×5~6㎛이다. 자낭포자는 무색으로 단세포이며 크기는 7~8×1.5~2㎛이다. 자좌는 흑색의 작은 점으로 표피 밑에 생긴다. 비온 후 병자각에서는 노란 색의 많은 포자가 누출된다. 병자각은 불규칙형으로 크기는 0.5~1.6×0.9mm이다. 병포자는 무색, 단세포, 신장형이고 크기는 4~10×0.8~1.7㎛이다.

다. 발생생태

  병반상에서 형성된 자낭포자와 병포자가 전염원인데 우리나라에서는 자낭포자의 형성 빈도가 매우 낮으므로 주전염원은 병포자 이다. 병자각내에서 형성된 병포자는 빗물에 의해 이동하여 사과나무의 상처부위에서 발아하여 감염된다. 병원균이 가장 쉽게 침입하는 곳은 과대, 전정부위, 밀선, 큰 가지의 분지점, 동상해를 입은 곳 등인데 반드시 죽은 조직을 통해서 감염된다. 감염은 포자만 있으면 연중 어느 시기에나 일어날 수 있는데 감염최성기는 12월에서 4월까지이다. 감염 후 발병까지는 상당히 오랜 시간이 소요되는데 수개월에서 3년까지 소요된다. 일단 발병하면 병반은 연중 진전되며 봄에서 초여름까지 가장 빠르게 진전하고 여름에는 일시 정체하나 가을에 다시 진전하며, 겨울에도 느린 속도이긴 하지만 병반의 진전은 계속된다. 이 병은 한국, 일본, 중국 등지에서 발생하는데 우리나라에서 처음 알려진 것은 1919년으로 우리나라에서 사과의 상업적 생산이 시작된 직후이다. 그 후 1960년대 중반까지는 별로 큰 문제가 없었으나 1960년대 후반부터 차츰 피해가 증가하여 1970년대 초에는 우리나라의 사과산업에 중대한 위협이 되었으며 이 시기에 많은 사과원이 이 병으로 인해 폐원에까지 이르게 되었다.

1989년 네오아소진액제를 분무하는 방법이 개발(경북대 엄재열)되어 이후에는 사과원에서 평균이병주율 1 ~ 3.0%, 발생과원율 40%로 그다지 많지 않다.

라. 방제

○ 비배관리를 양호하게 한다.
○ 전정부위나 동해를 입은 곳 등을 통해 감염하기 때문에 전정부위는 바짝 잘라 적용약제를 바르고 동해를 입지 않도록 한다.
○ 전정은 이른 봄에 하고 병에 걸린 부위를 일찍 발견하여 깎아 내거나 잘라내고 적용약제를 바른다. 잘라낸 병든 가지는 모아서 태워 전염원을 제거한다.
○ 종래에는 병환부를 칼로 깎아 내고 도포제를 처리하는 외과적 처치법, 병환부에 흙을 바르고 비닐 등으로 감아두는 니권법(泥卷法)이 주로 행해졌으나 이들 방법은 많은 노력이 소요되고 재발병율이 높아 실효성이 떨어진다.
○ 적용 약제로는 네오아소진도포제, 엑제 등 9종이 등록되어 있다.

〈네오아소진액제 처리법〉

① 병환부를 깎아내지 않고 병반 부위에 네오아소진원액을 소형 분무기로 살포한다. 이때 주의해야 할 점은 약액을 병반부보다 5~10cm 정도 더 넓게 뿌려야 하며, 약을 뿌리는 시기는 사과나무의 생육기간 즉, 4월에서 9월까지 뿌리는 것이 효과적이다.

② 약제는 반드시 두 번 처리해야 하는데 첫 번째 약제를 처리한 후 2주 이내에 반드시 두 번째 처리를 해야만 하며 1회 처리로는 충분한 치유효과를 기대하기 어렵다.

③ 약제를 처리한 후 1~3주가 경과하면 병반의 가장자리에 균열이 생기면 병반은 더 이상 진전하지 않는다. 그리고 조피증상이 심한 노령목의 주간이나 주지에 형성된 병반에 약제를 처리할 경우에는 호미 등으로 조피를 제거한 후 약제를 처리해야 한다.

④ 전년도에 처리한 병반은 이듬해 4~5월경 병반이 급속히 진전되는 시기에 완치 여부를 반드시 확인해야 하며, 이때 완치되지 않은 병반이 있으면 다시 1~2주 간격으로 약제를 2회 더 처리해야 한다.

⑤ 네오아소진을 2회 뿌려도 병반이 계속 진전될 때는 칼로 병반의 가장자리에 적당히 자상을 입힌 후 약제를 처리하면 대부분 경우 병반의 진전은 정지된다. 또 네오아소진은 병반의 치유효과만 아니고 포자형성을 거의 완벽하게 억제하므로 새로운 병반의 형성이 크게 줄어들게 된다.

※ 주의 : 네오아소진은 반드시 줄기의 부란병에 제한적으로만 사용해야 한다.

12. 역병(疫病)

가. 병징

과실 피해   주간 대목부 피해

사과 역병은 피해부위에 의해 4가지 종류로 나눌 수 있다. 과실역병과 줄기역병에 의한 피해는 매우 적으며 땅 가 부분과 뿌리에 발생하여 나무전체를 고사시키는 뿌리역병과 대목역병의 피해가 심하다.

○ 과실의 병징
- 과실역병은 주로 어린 과실의 감염, 발병이 많으며 특히 하천이 범람하고 사과나무가 물에 잠긴 경우에는 숙과에서도 거의 70%이상 과실에서 발병한다.
- 과실에서 처음에는 선명하지 못한 갈색의 병반이 과실표면에 생겨 점차 진전되면서 과실전체가 갈색으로 변하고, 변색된 과실은 부패하지 않고 딱딱한 상태로 있으며 쉽게 낙과된다. 부패된 과실을 절단하면 과실 중심부에 백색의 균사가 보인다.

○ 뿌리의 병징
- 뿌리역병은 외견상 수세가 약화된 나무의 지제부를 보면 수피가 완전히 갈변되어 부패된 것을 볼 수 있고 나무주위의 토양을 채취하여 잔뿌리를 보면 갈변되어 부패한 부분은 지표면 근처의 뿌리이고 땅속 약간 깊은 곳의 뿌리는 건전한 것이 특징이다.

○ 대목의 병징
- 대목역병은 땅 가 부분(地際部)과 접하는 대목부에서 처음에는 목질부가 흑갈색으로 변색되고 점차 진전되면서 건전부와의 사이에 균열이 생긴다. 이병된 나무는 갑자기 쇠약해지고 잎이 황변하여 조기낙엽 되며 유목은 조기고사 한다.

○ 줄기의 병징
- 줄기역병은 보통 대목접목부위에서부터 1m정도 높이에서 발생하며 빗물에 의해 토양이 튀어 올라 병이 발생한다. 초기에는 줄기의 피목부에서 검붉은 색의 진물이 흘러나오며 이 부위를 칼로 벗겨내면 약한 페놀냄새와 함께 조직이 빠르게 붉은색으로 변색되는 것을 볼 수 있다.

나. 병원균 : *Phytophthora cactorum, P. cambivora*

사과 역병에는 2종의 병원균이 병 발생에 관여한다. 이 병원균은 유주자낭, 후막포자, 유성생식기관을 형성하며 유주자낭은 장타원형 또는 난형이며, 크기는 36~50×28~36㎛정도이고, 대체로 유두돌기가 뚜렷하게 나타난다.

난포자는 무색 또는 갈색을 띤 구형이며, 직경이 27~30㎛정도이고, 4㎛의 두께로 막을 가지고 있다. 병원균의 발육온도는 10~30℃이며, 발육최적온도는 25℃정도인데 35℃이상의 고온에서는 오래 생존하지 못한다.

균사는 격막이 없고 배양시 무색 또는 흰색을 띠며, 오래된 유주자낭 속에는 두 개의 편모를 가진 유주자가 형성되어 분출 되므로서 단거리 이동이나 빗방울 또는 관개에 의한 전파가 가능하다.

다. 발생생태

역병은 전세계 사과재배지역에서 발생이 확인된 병이며 우리나라에서는 1918년 수원, 조치원 등지에서 처음 발생했다는 보고가 있으며, 1994년 이후 경북 의성, 영주지역 일부 사과원에서 다발생한 사례가 있고 그 후 발생상황 조사를 통해 전국 사과재배지에서 병발생이 확인되었다.

병원균은 주로 병든 부위에서 균사나 난포자 형태로 월동하여 다음해 1차 전염원이 되며, 토양 중에서도 난포자 형태로 오랫동안(2년 이상) 생존하여 전염원이 될 수 있다.

난포자는 환경조건이 나쁘면 발아하지 않고 견디다가 적당한 환경조건이 주어지면 발아하여 유주자낭을 형성하고, 유주자낭에서 유주자가 분출되어 땅 가 부분의 목질부나 뿌리부분을 침입한다.

병반에서 분출된 병원균은 빗방울에 튀어 땅 가 부분의 과실에도 이

병되기 시작하고 점차 상부 과실로 전파된다. 과실이나 가지의 이병부는 알맞은 온도와 습도가 주어지면 병반상에 유주자낭이 형성되어 2차 전염원이 된다.

장마가 오래 계속되는 해에 많이 발생하고, 늦은 봄과 이른 가을에 피해가 크며, 한여름에는 진전이 억제된다. 습하고 배수가 불량한 토양에서 병발생이 심하며 한번 발생하면 방제가 매우 어렵다.

대목별 역병 저항성 정도는 M.9〉Mark〉M.26〉MM.106대목 순으로 특히 MM.106대목은 역병에 매우 약하다. 그러나 역병의 발생은 나무의 동해, 한해, 과다결실 등 여러 가지 스트레스와 연관되어 발생하며, 토양 내 역병균 밀도증가는 장기간 제초제 과다살포와 연관이 있다. 따라서 M.9대목도 이 같은 불량 환경에서는 피해가 심해질 수 있다.

라. 방 제

○ 과실역병은 낮은 위치에 결실된 과실이 감염되기 쉬우므로 왜성대목 나무에서는 낮은 가지에 결과 시키지 않도록 하며 봉지 씌우기를 한다.
○ 토양에 서식하고 있는 역병균이 빗물에 의해 대목부나 줄기, 과실에 튀어 오르지 못하도록 지표면에 생초나 기타 피복 재료를 깔아주어도 병의 발생을 다소간 방제할 수 있다.
○ 대목역병은 토양이 다습상태가 될 때 발생이 많으므로 암거배수 등으로 배수를 잘 하도록 하고 MM.106대목에서 M.26대목으로 전환하며 M.26대목을 심을 때에는 대목부가 지하로 완전히 묻히지 않도록 하는 것이 중요하다.

○ 뿌리역병은 나무를 고사시킨다는 점에서 문제가 되지만 방제방법 역시 가장 어렵다. 약제살포에 의한 화학적 방제방법은 토양오염, 비용과다 및 약효저조로 인해 효과적이지 못하며 역병 발생원에서는 자연초생 재배를 통해 연차별로 토양 내에서 병원균의 밀도를 줄여나가는 것이 효과적이다.
○ 적용약제로는 아족시스트로빈수화제가 등록되어 있다.

13. 흰날개무늬병(白紋羽病)

가. 병징

흰날개무늬병 뿌리 병징

○ 지상부 병징 : 흰날개무늬병균과 자주날개무늬병균 모두 뿌리를 침해하여 부패시키므로 일반적으로 나타나는 지상부 병징은 유사한 점이 많다. 발병 초기에 나타나는 증상은 건전한 나무에 비하여 낙엽이 빠르고 과실의 착색이 좋으며, 밀병과의 발생이 많게 되고 수피색이 옅어진다. 병이 점차 진행되면 잎이 황화 되며, 신초의 생장이 억제되고 꽃눈분화가 많아진다. 병이 심해지면 신초의 생장은 급격히 나빠지고 수세가 현저히 쇠약해지며 최후에는 나무 전체가 고사하게 된다. 일반적인 병의 진행 속도는 흰날개무늬병이 자주날개무늬병보다 빠르고 급성적으로 나타난다.

○ 지하부 병징 : 심하게 피해를 받은 나무의 뿌리는 이 병의 특징이라 할 수 있는 흰색의 균사막으로 싸여 있으며 이 균사막은 시간이 경과하면 회색 내지 흑색으로 변한다. 굵은 뿌리의 표피를 제거하면 목질부에 백색 부채모양(白紋羽)의 균사막과 실모양의 균사속을 확인할 수 있다. 이 병원균은 목질부까지 부패시키므로 병의 증세가 심하게 나타난다.

나. 병원균 : *Rosellinia necatrix*

자낭균의 일종으로 자연상태에서나 인공배지상에서 자낭각의 관찰은 쉽지 않다. 균사의 색깔은 백색이나 나중에 회갈색 또는 녹회색으로 착색되며 균사의 직경은 8.7 ~ 11.5㎛정도이다.

균사는 격막을 가지고 격막부위가 서양배(西洋梨)모양으로 팽창되어 있다. 분생포자는 타원형 ~ 난형으로 무색, 단포이며 크기는 4.5×3.0㎛정도이다.

다. 발생생태

과수에서는 사과나무, 배나무, 복숭아나무, 자두나무, 매실나무, 살구나무, 앵두나무, 포도나무, 감귤나무, 무화과나무, 감나무, 밤나무 등 거의 모든 과종을 침해한다. 과수 외에도 뽕나무, 차나무, 벚나무 등 많은 목본류에도 병을 일으킨다. 또한 무, 당근, 고구마, 감자, 옥수수 등 지금까지 알려진 기주는 43과 63속 170여종이나 된다.

사과나무에서 이 병은 주로 재배한지 10년 이상의 노목(老木)이나 오래된 과원에서 발생이 심하나 심하게 발병하여 죽은 나무를 뽑아내고 새로운 유목으로 교체한 과원에서는 2~3년생의 유목에 발생하는 경우도 있다.

토양 내에서 병원균 포자에 의한 전염은 어려우며 피해를 입은 뿌리에 붙은 병원균 균사로 전염이 이루어지고 뿌리의 표면에서 균사가 자라 균핵을 형성한다.

생육온도 범위는 20~29℃ 이나 최고온도는 35℃, 최적온도는 20~25℃, 최저온도는 10℃ 내외로 알려져 있다.

라. 방 제

〈예방법〉
- 사과원을 새로이 조성할 때에는 식물체의 뿌리나 잔재를 제거한 다음 토양소독을 실시한다.
- 발병이 심한 과원에서는 객토 및 토양개량을 실시하고 석회나 인산질 비료를 시용한다.
- 묘목에 병원균이 묻어서 옮겨지는 경우가 많으므로 묘목을 심기 전에 반드시 침지 소독을 실시한다.
- 적절한 수세관리를 위하여 유기물 사용량을 늘리고, 배수 및 관수관리를 철저히 하여 급격한 건습을 피해야 하며, 나무에 급격한 변화를 주는 강전정을 삼가야 한다.
- 과다 착과시키면 뿌리의 발달이 억제되어 발병이 많아지므로 적정한 착과에 힘쓴다.

〈치료법〉

○ 조기발견 : 일반적으로 과수 토양병해의 경우 병의 진행이 느리므로 병의 발생을 발견하기가 쉽지 않고, 병에 걸린 나무에서 흔히 나타나는 지상부의 외부 증상은 재배적 또는 생리적 장해와 혼동되는 사례가 많으므로 방제 적기를 놓치는 경우가 많아 피해의 정도가 점점 커지고 있다. 치료효과는 발병초기에 행하면 월등히 높으므로 조기에 발견하여 조기에 치료하는 것이 가장 중요한 관건이다.

○ 조기진단 : 지상부에 이상증상이 발견 되었을 때는 이미 지하부 뿌리의 3분의 2이상이 침해를 받아서 회복이 불능한 상태가 대부분이다. 그러므로 이 병의 조기 발견을 위하여 잎색, 신초의 생장, 뿌리 등을 정기적으로 세밀히 관찰함과 동시에 사과의 어린 과실이나 고구마를 7월 초순경에 과수나무의 뿌리부근(10cm 지하)에 묻은 다음 약 30일 후에 굴취하여 표면에 형성된 백색의 균사나 균사속을 조사하면 쉽게 감염 여부를 관찰할 수 있다.

○ 병세가 심한 나무는 뿌리를 굴취하여 피해정도를 조사하고 뿌리의 절반 이상이 침해를 당한 경우에는 완전히 굴취하여 소각 처리해야만 한다.

〈치료순서〉

○ 뿌리를 완전히 노출시킨 다음 병든 뿌리를 제거한다.
○ 뿌리 부근에 약제를 처리한 후 복토할 흙에도 약을 혼합하여 복토한다.

○ 처리량은 수화제의 경우 성목 1주당 100～300ℓ, 입제의 경우 1～3kg정도이다.
○ 치료 후 복토할 때 완숙퇴비를 시용하면 한층 효과가 높다.

〈치료 후의 관리〉
○ 수세회복을 위하여 알맞는 적화 및 적과를 실시한다.
○ 적절한 시비관리 및 엽면시비를 실시한다.
○ 대목 또는 묘목을 기접하여 빠른 수세회복을 꾀한다.
○ 유기물 사용량을 늘리고 관배수 관리를 철저히 하여 급격한 수분의 변화를 막아준다.
○ 재발병 유무를 수시로 관찰하여 재발한 경우에는 다시 치료를 실시해야 한다.

〈적용 약제〉
○ 플루아지남분제 등 3종이 등록되어 있다.

14. 자주날개무늬병(紫紋羽病)

가. 병징

줄기 병징

병 발생 초기에는 잎이 조기에 황화 되고 신초의 생육이 나빠지며 화아의 착생이 많고 과실의 굵기는 작아지고 색깔이 빨리 난다. 병이 진행되면 잎이 황화 되면서 지상부는 극도로 쇠약해지고 결국에는 고사한다.

심하게 감염된 나무의 지하부 표피를 잘 살펴보면 적자색 실 모양의 균사(菌絲)나 균사속(菌絲束)을 볼 수 있다.

병이 걸린 지 오래되고 습도가 높은 경우에는 원줄기(樹幹)상부에도 자주색 구름모양의 버섯이 형성되는 경우가 있다.

나. 병원균 : Helicobasidium mompa

 담자균류의 일종이며 담포자와 균핵을 가지며 분생포자는 알려져 있지 않고 담자기는 3개의 격막을 가지고 4개의 세포로 나뉘어진다.
 담자포자는 무색, 단포이며 크기는 $10 \sim 28 \times 4.5 \sim 8\mu m$ 정도이다.
 생육온도 범위는 $8 \sim 35°C$이고 생육최적온도는 $27°C$이다.

다. 발생생태

 산림토양이나 뽕나무 밭 등에서 많이 존재하고 생육도 왕성하므로 이러한 곳을 개간하여 과원을 조성한 곳에서 병 발생이 많다.
 병원균은 토양 내에서 보통 4년간 생존이 가능하다. 이 병의 감염시기는 대략 7월 상순부터 9월 중하순경으로 추측되며 심하게 감염된 나무의 지하부 표피를 잘 살펴보면 적자색 실모양의 균사(菌絲)나 균사속(菌絲束)을 볼 수 있다.
 자주색 균사조직은 다른 토양병원균에서 볼 수 없는 특징을 가지고 있으므로 쉽게 판정이 가능하며 병에 감염된 뿌리는 표피가 쉽게 벗겨지고 목질부로부터 잘 이탈 된다.

라. 방 제

○ 사과원을 새로이 조성할 때에는 식물체의 뿌리나 잔재를 철저히 제거한 다음 토양소독을 실시하고 묘목에 병원균이 묻어서 옮겨지는 경우가 많으므로 묘목을 심기 전에 반드시 침지 소독을 실시한다.

○ 발병이 심한 과원에서는 객토 및 토양개량을 실시하고 석회나 인산질 비료를 사용한다.
○ 적절한 수세관리를 위하여 유기물 사용량을 늘리고, 배수 및 관수관리를 철저히 하여 급격한 건습을 피해야 하며, 나무에 급격한 변화를 주는 강전정을 삼가야 한다.
○ 톨클로포스메틸수화제(리조덱스)를 토양관주 할 경우에는 뿌리를 완전히 노출시킨 다음 병든 뿌리를 제거하고 성목 1주당 $40 \sim 80$ ℓ를 뿌리 부근에 관주처리한 후 복토할 흙에도 약제를 혼합하여 복토한다. 치료 후 복토할 때 완숙퇴비를 사용하면 한층 효과가 높다. 그 외에도 티오파네이트메틸수화제가 등록되어 있다.

15. 줄기마름병(胴枯病)

가. 병징

줄기마름 증상

　가지와 과실에 발생한다. 가지는 쇠약지에 주로 발생하며, 이병가지는　수피가 부패하여 병든 부위가 암갈색으로 변하고 움푹 들어간다.
　병환부의 표면에는 흑색의 병자각이 형성되고, 점차 심해지면 병반이 가지둘레로 확산, 상부의 가지가 갑자기 말라 고사하게 된다. 과실에는 방제가 부실한 포장에서 간혹 발생하나 큰 피해는 없으며, 저장중 과실의 과경부가 수침상, 암갈색으로 변하여 과실의 중심부로 확대되고 심하면 과실전체가 부패된다.

나. 병원균 : *Phomopsis mali*

　불완전균류의 일종이며 황갈색의 병자각을 형성하고 병자각의 크기는 180 ~ 250㎛ 정도이며, 그 속에 많은 병포자를 형성한다. 병포자는 α, β 형 두 가지가 있는데 α포자는 무색, 타원형 내지 방추형이고, 크기는 7 ~ 12×3.5 ~ 4.5㎛이다. β포자는 끝이 구부러진 낚시바늘모양으로 무색, 단세포로 크기는 12 ~ 18×1.5 ~ 3.0㎛이다. α, β포자 중 β포자는 병원성이 없는 것으로 알려져 있다.

다. 발생생태

기주에 형성된 병반상에서 병자각형으로 월동하여 1차 전염원이 되며, 5 ~ 9월 강우가 계속되어 습도가 높아지면 병자각이 수분을 획득, 실모양의 포자각을 분출하여 빗방울이나 바람에 의하여 분산된다. 분산된 병원균이 나무껍질 표면에 부착되어 있어도 수세가 강건하면 잘 발병되지 않으며, 수체 내 탄수화물이 적어져 내한성이 약해지고 수액의 유동이 불량해지면 동해나 한해의 발생이 많아져 발병의 좋은 조건이 된다.

라. 방제

○ 비배관리를 철저히 하여 수세를 건전하게 유지시켜 주고 과습지는 병발생이 많으므로 배수관리를 철저히 해야 한다.
○ 햇빛이 잘 받는 부위에는 겨울철 온도교차가 커 동해를 받을 위험이 높으므로 도포제를 바르면 효과가 크며 잔가지의 이병지는 잘라서 소각한다.
○ 다른 병해 방제를 위해 약제 살포시 주간과 주지에 약액이 충분히 묻도록 살포해 주면 효과적이다.

16. 잿빛곰팡이병(灰色黴病)

가. 병징

잎의 병반

잎에는 처음 작은 갈색 또는 적갈색의 원형병반이 형성되고 점차 커지면서 직경 1～2cm 정도의 윤문병반을 형성하며, 때로는 3～4cm의 대형 병반을 형성하기도 한다. 잎둘레 혹은 끝부분에서 발병이 시작되는 경우가 많으며 심하면 낙엽 되기도 한다.

과실에서의 발생은 주로 저장 중에 많이 나타나며 담갈색의 작은 반점이 형성, 점차 진전되어 수침상의 병반을 형성한다. 오래된 이병과는 부패하고, 과피가 파괴되어 과즙이 흘러나오며, 그 주위에 잿빛의 분생자경 및 분생포자가 밀생한다.

나. 병원균 : *Botrytis cinerea*

불완전균류의 일종이며 분생포자와 균핵을 형성한다. 생육온도 범위는 5 ~ 30℃이고, 생육적온은 22 ~ 24℃이며, 분생포자와 균핵은 15 ~ 20℃에서 가장 잘 형성된다.

다. 발생생태

이 병원균은 분생포자나 균핵의 형태로 병든 식물체나 토양에서 월동하여 1차 전염원이 되며, 주로 비바람에 의해 비산하여 전파된다.

사과잎에서 병 발생은 6 ~ 7월경과 9 ~ 10월경 비가 자주 오고 기후가 서늘한 지역에서 다소 발생하나 피해율은 0.1%미만 정도로 아주 경미하며, 생육 중의 과실에 발병되는 일은 거의 없다.

라. 방제

○ 과원의 주위를 깨끗이 하고, 이병과나 이병잎은 소각, 매몰한다.
○ 열과나 상처가 생기지 않도록 주의하고, 저장시에는 저온저장하는 것이 좋다.
○ 저장고는 다습조건이 되지 않도록 환기를 충분히 시켜준다.
○ 저장 중 상처과나 발병과는 조기에 제거하여 접촉전염이 되지 않도록 한다.
○ 강우 후 물기가 마르지 않은 상태 또는 이슬이 맺혀 있는 시간에는 수확하지 않는다.

17. 흰무늬병(白斑病)

가. 병징

잎의 병반

처음에는 잎에 갈색의 작은 반점이 형성되고 점차 진전되면서 회갈색 또는 회백색 병반으로 확대된다. 오래된 병반상에서는 흑색의 돌기(병자각 및 자낭각)가 형성되며 육안으로도 식별이 가능하다.

나. 병원균 : *Leptosphaeria sp.*

이 병원균은 국내에서 동정이 완전히 된 균은 아니다. 완전세대는 *Leptosphaeria*속이며, 불완전세대는 *Phoma*속 균이 발견되고 있다.

이 병원균은 자낭포자와 병포자를 형성하며 자낭각은 흑갈색의 구형 내지 편구형이고 자낭은 원통상으로 크기는 $80 \sim 120 \times 16 \sim 20 \mu m$이다. 자낭포자는 양쪽 끝이 가는 6세포로 되어 있으며, 크기는 $20 \sim 32 \times 8$

~ 10㎛이다. 병포자는 무색 난형 내지 타원형의 단세포로 크기는 3.5
~ 7.0㎛정도이다.

다. 발생생태

우리나라에서는 1993년 8월 안성에서 처음 발견되었으나 그 피해는 매우 경미하다. 안성지역의 발병율은 0.1% 이하이며 다른 지역에서는 발견되지 않는다. 병원균은 주로 이병엽의 병반상에서 병자각 또는 자낭각 형태로 월동하여 1차전염원이 되는 것으로 생각되며, 우리나라에서는 안성지역 일부 포장을 제외한 다른 지역에서는 발병이 확인되지 않고 있고, 상세한 발생장소도 조사된바 없다.

라. 방제

○ 병 발생이 심하지 않아 별도의 방제대책이 필요치 않다. 일반 갈색무늬병, 점무늬낙엽병 방제와 동시에 방제가 될 것으로 생각된다.

18. 잿빛무늬병(灰星病)

가. 병징

과실의 병징

주로 해충피해를 받은 상처를 통해 침입하며 처음 과실 표면일부가 담갈색으로 되고 이 증상이 급속히 확대되어 둥근 무늬의 반점이 된다.
표면에는 백색분말상의 포자덩어리가 다발생 하며 황갈색으로 변하며 전체가 썩는다.

나. 병원균 : *Monilinia fructigena*

자낭균류의 일종으로 피해과에서 월동한 병원균은 균핵으로 되지 않고 자실체를 형성하며 여기에서 자낭포자를 형성하여 다음해에 1차 전염원이 된다.

다. 발생생태

병원균에 의한 과실침입은 일소피해를 입은 부위나 복숭아순나방, 복숭아심식나방 등 해충의 피해를 받았거나, 새가 쪼아 먹은 상처부위에서 주로 발생하지만 상처가 나지 않아도 발생한다. 감염된 과실 혹은 가지의 과경, 꽃자루에서 월동하며 생성된 분생포자는 빗물에 씻겨 전반되어 꽃을 감염하기도 한다. 균사는 꽃에서 주위의 목부조직으로 진행된다.

라. 방제

○ 병든 과실은 일찍 따서 땅에 묻도록 하고 다른 원인으로 땅에 떨어진 과실도 병원균의 월동처가 될 수 있으므로 과원에서 낙과를 없애도록 한다.

19. 흰비단병(白絹病)

가. 병징

주간부 땅 가 부위 병반

　동해, 한해, 수분스트레스 등으로 나무가 쇠약해질 때 발생이 많으며 특히 어린 묘목은 당년에 뿌리 및 지제부가 고사하여 피해가 심하다.
　고온다습 조건하에서 맨 처음 나무의 줄기 밑동과 뿌리에 백색 견사(絹絲)와 같은 균사가 생기며 백색구형의 좁쌀만한 균핵을 형성한다.

나. 병원균 : *Athelia rolfsii*

　담자균류의 일종으로 균핵과 자실체(버섯)를 형성한다.
　균핵은 껍데기가 얇지만 나중에 착색된 두터운 벽을 구성하며 그 안쪽에 있는 피층부(cortex)는 희미하게 착색된 벽을 갖고 있고 수부(髓部, medulla)는 무색, 불균일한 비후벽(肥厚壁)을 갖고 있다. 피층부와 수부는 저장물질의 주머니를 내포하고 있지만 껍데기에는 이것이 없다. 균핵은 균사상태로 발아한다. 광선 하에서는 균핵 형성수가 암하에서 보다 5배 정도 많이 형성되지만 그 크기는 암하에서 형성된 것의 1/2밖에 되지 않으며 lipids 함량 역시 광하에서 25%까지 감소한다. 균핵 형성 최적온도는 30℃이며 최적 pH는 3이다.

다. 발생생태

이 병원균은 다범성균으로 감자, 고구마 등의 서류, 콩, 강낭콩, 팥, 땅콩 등의 콩과작물, 토마토, 고추, 담배 등 가지과, 오이, 호박 등의 박과, 사탕무우, 면화, 깨, 인삼, 다년생 사료작물, 다수의 잡초류, 벼의 어린묘 등 일본에서는 66과 251종의 기주식물이 알려져 있다. 토양 표층에서 왕성한 부생생활이 가능하며 주로 균핵으로 토양 내에서 장기간 생존한다.

균사상태로 땅 속 10cm까지 분포하고 있고, 균핵은 15cm까지 분포하며 15cm이하에 매몰된 균핵은 잘 발아하지 못한다. 기주상에서는 백색의 부채살균사가 지표면 가까이에 있는 줄기밑동을 뒤덮는다. 부착기는 균총선단부 뒤쪽에서 나온 짧은 분지의 선단이 팽대하여 형성된다. 균핵은 기주가 사멸한 후 까지 발생하지 않는 수도 있다.

자실층 발생은 엽상에서 보고되었지만 자연상태에서는 극히 드문 일인 듯하다. 전염원으로서 중요한 균핵은 균사신장을 제한하는 기계적인 장해물이나 혹은 손상에 의해 촉진되며 또 광선에 의해서도 촉진된다.

라. 방제

○ 토양이 산성화되지 않도록 유의하도록 하며 병 발생원에서는 균핵이 농작업에 의해 분산되지 않도록 한다.
○ 이 병원균은 부생성이 강하여 전염력 감소를 위해서는 먹이가 되는 영양원과 접촉시키지 않는다는 것이 무엇보다 중요하다. 따라서 식물 부스러기나 잡초는 긁어모아 땅속 깊이 묻어 버리거나 불에 태워버린다. 잡초의 방제를 위해 제초제를 이용하는 것도 균핵 밀도를 저하시키는데 효과가 있다.
○ 석회를 시용한 토양에서는 50일후 균핵이 거의 사멸한다는 연구결과가 있다.
○ 뿌리목 부근의 가벼운 피해일 경우는 흙을 걷어 내고 피해부위를 깎아낸 다음 약제로 소독하고 도포제를 발라 보호한다.
○ 회복되기 어렵다고 판단된 나무는 뿌리를 남기지 않고 완전히 파낸다. 파낸 자리는 토양소독 살균제로 소독한다.

20. 은엽병(銀葉病)

가. 병징

| 잎의 병징 | 과실의 병징 |

잎이 천천히 납색(은빛)으로 변하고 증상이 진전되며 잎의 표면에 가느다란 균열이 생기고 잎이 변색되어 낙엽이 된다. 과실이 작아지고 착색이 불량하게 되며 유목에서는 발병이 적고 성목이나 노목에서 주로 발병한다. 은엽 증상이 나타나는 가지가 있는 나무의 큰 가지나 수간을 잘 조사해 보면 큰 가지를 절단한 상구나 수피조직의 고사부를 볼 수 있는데 그 부분이 병원균의 침입 문호가 된다. 초가을에 이들 상구나 수피의 고사부에는 병원균의 자실체인 버섯이 형성된다. 심하게 병든 나무의 주간부나 주지에 버섯(자실체)이 생긴다.

나. 병원균 : *Chondrostereum purpureum*

담자균류이며 자실체(버섯)의 형태는 변이가 크며, 처음에는 수피에 달라붙어 형성되다가 생선 비늘처럼 부분적으로 중첩되어 형성되며 색깔은 건조 상태에서는 회갈색을 띠게 되나 비가 온 후에는 선명한 자색 또는 자갈색을 나타내며 가장자리는 흰색을 띠게 된다. 담포자는 난형으로 무색투명하며 크기는 $4\sim7\times3\sim4\mu m$ 이다.

다. 발생생태

자실체는 증상이 진전된 나무에서 보통 수년이 경과한 후에 발생되지만 발생 최성기는 10월 하순에서 12월 상순경이다. 비산된 포자는 막 생긴 상처부(가지의 절단부, 전정흔, 열상부 등)에 침입하여 감염된다. 상처가 생긴지 1개월 이상이면 병원균은 침입할 수 없게 된다.

라. 방제

○ 이 병에 대한 방제법은 아직 개발된 것이 없으며 감염원을 줄이기 위해 자실체가 생길 정도로 피해를 받은 나무는 벌채하고 벌채한 나무는 소각한다.
○ 전정 후 상처부위 등에 도포제를 바른다.

21. 뿌리혹병(根頭癌腫病)

가. 병징

줄기의 병징

뿌리의 병징

 병원균의 침입에 의해 혹이 발생하며 크기는 지름이 수mm 이상으로 발생부위는 주로 뿌리 및 지제부 밑의 줄기에 발병되나 가끔 지상부 줄기에 상처를 통해 발병하기도 한다. 구조학적으로 볼 때 통도조직, 표피조직의 이상적인 분열에 의해서 혹을 형성한다. 또한 혹조직은 통도조직과 표피조직의 양에 따라 연한 것에서 딱딱한 스폰지 형태 등 다양하다. 어린 묘목이나 나무의 주근에 심하게 발생하면 수세가 약해져서 그 피해가 겉으로 나타나나, 측근에 나타나거나 병 발생이 적을 때에는 나무자람에 큰 영향이 없어 피해증상이 겉으로 잘 나타나지 않는다.

나. 병원균 : Agrobacterium tumefaciens

세균의 일종으로 막대모양의 간상형이며 크기는 0.6~1.0×1.5~3.0 ㎛ 이다. 호기성이며 그람 음성균으로 1~6개의 편모를 가지며 운동성이 있다.

다. 발생생태

이 병은 1915년경에 충남 조치원 근방에서 처음으로 발견되었는데 일본에서 수입한 사과나무 묘목에 의해 전반된 것으로 추측된다. 현재 이 병은 사과나무나 배나무재배 전 지역으로 확산되어 있다. 이 병의 기주범위는 사과나무, 배나무, 포도나무, 감나무, 장미, 토마토 등 93속의 식물과 대부분의 쌍자엽 식물에 모두 침입할 수 있는 것으로 알려져 있다.

병원균이 있는 토양에서 빗물, 농기구, 바람, 곤충, 동물 및 묘목의 이동 등에 의해 쉽게 인근 건전식물로 전파가 가능하다.

라. 방제

○ 묘목을 심기 전에 병든 묘목을 제거하고 스트렙토마이신 등 항생제 액에 침지 후 심는다. 또한 묘목을 심을 때 상처를 최소화한다.
○ 병든 식물은 발견 즉시 소각하고 흙을 훈증소독하며 그 자리에는 4~5년간 재배하지 않는다.

22. 털뿌리병(毛根病)

가. 병징

털뿌리증상

주간의 기부, 근두 및 뿌리에 털 모양의 부정근이 다발로 형성되는데 발병 초기에는 뿌리 색깔이 정상적인 엷은 갈색을 유지하나 시간이 경과하면 암갈색으로 변하고 뻣뻣해 진다.
뿌리의 정상적 발육이 저해되므로 지상부는 쇠약하게 되고, 증상이 심하면 일부 가지의 잎이 세로로 말리면서 결국엔 나무전체가 고사한다.

나. 병원균 : *Agrobacterium rhizogenes*

뿌리혹병을 일으키는 *Agrobacterium tumefaciens*와 형태적 생화학적 성질 및 DNA 염기서열 상동성에 있어서 고도의 유사성이 있다.

이 균은 A. *tumefaciens*가 Ti plasmid로 암종을 유도하는 것과 마찬가지로 Ri plasmid로 털뿌리를 유도한다.

다. 발생생태

전염경로 및 생활환은 뿌리혹병과 대단히 유사하며 병원 세균이 기주체에 부착하여 감염을 개시하기 위해서는 반드시 상처가 필요하다.

라. 방제

○ 일단 병이 발생하게 되면 치료하는 방법은 아직 없으므로 처음 나무를 심을 때 묘목이 이 병에 감염 되었는지의 여부를 확인하여 털뿌리 증상이 있는 묘목은 전염성 비전염성을 불문하고 일단 제외하는 것이 유리하다.
○ 사과원에서 이 병이 발생한 나무가 확인되면 가급적 빨리 제거하여 전염원의 밀도를 줄이는 조치가 필요하며, 이 병의 병원균은 반드시 상처가 있어야만 감염되므로 이미 발병이 확인된 포장에서는 지제부 또는 뿌리에 가급적 상처가 생기지 않도록 하는 것도 중요하다.
○ 뿌리혹병의 생물적방제를 위해서는 *Agrobacterium radiobacter* strain K84가 널리 쓰이고 있으나 털뿌리병의 방제에 이 균을 이용하여 성공한 예는 아직 보고된 바 없다. 그러나 A. *radiobacter*의 병 방제효과는 bacteriocin에 의한 병원 세균의 치사작용 이외에 병원세균의 기주체 부착을 방해하기 때문이므로 털뿌리병에도 사용 가능할 것으로 알려져 있다.

23. 바이러스병

가. 병징

잎의 모자이크 증상

○ 사과잎반점바이러스(ACLSV)
잠복되어 병징이 나타나지 않는 경우가 많으며 초봄에 엷은 반점증상을 나타내며 기온이 상승함에 따라 병징이 은폐된다.
이 바이러스의 강독계통과 *Apple stem pitting virus* 강독계통이 중복감염 되었을 경우, 사과 과실에 둥근반점을 나타낸다. 환엽대목에 접목시 고접병이 발생한다.

○ 사과 고접병
감염된 나무는 일반적인 쇠약증상을 나타내고 잎이 작아지며 점진적으로 황화, 조기낙엽, 꽃이 많이 피고 과실이 작아진다.

줄기를 가로로 잘라보면 방사상으로 고랑이 진 나이테를 볼 수 있다. 껍질은 비정상적으로 두꺼우며 길이로 갈라진다. 과실은 정상보다 짧으며 기형이며 홈이 파인다.

○ 사과 모자이크병

봄에 연한 노란색에서 크림색의 얼룩, 반점, 윤문을 형성한다. 엽맥을 따라 황화되며 잎주위가 갈변되고 심하게 감염된 잎은 조기낙엽한다.

ApMV의 병징과 피해는 품종과 계통에 의하여 달라진다. 이병성인 품종에 병원성이 강한 계통은 연한 노란색이나 잎맥녹색 또는 크림색 얼룩, 대소의 반점이나 윤문을 형성한다. 잎맥을 따라 황화되며 잎주위가 갈변되고 일찍 낙엽된다.

병원성이 약한 계통은 이병성 품종에 약간의 병반만 형성할 뿐 아니라 병원성이 강한 계통에 감염되는 것을 방지한다.

봄이나 초여름에 발생하는 잎에는 병징이 나타나나 여름에 발생하는 잎에는 병징이 나타나지 않는다. 이병성인 품종에서는 병징이 거의 나타나지 않고도 성장피해, 수량감소를 가져온다. 진딧물 피해, 미량요소 결핍 등에 의한 피해 등과 구별하여야 한다.

ApMV의 병징은 나무전체에 균일하지 않으며 가지에 따라 병징이 나타난다.

과수가 바이러스에 걸리면 초본류 같이 병징이 단기간 내에 나타나는것이 아니라 서서히 생육저하, 수량저하, 품질저하 등을 일으킨다.

나. 병원체

○ 잎반점병 : 사과잎반점바이러스(*Apple chlorotic leaf spot virus*: ACLSV)

바이러스 입자의 형태는 사상으로써 길이는 680~820nm이고, 폭은 12nm이며, 외가닥 RNA와 외피 단백질로 구성되어 있다. 이 바이러스는 chlosterovirus group에 속한다.

○ 고접병 : 사과줄기구멍바이러스(*Apple stem pitting virus*: ASPV)

이 바이러스병에 대한 병원체의 명확한 동정은 아직 보고되어 있지 않으나 병든 나무로부터 사상의 바이러스가 관찰된다고 한다. Apple stem pitting, apple ppy 227 epinasty and decline, stony pit, pear vein yellow, red mottle 같은 바이러스로서 strain이라는 보고도 있다.

○ 모자이크병 : 사과모자이크바이러스(*Apple mosaic virus*: ApMV)

Ira virus group의 바이러스로 구형이며 크기가 25nm, 29nm의 두 종류의 입자로 RNA 바이러스이다. 이 바이러스는 매우 불안정하여 오이 즙액에서 수분, 완충액에서는 수 시간 후에 병원성을 잃는다. 침강계수는 88S와 117S이다. 이 바이러스는 중정도의 항원력을 가지고 있다.

다. 발생생태

○ 잎반점병 : 아접, 접목, 삭아접에 의해 전염되며 즙액전염에 의해 명아주 등 초본식물에 순화된 바이러스로 사과 어린 유묘에 즙액

전염이 가능하다. 수체내 바이러스 분포는 불균일하며 5 ~ 10개의 눈을 가진 단가지에서는 거의 전부가 감염되어 있으나, 20 ~ 40개의 눈을 가진 장가지에는 건전 부분이 많으며 가지 끝으로 갈수록 건전 눈이 많다. 꽃이나 열매에 바이러스의 농도가 높으며 잎에는 농도가 낮다. 재식된 나무와 나무의 접촉이나 사람에 의하여 전염되지 않으며 토양 전염은 되지 않는다.

○ 고접병 : 병은 접수가 바이러스에 감염된 나무로부터 와서 감수성 대목에서 자란 나무에 고접될 때만 전파된다. 사과 잠재 바이러스에 대해 검증되지 않은 나무로부터 접수의 무작위 선택은 병의 발생을 증가 시킨다. 토양, 충매, 종자 전염은 하지 않는 것으로 알려져 있다.

○ 모자이크병 : 즙액 전염성으로 대부분의 자연 전파는 뿌리 접목에 기인한다. 봄이나 초여름에 발생하는 잎에는 병징이 나타나나 여름에 발생하는 잎에는 병징이 나타나지 않는다. 이병성인 품종에서는 병징이 거의 나타나지 않고도 성장피해, 수량감소를 가져온다. 병징은 나무전체에 균일하지 않으며 가지에 따라 병징이 나타난다. 전염, 접목, 아접, 대목의 영양번식 등에 의하여 전염되며 초본식물에 즙액전염이 가능하다. 개암나무에 발생되는 ApMV는 종자 전염되며 간혹 사과 유묘에 나타나는 모자이크 증상으로 보아 종자 전염되는 것으로 추측된다. 토양이나 충매전염은 되지 않는다.

라. 방제

○ 감염된 나무의 제거와 검증된 바이러스 무독 대목의 사용이 가장 효과적이며 기본적인 방제 방법이다.
○ 수세가 좋으면 병징이 은폐되어 피해가 크지 않으므로 수세증진에 노력한다.

24. 바이로이드병

　사과 바이로이드병은 중국에서 1930년대 중반경 Ralls Janet 품종의 접목전염 코르크(russet)병으로 최초 보고 되었으며, 일본에서 접목전염 실험으로 병원체를 증명하였고, 미국에서 바이로이드에 의한 접목전염성 apple scar skin 병해로 동정되었다.

　이 병원체들은 전세계 사과 재배지에서 매우 드물게 나타나는 병해이지만, 일본의 경우 사과 재배농가들이 비록 병 증상이 나타나지 않지만 병든 접수를 건강한 나무에 고접하여 품종갱신을 많이 함으로 인해 비교적 널리 분포하고 있다. 우리나라에는 1992년경 일본 아오모리현(靑森縣)에서 들여온 묘목으로부터 접수를 채취하여 재배한 경북 의성군 농가에서 1998년에 최초 발견된 병이다.

가. 병징

과실의 증상

노란색 반점들은 과실이 성숙하면서 과피가 붉은색을 띰에 따라 더욱 분명하게 드러나고 크기가 1 ~ 2cm까지 점차 확대되어 8월 중순 수확기에는 과피 전체의 50% 이상을 덮게 된다.

병든 사과는 정상과에 비해 50 ~ 70%로 작으며, 꽃받침 부위에서 꼭지 부위로 골이 지는 기형과로 나타나기도 한다.

나. 병원체

바이로이드 병원체는 핵산으로만 구성되어 있고, 핵산과 단백질로 구성된 바이러스와 비슷한 전염특성을 갖고 있다.

바이로이드는 크기가 작고 분자량이 바이러스보다 더욱 작으며 식물세포를 감염할 수 있는 리보핵산(RNA)으로 스스로 복제하고 병을 일으킬 수 있다.

바이로이드와 바이러스는 두 가지 큰 차이점을 가지고 있다. 첫째, RNA의 분자량이 바이로이드의 경우 110,000 ~ 130,000da인데 비하여 바이러스는 1,000,000 ~ 10,000,000da 이다. 둘째, 바이러스의 RNA는 단백질 껍데기에 들어 있는데 비해 바이로이드의 RNA는 껍데기가 없이 노출된 상태로 존재한다.

바이로이드 RNA는 약 250 ~ 400개의 뉴클레오타이드로 만들어진 크기가 작은 핵산이며, 따라서 이 핵산은 바이로이드가 복제하는데 필요한 복제효소 가운데 단 하나도 만들 수 없을 정도로 적은 정보만을 가지고 있다.

바이로이드는 핵단백질이 아닌 노출된 RNA로 존재하므로 분리, 순화에 있어 어려움이 크며 전자현미경으로 병원체를 확인하기도 힘들다.

다. 발생생태

최초 병징은 7월 중순경 과실의 표피가 착색되기 시작하면서부터 직경 2~5mm 크기의 연노란색 둥근반점이 형성된다.

인도, 국광 등의 품종에서는 동녹을 일으키며 후지, 홍옥, 미끼라이프 등의 품종에서는 둥근 형태의 미착색 부위를 형성한다.

라. 방제

- 바이로이드 및 바이러스병은 화학적 방제가 되지 않으며, 병든 사과나무 발견시 뿌리채 뽑아 소각해야 한다.
- 묘목업체에서는 대목 및 품종 모수원을 철저히 관리하여 병든 묘목을 생산하지 않도록 한다.
- 농가에서는 검증 받지 않은 외국 신품종 묘목을 심지 않도록 하고, 품종 고접갱신을 하고자 할 때는 병든 사과나무에서 접수를 채취하여 접목하지 않는다.
- 외국 특히, 일본에서 들여오는 모든 접수에 대한 바이로이드 검정이 필수적인 형편이며, 접수를 무단으로 국내에 유입시키지 않는다.

25. 저장병(貯藏病)

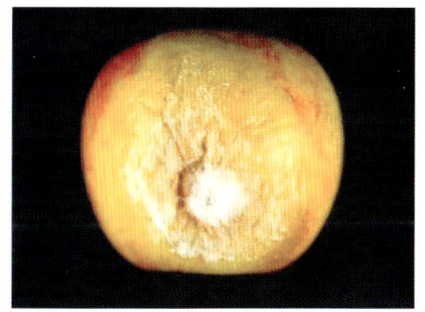

잿빛곰팡이병

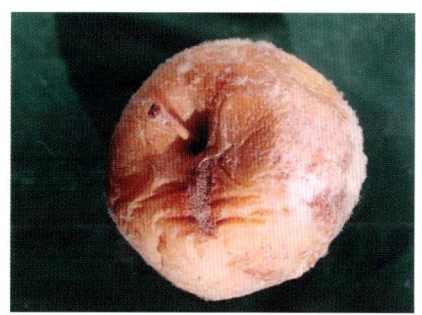

푸른곰팡이병

저장병해란 농산물 수확 후 수송, 저장 및 유통 중에 나타나는 병원균에 의한 피해와 생리장해를 통칭하는 것으로 특히 저장 중에 발생하는 피해를 말한다.

대부분의 병해는 사과원에서 병원균에 의해 직접 침입을 받아 이병, 잠복 감염된 상태로 저장 되거나, 과실표면에 부생적으로 존재 하다가 바람, 농작업이나 수송 및 유통 중 과실에 상처가 났을 때 침입하여 피해를 준다. 과실 저장병을 일으키는 병원균은 크게 4가지 부류로 구분될 수 있다.

첫째, 사과 겹무늬썩음병처럼 수확 전부터 사과원에서 감염되어 잠복하다가 저장고의 관리가 소홀하여 온도가 높아질 경우나 출고되어 유통될 때 심하게 발병되는 경우,

둘째, 사과 속썩음병과 같이 외관상으로는 건전하나 수확 전에 이미 감염되어 저장기간이 증가되면 피해가 심하게 진전되는 경우,

셋째, 수확전에 잠재감염하고 있다가 저장기간이 증가됨에 따라 과실조직이 연해지면 피해를 주는 경우, 마지막으로 푸른곰팡이병균이나 잿빛곰팡이병균처럼 수확 전에는 과실상에서 부생적으로 존재하거나 공중에 부유하여 날아다니다가 상처난 과실과 접촉되면 침입하여 병을 일으키는 경우로 이들 두 병원균은 5℃정도의 저온에서도 잘 자라고 많은 양의 병원균 포자를 만들므로 사과 저장 중에 큰 피해를 준다.

가. 발생실태

사과 저장병해의 발생정도는 농가, 저장기간, 저장조건별로 차이가 매우 크다. 2개월 이상 저장한 저장고를 중심으로 조사해 본 바에 따르면 저장 병해를 줄일 목적으로 선과부터 유통과정까지 상처난 것이나 병에 이병된 과실을 골라내고 저장온도와 습도를 낮추는 등 비교적 잘 관리한 농가의 저장고에서는 병의 피해가 1%미만 이었다.

반면에 일손부족이나 저장병에 대해서 잘 모르기 때문에 관리를 소홀히 한 농가에서는 그 피해가 80%에 이르기도 한다.

과실 저장병해의 발생정도는 저장기간이 증가됨에 따라 현저하게 증가되는데 Penicillium이나 Botrytis와 같은 병원균은 저온조건에서도 잘 자라므로 장기저장시 피해가 크다. 저장조건별로 볼 때 상온저장을 할 경우 품질의 저하뿐만 아니라 많은 병원균이 자랄 수 있는 환경조건이 되므로 짧은 기간 저장하는 경우를 제외하고는 상온저장을 지양하는 것이 좋다.

0~5℃에서 저온 저장을 할 경우 대부분의 저장 병원균들은 잘 자라지 못하나 푸른곰팡이병균, 잿빛곰팡이병균, 일부 Alternaria균들은 잘

자라므로 많은 피해를 주기도 한다. 사과는 국내에서 대량생산되고 생산량의 대부분을 저장하고 있으나 저장조건이 불량하거나 저장기간이 길 경우 피해가 커 심할 경우 과실 부패율이 47%에 이르기도 한다.

사과 저장 중에 주로 피해를 주는 병으로 국내에서는 겹무늬썩음병, 푸른곰팡이병, 잿빛곰팡이병, 검은썩음병(가칭, Alternaria rot), 흰색썩음병(가칭, Fusarium rot) 등 10여 종이 관여하는 것으로 알려져 있다. 이들 병원균 중 푸른곰팡이병, 검은썩음병, 잿빛곰팡이병은 생육기 중에는 병을 일으키지 않거나 발생이 경미하나 수확시 또는 수확 후 관리시에 상처가 나고 저장 중에 온도나 습도가 적당할 경우 큰 피해를 준다. 저온 저장의 경우에 저온저장고내 공기순환이 불량하여 부분적으로 5℃ 정도가 유지되는 저장위치에 있는 사과상자에서 피해가 많다.

나. 저장병해의 피해를 줄이는 방법

○ 과실 저장병해는 다음과 같은 여러 가지 방법에 의해 줄일 수 있다. 가능한 한 저장온도를 낮추고, 습도를 조절하는 등 환경을 제어하여 방제하는 방법이 근본적이며 가장 확실한 수단이나 이는 고가(高價)의 시설과 유지비용이 필요하다. 푸른곰팡이병과 잿빛곰팡이병 등 대부분의 저장병은 다습조건에서 발생이 심하므로 환기를 잘하면 피해를 줄일 수 있다. 사과 저장 중 발생되는 에틸렌가스는 사과 조직을 연화시켜 병 발생에 영향을 주므로 저장고 내의 환기는 에틸렌가스를 줄이는 차원에서도 필요하다.

○ 생육후기에 탄저병이나 겹무늬썩음병을 방제할 경우 저장할 때 문제가 되는 저온성 병원균인 저장병균의 밀도도 함께 줄일 수 있

는 약제를 선택하여 농약안전사용기준을 준수해 수확 전에 살포하는 것이 바람직하다. 사과 병해 방제용으로 사용되는 약제 중 저장병원균의 생장을 현저히 억제하면서 잔류기간이 짧은(농약안전사용기준이 수확 전 2～21일 이내인) 약제를 수확 전 30일에 처리하여 수확 후 10℃에 2달간 보관한 후 병해 발생 정도를 조사한 결과 생육기 위주로 방제한 관행방제구에 비해 30～75%정도 피해를 줄일 수 있었다.

○ 저장병균은 과원에서 과실표면에 오염되어 유통 또는 저장될 때 대부분 상처를 통해서 침입하여 큰 피해를 주므로 수확 후 선과, 수세, 포장 등 일련의 작업시 흠이 나지 않도록 유의해야 하며 이 병 과실이나 상처난 과실은 가능하면 수거하여 조기 출하 하던가 소비하는 것이 바람직하다. 수확한 사과를 과원에 쌓아둘 경우 병든 과실로부터 이웃한 과실로 병원균이 전파될 수 있으므로 가능한 한 수확 직후 저장고로 옮기고 병든 과실은 조기에 제거하는 것이 바람직하다.

○ 저장 중에 병든 과실은 전염원이 되어 큰 피해를 줄 수 있으므로 빨리 골라내야 하며 저장고 내에 농가자체에서 소비할 목적으로 때때로 상처난 과실이나 병든 과실을 저장용 과실과 함께 저장할 경우가 있는데 파지에 오염된 여러 병원균이 이웃한 과실에 전파되어 큰 피해를 주기도 하므로 이런 일은 절대로 없어야 한다.

○ 과실표면에 피막제나 칼슘염을 첨가하거나 유용미생물을 처리하여 피해를 줄일 수 있다. 실제로 농업과학기술원에서 염화칼슘 4%를 처리했을 때 사과 저장 중 부패율이 47%감소되었으며, Wilt pruf란 피막제와 혼용 처리할 경우에 병 진전을 70%억제할 수 있었다. 한편 과실표피로부터 유용미생물을 분리하여 과실에 접종하였을 때 부패를 78%줄일 수 있다는 연구 결과도 있다.

○ 과실 저장병해를 줄이기 위하여 UV나 열처리를 하거나, 키토산과 같은 저항성 유도물질을 처리하기도 하며, 감마선과 같은 방사선도 수확 후 농산물 부패를 줄일 수 있는 것으로 알려져 있다.

제6장
사과의 해충

제6장 사과의 해충

　사과에 발생하는 해충종류는 지금까지 300여종이 알려져 있으나, 주요한 종류로는 사과응애, 점박이응애, 사과혹진딧물, 조팝나무진딧물, 사과면충, 나무좀류, 하늘소류, 은무늬굴나방, 사과굴나방, 복숭아순나방, 복숭아심식나방, 애모무늬잎말이나방, 사과무늬잎말이나방 등이 있다. 이 가운데 경제적으로 중요한 해충은 점박이응애, 복숭아순나방, 복숭아심식나방을 들 수 있다.

　이들 해충들은 여러 가지 면에서 서로 다른 특징을 갖는다. 가해하는 방식으로 볼 때 응애류(사과응애, 점박이응애), 진딧물류(사과혹진딧물, 조팝나무진딧물), 사과면충은 구침을 이용하여 잎이나 줄기의 식물즙액을 흡즙해서 피해를 주는 반면, 나무좀류, 하늘소류, 굴나방류(은무늬굴나방, 사과굴나방), 복숭아순나방, 복숭아심식나방, 잎말이나방류(애모무늬잎말이나방, 사과무늬잎말이나방)는 유충 또는 성충이 씹는 구기를 이용하여 줄기, 잎, 신초, 과실을 공격하여 피해를 준다. 가해하는 부위로 볼 때 응애류, 진딧물류, 잎말이나방류는 잎이나 신초, 일부 꽃을 식물 표면에서 공격하고, 굴나방류는 잎 조직 속으로 파고들어가 피해를 주며, 나무좀류와 하늘소류는 줄기나 가지를 뚫고 들어가 수세를 약화시키는 피해를 주며, 복숭아순나방과 복숭아심식나방은 과실 속으로 직접 파고 들어가 피해를 준다. 경제적으로 볼 때 과실을 직접 가해하는 복숭아순나방과 복숭아심식나방이 가장 중요하며, 따라서 세심한 발생예찰 및 관리대책이 필요하다.

1. 사과응애 (*Panonychus ulmi* (Koch))

- 응애아강, 잎응애과

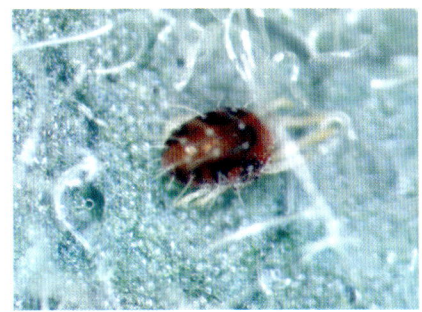

사과응애 성충

사과응애 월동난

1) 형태

암컷 성충은 암적색의 달걀 모양이고, 몸통 위에 뚜렷한 백색의 혹들이 있고 그 위에 긴 자모가 나 있다. 몸길이는 0.4mm 정도이다. 수컷 성충은 황적색이며 암컷보다 몸이 가느다랗고 다리가 긴 편이며 몸길이는 0.3mm 정도이다. 알은 적색으로 둥글납작하며 윗면 중앙에 털이 하나 있다. 약충은 3가지 형태(유충, 제1약충, 제2약충)로 구분된다. 유충은 알보다 약간 크며 다리가 3쌍인 것이 특징이다. 제1, 2약충은 유충보다 크며 성충과 같이 다리가 4쌍이다. 유충과 약충은 대체로 색깔이 적색이지만 경우에 따라서는 녹색을 띠기도 한다.

2) 생태

작은 가지의 분기부나 겨울눈 기부에서 알로 월동하고 개화기인 4월 하순~5월상순에 부화한다. 부화한 유충은 화총의 잎으로 이동하여 흡즙하며, 유충과 약충은 주로 잎의 뒷면에서 서식하지만 성충이 되면 잎의 양면에 서식한다. 부화 2~3주 후부터 성충이 되는데, 수컷이 1~2일 먼저 나와서 정지기인 암컷 근처에서 기다리다가 암컷이 탈피를 마치면 즉시 교미한다. 사과응애는 수정란은 암컷이 되고 미수정란은 수컷이 되며 대체로 암수성비는 7:3 정도이다. 암컷은 성충이 된 지 2~3일 후부터 알을 낳기 시작하고 평균 30~35개의 알을 잎의 양면 특히 엽맥 근처에 낳고, 수명은 약 15~20일이다. 1년에 7~8세대를 경과하지만, 7월 이후는 세대가 중복된다. 6월하순 이후 기온이 상승하면서 증식이 빨라져 발생최성기는 7월하순~8월이지만 응애약 살포에 따라서 차이가 있다. 다발생하여 밀도가 높아지면 어린가지나 잎의 끝으로 이동하여, 몸의 상체를 들어올리고 실을 내어 바람의 기류를 타고 근처의 다른 나무로 분산한다. 9월하순경부터 월동난을 낳는 암컷이 생겨서 월동부위에 산란을 한다. 10월중순 이후에 월동난의 대부분을 낳지만 잎의 상태가 좋은 경우에는 눈이 내릴 때까지도 산란이 계속된다.

3) 피해증상

사과나무, 배나무, 복숭아나무 등 100여 종의 수목을 가해한다. 잎의 앞면과 뒷면에서 구침을 잎 조직 속에 찔러 넣고 엽록소 등을 흡즙하므로 이 부분이 희게 변색된다. 피해받은 잎은 나중에 황갈색으로 변색되어 광합성 및 증산기능이 저하되며, 피해가 심하면 8월 이후에 조기낙엽이 되고 과실의 비대생장, 착색, 눈꽃형성을 저해한다.

4) 방제

사과응애는 비교적 응애약에 방제가 잘 되므로 관행방제 사과원에서는 발생이 적으나, 관리가 소홀하거나 동일계통의 응애약을 연용하여 저항성이 유발된 일부의 관행방제원에서는 7~8월에 대발생하는 사례가 있다. 최근 일부의 저농약 사과원에서 증가추세에 있다. 발생예찰은 1주일마다 한 나무의 사방에서 중간부위의 신초 10잎씩 10나무에서 총 100잎을 채취하여 밀도를 조사하고, 잎당 평균밀도가 6월에는 1~2마리, 7월 이후는 3~4마리 이상이면 응애약을 살포하는 것이 좋다. 포장에서 보다 간편한 밀도조사는 확대경은 이용하여 움직이는 발육태가 1마리 이상 발견되는 잎의 비율(발생엽율)이 대략 50%이면 1~2마리, 70%이면 3~4마리 정도로 추정한다. 발생예찰은 월동난에 대해서는 휴면기에 1회 조사로 충분하지만, 개화기부터 가을까지 발생밀도는 5~10일 간격으로 지속적으로 조사하여 방제여부를 판단해야 한다. 응애는 건조하고 고온이 지속될 경우에 급격히 발생이 증가한다. 따라서 스프링클러나 점적관수를 적절히 실시하여 사과나무 내부의 온도를 낮추고 습도를 적당히 유지하는 것이 좋다. 착과량이 적당한 나무보다 과도한 나무가 응애 피해에 더욱 취약하므로 적당한 착과량 조절도 중요하다. 방제는 기계유유제를 발아기 직전 3월하순에 60~70배로 살포하는 것이 농약도 절감하고 방제효과도 좋으며 천적류에 영향도 적다. 휴면기(2월하순~3월상순)에 20~25배 살포로는 월동난의 방제효과가 높지 않다. 낙화기 이후의 약제방제는 점박이응애의 방제방법을 준용한다.

2. 점박이응애(*Tetranychus urticae* Koch)
• 응애아강, 잎응애과

점박이응애 성충

점박이응애 알

점박이응애 월동성충

점박이응애 잎 피해

1) 형태

 암컷 성충은 몸길이가 0.6mm정도이고, 여름형은 연한 황록색 바탕에 몸통 좌우에 뚜렷한 검은점이 있으나 월동형은 적황색으로 검은점이 없다. 수컷 성충은 0.5mm정도이고 몸이 담갈색으로 홀쭉하며 배끝이 뾰족하고 다리가 긴 특징이 있다. 알은 투명하고 공모양이다. 약충은 다른 잎응애와 마찬가지로 3가지 형태(유충, 제1약충, 제2약충)로 구분된다. 유충은 알보다 약간 크며 처음에는 투명하지만 점차 연녹색으로 변하고 검은점이 생기며 다리가 3쌍인 것이 특징이다. 제1, 2약충은 유충에 비해 몸이 크고 검은점 역시 크고 녹색이 진해지고 성충과 같이 다리가 4쌍이다. 각각의 발육태 중간에는 세 번의 정지기가 있으며 정지기가 끝나면서 바로 탈피를 한다.

2) 생태

1년에 8~10세대를 경과하며 나무 줄기의 거친 껍질틈새나 지면의 잡초, 낙엽 속에서 교미한 암컷 성충으로 월동한다. 3월중순경부터 월동장소로부터 이동이 시작되는데, 지면에서 사과나무로 또는 사과나무에서 지면으로의 이동이 동시에 일어나고 적당한 먹이를 찾으면 흡즙을 시작한다. 월동성충은 몸색깔이 여름형으로 변하면서 알을 낳는다. 월동세대는 20여일 동안에 약 40개를 낳고 그 이후 세대부터는 30여일 동안에 100개정도를 산란한다. 4~5월에는 지면의 잡초와 사과나무의 안쪽, 특히 주가지나 잔가지 등에서 새로 나오는 도장지에 밀도가 높고 점차 바깥쪽으로 분산한다. 사과원 잡초에서의 밀도는 먹이상태가 좋은 5월까지는 증가하지만 6월 이후 감소되고 7월에는 극히 밀도가 낮으며, 8월 이후는 사과나무에서 이동해 온 개체군에 의해 다시 밀도가 증가한다. 사과나무에서는 6월중순부터 급격히 밀도가 증가하여, 7월에는 피해를 받는 과원이 나타난다. 8~9월에 최고밀도에 이르며 11월까지도 높은 밀도를 유지하는 경우가 많다. 9월하순부터 월동형 성충이 나타나기 시작하여 나무껍질 등 월동처로 이동한다. 일부는 과실 꽃받침 부위로 이동하여 과실에 부착함으로써 수출농가에 문제가 된다.

3) 피해증상

사과나무, 배나무, 복숭아나무 등 과수류 이외에도, 옥수수, 콩 등 전작물과 채소, 화훼 등 많은 작물을 가해하는 기주범위가 매우 넓은 해충이다. 점박이응애는 과수원의 살충제 사용이 증가함에 따라 천적류가 감소하고 약제저항성이 증대되어 문제가 된 해충으로서 종합적인 관리대책이 필요하다. 사과응애와는 달리 잎의 뒷면에 주로 서식하며 흡즙하므로 겉면에는 피해증상이 잘 나타나지 않는다. 피해받은 잎은 황갈색으로 변색되어 광합성 및 증산기능이 저하되며, 피해가 심하면 8월 이후에 조기낙엽이 되고, 과실의 비대생장, 착색, 꽃눈형성을 저해하기도 한다.

4) 방제

사과응애와 마찬가지로 크기가 작아서 초기에는 발견하기가 어렵지만 다발생하면 피해받은 나무를 쉽게 발견할 수 있다. 발생예찰은 1주일마다 한 나무의 사방에서 중간부위의 신초 10잎씩 10나무에서 총 100잎을 채취하여 밀도를 조사하고, 잎당 평균밀도가 6월 이전에는 1~2마리, 7월이후는 3~4마리 이상이면 응애약을 살포하는 것이 좋다. 포장에서 보다 간편한 밀도조사는 움직이는 발육태가 1마리 이상 발견되는 잎의 비율(발생엽율)이 대략 40%이면 2마리, 60%이면 4마리 정도, 85%이면 10마리 정도로 추정한다. 발생예찰은 5월하순부터 8월까지 나무에서 5~10일 간격으로 지속적으로 조사하여 방제여부를 판단해야 한다. 점박이응애의 1차 방제적기는 사과나무 안쪽에서 증식한 개체들이 점차 분산을 시작하고 예초 등에 의해 잡초로부터 사과나무로 이동하는 시기이다. 대체로 6월상순경에 사과나무 잎당 2마리(25잎을 조사하여 점박이응애가 10잎 내외에서 발견되는 수준임) 정도일 때이다. 온도조건이 좋아지는 시기인 7월상순에 발생정도를 관찰하여 잎당 3~4마리 이상이면 2차 방제를 실시해야 한다. 이 시기에는 가장 효과가 정확하고 좋은 응애약을 선정해야 하며, 이 때 부적절하게 방제하면 7월하순~8월에 피해를 받게 된다. 3차 방제적기는 8월상중순 고온기로서 잎당 3~4마리 이상이면 응애약을 살포해야 한다. 방제적기는 연도 및 사과원에 따라 차이가 있을 수 있으므로 해당 사과원의 상황에 적당한 방제시기를 선정해야 한다. 점박이응애는 약제저항성 유발이 문제되므로 같은 약제는 물론 계통이 같은 약제를 연속 살포하는 것은 지양하고 또한 점박이응애의 천적인 포식성 이리응애에 영향이 적은 약제를 선택하는 것이 좋다.

3. 사과혹진딧물 (*Ovatus malisuctus* (Matsumura))
- 매미목, 진딧물과

사과혹진딧물 약,성충

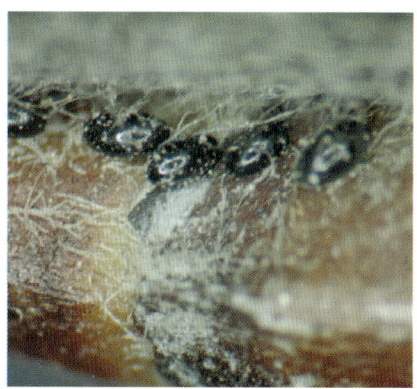
사과혹진딧물 월동난

사과혹진딧물 잎 피해(초기)

사과혹진딧물 잎 피해(개화기)

1) 형태

무시형 암성충은 대체로 진한 녹색이거나 갈색이고 길이는 1.5mm 정도이다. 다리는 담녹색이고 복부등판에 황색의 반문이 있다. 무시형 암성충은 보통 검은색이고 1.3mm정도이다. 복부 등면 양측에 각각 4개의 검은무늬가 있다. 약충은 연록색이나 개체에 따라 변이가 심하며, 몸은 달걀 모양 또는 방추형이다. 알은 광택이 있고 검으며 긴 타원형이다.

2) 생태

겨울에 도장지나 1, 2년생 가지의 눈 밑에서 알로 월동한다. 사과나무의 눈이 틀 무렵 4월상순경부터 부화하여 발아하는 눈에 기생한다. 잎의 전개와 함께 잎 뒷면을 가해하며 곧 간모라는 성충이 나와 단성생식으로 약충을 낳는다. 가을까지 새끼를 낳으며 여러 세대를 반복한다. 유시충은 보통 밀도가 높아져 영양조건이 나빠지면 출현하고 이들이 다른 나무로 분산한다. 10월중순경 교미형을 낳는 암컷이 출현하여 산란성 암컷과 수컷을 낳고 이들이 교미한 뒤 어린가지의 겨울눈 부근에 월동난을 낳는다.

3) 피해증상

5월부터 가을까지 신초 선단부의 연한 잎을 가해하여 뒤쪽으로 말리게 한다. 5월에 탁엽 등을 가해하면 붉은 반점이 생기며 잎이 뒤쪽을 향해 가로로 말리지만, 본엽을 가해하면 잎 가장자리에서 엽맥쪽을 향하여 뒤쪽을 향해 세로로 말린다. 잎이 말린 부위를 열어보면 짙은 녹색의 진딧물이 무리지어 가해하고 있는 것을 볼 수 있다. 가해하던 잎이 딱딱해지면 진딧물들이 상부의 연한 잎으로 차례로 이동하며, 아래쪽 피해받은 잎은 낙엽된다. 진딧물이 가해한 부위의 아래쪽 잎에는 배설한 감로 때문에 검은색의 그을음증상과 끈끈한 오염물질이 생기며 진딧물 탈피각이 많이 떨어져 있다. 피해받은 잎은 정상적인 기능이 현저히 저하하여 조기낙엽되고 심하게 피해를 받은 가지에서는 가늘고 약한 가지들이 많이 나와서 다음 해 결실가지로 사용하지 못하게 된다.

4) 방제

연도나 포장에 따라 발생정도의 차이가 있으므로, 겨울철 가지의 월동난 밀도를 조사하여 밀도가 높을 경우에 기계유유제를 발아 전에 살포하여 사과응애와 동시방제한다. 밀도가 낮은 경우에도 개화전에 1회는 사과혹진딧물에 효과적인 약제를 살포하는 것이 좋으며, 그 후에는 일반 나방류 및 조팝나무진딧물과 동시방제가 된다. 9~10월이 되어도 신초생장이 계속되면 질소비료를 적당히 줄여 주어 수세를 안정시킴으로써 다음해 봄철 발생을 적게 할 수 있다.

4. 조팝나무진딧물(*Aphis spiraecola* Patch)

• 매미목, 진딧물과

조팝나무진딧물 성충

조팝나무진딧물 월동난

조팝나무진딧물 신초 피해

조팝나무진딧물 잎 피해

1) 형태

 무시형 암성충은 1.5mm정도로 황녹색 또는 녹색으로 광택이 없다. 머리가 거무스름하고 미편과 미판은 흑색이다. 유시형 암성충은 2mm 정도로 머리와 가슴이 흑색이고 복부는 녹색을 띤다. 뿔관 밑부와 배의 측면은 거무스름하다. 알은 광택이 있고 검다.

2) 생태

사과, 배, 귤나무 등이 기주이며 1년에 10세대 정도 발생한다. 조팝나무의 눈과 사과나무의 도장지 또는 1, 2년생 가지의 눈 밑에서 검은색의 타원형 알로 월동한다. 4월경에 알에서 부화한 간모가 단성생식으로 약충을 낳는다. 밀도가 증가하면 5월상순에 유시충이 발생하여 전체 사과나무로 비산한다. 조팝나무진딧물은 5, 6월에 주로 대발생하며, 특히 5월중순에서 6월중순 사이에 발생최성기를 이룬다. 장마와 고온, 건조가 계속되고 신초의 발육이 멈추면 자연히 발생밀도가 급격히 감소하여 일부 도장지에서만 발생이 계속된다. 사과나무 2차신초 신장기에 다시 밀도가 증가하나 방제를 필요로 할 정도로 증가하지는 않는다. 가을에 교미형을 낳는 암컷이 출현하여 산란성 암컷과 수컷을 낳고 이들이 교미한 뒤 조팝나무로 이동하거나 사과나무 등에 월동난을 낳는다. 조팝나무진딧물이 다발생하는 조건은 5월하순 이후 온도가 낮고 습도가 높은 날이 길어질 때이며, 또한 신초가 가을에도 늦게까지 자라면 다음 해에 발생이 많아진다.

3) 피해증상

사과혹진딧물과는 달리 잎을 말지 않는다. 어린가지에 집단으로 발생하여도 사과의 생육에는 눈에 띄게 영향을 주지 않는다. 5월하순에서 6월중순까지 신초 선단의 어린잎에 다발생하며, 밀도가 급증하면 배설물인 감로에 의해 잎이나 과실이 그을음증상으로 검게 더러워진다. 일부 개체는 과실 표면을 가해하며, 적과 또는 봉지씌우기할 때 작업자에게 부착되어 불쾌감을 주기도 한다. 신초가 10cm정도 자라는 5월상순경에 날개 달린 성충이 비래하여 신초를 가해하며, 점차 새로 자라나오는 잎으로 옮겨서 가해한다.

4) 방제

신초당 10~30마리의 낮은 밀도에서는 방제를 뒤로 미루고, 5월하순~6월하순에 적과 등 작업개시 전에 급격히 발생할 때만 적용농약을 1~2회 살포하면 된다. 무더운 7월중순부터는 사과원 밖으로 이동 분산하여 밀도가 급격히 감소하고 일부 웃자라는 어린가지에만 주로 발생하므로 살충제를 살포할 필요는 없다. 조팝나무진딧물은 다발생하는 해충이지만 사과나무에 실질적인 피해는 거의 없으며, 높은 밀도에서 감로 배설에 의한 과실과 잎에 그을음증상을 일으키는 점만이 문제가 된다. 사과 품종에 따른 발생 차이는 거의 없다고 알려져 있다. 재배기간 동안 질소질 비료와 물관리를 통하여 신초의 생장을 감소시키고 안정시키는 것이 무엇보다 중요하다.

5. 사과면충 (*Eriosoma lanigerum* (Hausmann))
• 매미목, 면충과

　　　　사과면충 약충　　　　　　　　사과면충 피해 가지

1) 형태

무시형 암성충은 길이가 2.1mm정도이고 온 몸이 백색의 솜털로 덮여 있다. 몸체는 암적갈색이며 머리는 짙은 녹색이고 더듬이는 6마디로 회색이다. 다리는 황갈색이고 배는 적갈색이다. 유시형 암성충 역시 길이가 2.1mm이며 2쌍의 투명한 날개가 있다. 머리와 가슴은 흑갈색이고 더듬이는 갈색으로 6마디이다.

2) 생태

사과면충은 북미가 원산인 외래해충으로 1920년대 일본을 통해 유입된 것으로 추정된다. 줄기의 갈라진 틈, 전정 절단부위, 지표면과 가까운 뿌리, 여름철 가해로 생긴 혹의 틈 등에서 어린 약충태로 월동한다. 4월말경부터 활동하며, 5월중순경에는 성충으로 되어 다음세대 새끼를 낳는다. 1년에 10회 정도 발생하며, 대체로 6~7월부터 9월에 발생이 많다. 발생밀도가 증가하면 유시충이 출현하여 다른 나무로 분산한다. 주로 전정이 불량하고 가지가 혼잡한 곳에서 발생이 많다. 또 살충제를 많이 살포하여 천적인 면충좀벌이 없어지면 발생이 많아지게 된다.

3) 피해증상

작은 가지의 분지부, 줄기의 갈라진 틈, 가지의 절단부, 지표면 가까운 뿌리 등에서 흰색의 솜을 빽빽이 감고 집단으로 가해한다. 가해부위의 즙액을 흡즙하고, 흡즙부위에는 작은 혹이 많이 생겨 부풀어 오른다. 신초기부에 피해를 받으면 가지가 크게 자라지 못하게 되고, 몇 년간 연속해서 가해하게 되면 그 피해는 더욱 더 심하게 된다.

4) 방제

현재 관행 사과원에서는 다른 해충의 방제를 위해 살포되는 살충제와 천적 등 복합적인 영향으로 특별히 약제살포를 할 필요는 없다. 그러나 농약사용이 적절치 못하거나 천적이 격감할 경우에 격발할 수 있다. 약효를 높이기 위해서는 발생초기에 사과면충을 덮고 있는 솜이 충분히 젖을 정도로 약제를 살포하여 약액이 충체에 완전히 묻게 해야 한다.

6. 나무좀류

- 오리나무좀(*Xylosandrus germanus* (Blandford))
  사과둥근나무좀(*Xyleborus apicalis* (Blandford))
- 딱정벌레목, 나무좀과

사과둥근나무좀 성충

사과둥근나무좀 줄기 피해

1) 형태

사과나무를 가해하는 나무좀류는 주로 오리나무좀과 사과둥근나무좀 두 종이다. 이 중 오리나무좀이 훨씬 우점한다. 오리나무좀의 암컷 성충은 길이가 2mm정도로 흑색 또는 흑갈색이며 짧은 원통형이다. 앞다리의 기부가 서로 분리되어 있다. 앞가슴의 등면 앞쪽에 다수의 과립이 산재한다. 사과둥근나무좀의 암컷 성충은 길이가 3~3.5mm정도이고 갈색 또는 암갈색이며 원통형이다. 앞다리의 기부가 오리나무좀과 달리 서로 연접해 있다.

2) 생태

피해를 받은 줄기 속에서 알부터 성충이 우화할 때까지 보내며, 대략 1~2개월이 걸린다. 1년에 2회 발생하고 제1세대 성충은 6~8월, 제2세대는 9~10월에 나타난다. 수컷은 잘 날지 못하므로 암컷만이 새로운 나무로 옮기기 전 수컷과 교미한 후 이동한다. 나무로 침입하는 시기는 월동성충은 사과나무 발아기부터 4월중하순, 제1세대성충은 7~8월이고 무리를 지어 모여든다. 초봄에는 유목에 집중 침입을 하고 여름철에는 성목에 주로 침입하는데 비가 많아 습도가 높은 경우에 피해가 많은 경향이다. 알을 갱도 내에 무더기로 낳으며, 제2세대 성충이 갱도 속에서 무리지어 월동한다.

3) 피해증상

최근 나무좀에 의해 사과나무 유목의 가지가 시들거나 고사하는 피해사례가 늘고 있다. 암컷이 큰 나무의 줄기나 어린나무의 줄기에 직경 1~2mm의 구멍을 뚫고 들어가는데, 성충의 침입을 받은 가지의 잎은 시들고 나무의 수세가 급격히 쇠약해지며 심하면 고사한다. 성충과 유충이 목질부를 섭식할 뿐만 아니라 유충의 먹이가 되는 공생균을 자라게 하므로 이 균에 의해서 목질부가 부패되어 수세가 더욱 쇠약해져 고사를 촉진하게 된다.

4) 방제

　나무좀은 2차 가해성 해충으로서 건전한 나무는 가해하지 않고 수세가 약한 나무를 집중 가해하므로 비배 및 토양관리와 수분관리 등을 철저히 하여야 한다. 특히 왜성 사과나무를 심은 사과원은 토양관리와 관수를 철저히 하여 사과나무가 스트레스를 받지 않도록 한다. 겨울철 동해피해나 여름철 가뭄피해 등으로 줄기가 스트레스를 받은 나무에서 발생이 많다. 성충이 침입하는 시기에 피해부위를 유기인제로 도포하거나, 침입구멍에 유기인제를 주입하면 효과가 있으나 현재 사과나무 나무좀 방제약제는 등록된 것이 없다. 일부 시험결과 침투성 약제인 메프와 포스팜이 방제효과가 있으므로 성충 침입시기인 발아직전부터 개화전에 진딧물이나 잎말이나방류와 동시방제할 수 있다. 가능한 일찍 발견하여 1~2마리가 피해를 줄 때에 방제를 하되 피해가 심하여 회복이 불가능한 나무는 조기에 제거하는 것이 좋다.

7. 하늘소류

- 뽕나무하늘소(*Apriona germari* (Hope))
  알락하늘소(*Anoplophora malasiaca* (Thomson))
- 딱정벌레목, 하늘소과

알락하늘소 성충

알락하늘소 줄기 피해

뽕나무하늘소 성충

뽕나무하늘소 유충

1) 형태

사과나무를 가해하는 하늘소류는 알락하늘소와 뽕나무하늘소 두 종이다. 알락하늘소는 성충의 길이가 25~35mm이며 광택이 있는 흑색으로 날개에는 많은 불규칙한 백색반점이 있다. 노숙유충은 전체가 유백색이고 머리는 황갈색이며 60mm정도이다. 뽕나무하늘소는 성충의 길이가 35~45mm이며 황갈색이다. 노숙유충은 편평한 원통형이며 황백색이고 머리는 흑색이며 70mm정도이다.

2) 생태

알락하늘소는 나무 줄기 속에서 유충으로 월동하며, 6~8월에 성충이 된다. 1년에 1회 발생하는데, 일부 개체는 2년에 1회 발생하기도 한다. 뽕나무하늘소 역시 유충으로 월동하며 7~9월에 성충이 된다. 2년에 1회 발생하며, 산란한 해에는 산란부위 근처에서 아주 작은 유충으로 월동하고, 2년째는 줄기 속에서 큰 유충으로 월동한다.

3) 피해증상

하늘소류는 나무 줄기이나 가지 속으로 뚫고 들어가 중심부를 따라 가해하는 해충이다. 성충이 가지에 이빨로 상처를 내고 산란하며, 부화한 어린벌레는 껍질 밑의 형성층을 가해한다. 어린벌레가 자라면서 목질부에 갱도를 만들어 가해하고 약 10~30cm간격으로 겉에 구멍을 내고 그곳으로 가해한 나무조각과 배설물을 배출한다. 피해를 받은 나무는 수세가 현저히 약해지며 심하면 나무전체가 고사한다. 산지에 인접한 사과원이나 관리가 소홀한 사과원에서 발생이 많다.

4) 방제

알락하늘소의 경우 심식나방류, 잎말이나방류, 사과굴나방을 대상으로 살포하는 농약에 의해 동시방제가 가능하다. 목질부로 깊이 들어간 유충은 약제방제가 어려우므로 조기방제가 중요하다. 산란은 뽕나무하늘소와는 달리 지면에 가까운 지제부에 주로 하므로 이곳에서 가해여부를 잘 관찰한다. 뽕나무하늘소의 경우 알에서 부화한 지 얼마 안 되는 어린유충에 대해서는 산란흔적이 있는 곳을 중심으로, 어느 정도 자란 유충에 대해서는 줄기의 벌레똥 배출구멍으로 약액을 주입해서 방제할 수 있는데, 이 때 약해를 받기 쉬우므로 주의한다. 사과나무의 줄기에 산란을 하는데 산란흔적을 발견하기는 쉽지 않지만, 이를 찾아서 제거하는 것이 피해를 막는 지름길이다.

8. 은무늬굴나방 (*Lyonetia prunifoliella* (Hubner))
- 나비목, 굴나방과

은무늬굴나방 성충

은무늬굴나방 번데기

은무늬굴나방 잎 피해(초기)

은무늬굴나방 잎 피해(후기)

1) 형태

성충은 몸이 대체로 은빛 광택을 띠며 작고 연약한 나방이다. 성충은 여름형과 가을형으로 체색에 변이가 있는데, 대체로 가을형이 짙은 무늬를 가지며 몸의 크기도 약간 더 크다. 앞날개는 가늘고 길며 끝 부분은 뾰족하게 돌출하였으며, 1개의 흑색 원형반점이 있다. 또한 그 반점의 바로 앞쪽 주변에 반달모양의 현저한 분홍색 반문과 그 앞쪽으로 3개의 황갈색을 띤 반문이 있으며, 날개 가장자리에 V자형의 뚜렷한 짙은 황갈색의 반문이 있다. 뒷날개는 갈색이며, 앞뒷날개 모두 바깥 가장자리에 길고 가느다란 털이 무수히 나있다. 알은 유백색을 띠고 둥글다. 유충은 황갈색 또는 연두색이고 배끝이 가늘며 몸의 각 마디 사이가 잘록하게 들어가 있다. 번데기는 암갈색의 원추형인데 머리에 1쌍의 돌기가 있으며, 거미줄 모양으로 만들어진 흰색의 고치 속에 들어 있다. 성충의 몸길이는 4.5mm, 날개를 편길이는 여름형이 8~9mm, 가을형이 9~10mm이다. 노숙유충은 7mm에 달한다.

2) 생태

1년에 6회 발생하며, 나무의 껍질 틈새, 가지사이, 낙엽 밑, 사과원 주변 건물의 벽면 등에서 주로 암컷 성충으로 월동한다. 가을철 늦게 발생한 개체들은 드물게 번데기 상태로 월동하기도 한다. 월동한 암컷 성충은 4월하순~5월상순경에 사과나무의 어린잎 뒷면의 조직 속에다 1개씩 점점이 알을 낳는다. 부화한 유충은 잎 속에서 불규칙하게 넓적한 굴을 뚫으며, 엽육을 파먹고 자라는데, 초기에는 선모양으로 굴을 파면서 가해하다가 점차 넓게 부정형으로 확장한다. 잎에 만들어진 굴 속에서 3령을 경과한 후에 다 자라난 노숙유충이 된다. 노숙유충은 굴 밖으로 탈출해서 잎 뒷면에 거미줄 모양의 하얀 고치를 만들고 그 속에서 번데기가 되며, 4일정도 후에 성충으로 우화한다(5월하순). 1세대 성충우화 후 약 한달 간격으로 성충의 발생주기가 계속되지만 세대가 중첩되어서 발생하는 경우가 많다. 성충은 한낮에는 나뭇잎 뒷면 등에서 휴식을 취하고 있다가 일몰이 시작되면 활동을 개시해서 활발하게 분산하는데, 특히 불빛에 잘 유인되기도 한다. 마지막으로 발생하는 제6회 성충은 9월하순~11월에 우화하여서 주변의 월동처를 찾아서 휴면에 들어간다.

3) 피해증상

사과나무에 나타나는 피해증상은 사과굴나방과는 육안으로 쉽게 구별할 수 있다. 은무늬굴나방 유충은 신초의 어린잎만을 주로 가해하여 극심할 경우 새순에 낙엽현상을 초래하는 데 반해, 사과굴나방은 이미 신장되어 굳은 잎을 가해한다. 피해받은 어린잎은 처음에는 적갈색 실모양의 피해가 나타나지만, 점차 불규칙한 원형 또는 얼룩무늬 모양을 이루거나 넓고 크게 잎의 표면이 쭈글어 들면서 말라들어간다. 8월하순부터 생육중후반기가 되면 나무의 꼭대기나 도장지 및 2차 신장한 신초부위에 나 있는 어린잎을 집중적으로 가해한다. 간혹 약해를 입은 것으로 오인하는 경우도 있다.

4) 방제

전년도 가을에 발생이 많았던 포장이나 개화기전 또는 낙화후 성충이 자주 관찰되면 제1, 2세대 유충이 가해하기 직전인 개화전 4월중순경이나 낙화후 5월하순 중 1회정도 적용약제를 살포하여 방제한다. 특히 이 시기는 온도가 높지 않아서 어린벌레의 발육이 빠르지 않고 영기 구성도 비교적 단순하므로 방제효율을 높일 수 있다. 제3세대 이후는 가해부위가 신초의 선단부의 잎에만 국한되므로 추가 약제를 살포하기 보다는 심식나방 등과 동시방제하는 것이 좋다. 합성피레스로이드계는 은무늬굴나방에 대하여 방제효과가 저조한 경향이므로 동시방제로는 사용을 지양해야 한다. 새로 자라는 신초선단의 일부 잎만을 가해하므로 수세를 안정시켜서 신초신장을 일찍 멈추게 하는 것이 가장 중요하다.

9. 사과굴나방(*Phyllonorycter ringoniella* (Matsumura))
• 나비목, 가는나방과

사과굴나방 성충

사과굴나방 번데기

사과굴나방 무각유충

사과굴나방 유각유충

사과굴나방 잎 피해(초기)

사과굴나방 잎 피해(후기)

1) 형태

성충의 몸체는 전체적으로 은빛을 띠며, 앞날개는 금빛이고 중앙부에 은빛줄무늬가 선명하다. 성충의 몸길이는 2mm정도이고 날개를 편 길이는 6~11mm이다. 알은 무색투명하고 둥글며 평편하다. 어린유충은 유백색으로 다리가 없어 무각유충이라 불리우며, 노령유충은 담황색으로 다리가 있어 유각유충이라 불린다. 노숙유충은 5~7mm정도이다.

2) 생태

1년에 4~5회 발생하고 땅에 떨어진 피해받은 잎 속에서 번데기로 월동한다. 제1회 성충은 4월상순~5월상순에 우화한다. 우화한 성충은 잎 뒷면에만 산란을 하며 주로 뿌리근처의 대목부에서 나오는 발아가 빠른 도장지에 집중적으로 산란하는 경향이 있다. 제1세대의 산란은 10~14일후에 부화하여 산란부위 바로 밑에서 잎 조직 속으로 들어가 굴을 뚫고 섭식하면서 성장한다. 굴 속에서 번데기로 되며 우화시는 번데기 탈피각의 앞부분을 잎 밖으로 내놓고 나온다. 우화시기는 제2회 성충이 6월상중순, 제3회가 7월중하순, 제4회가 8월이며 일부 제5회 성충이 9월경에 나오나 후기 세대는 서로 중복되는 경우가 많다. 제3세대까지는 나무 안쪽이나 하부의 성숙된 잎에 피해가 많으나 제4세대 이후는 2차 신장한 신초나 도장지의 어린잎을 많이 가해하는 경향이다. 월동세대의 유충은 여러 영기가 혼재하는데 낙엽이 되는 11월까지 번데기로 되지 못하는 것들은 겨울철에 모두 사망한다.

3) 피해증상

알에서 부화한 유충이 잎의 내부로 잠입해서 가해하며, 무각유충기에는 선상으로 다니며 섭식하나 유각유충기에는 타원형 굴모양으로 가해하여서 그 부분의 잎 뒤가 오그라든다. 한 잎에 여러 마리가 가해할 경우 잎이 변형되고 심하면 조기에 낙엽되기도 한다. 사과굴나방은 살충제 살포로 인해 거의 사라진 포장에서 국부적으로 다발생하나 대부분의 사과원에서는 크게 문제시 되지는 않는다.

4) 방제

전년도 가을에 피해가 많았던 포장에서는 봄에 낙엽을 모아서 소각한다. 제1세대의 집중 가해처가 되는 지면에서 나오는 잔가지를 제거한다. 사과굴나방 방제는 5월중순부터 연 3회 정도 살충제를 살포하고 있는데, 4~5월에는 깡충좀벌 등 유력한 천적의 기생율이 높고 피해가 아주 일부 잎에만 국한되므로 약제를 살포하지 않는 것이 좋다. 6월이후 성페로몬트랩에 5일에 1,000마리 정도로 유살수가 많고 피해가 자주 눈에 띠는 경우에 심식충류나 잎말이나방과 동시방제하는 것이 합리적이다. 사과굴나방 약제로는 합성피레스로이드계가 많고 최근에는 탈피저해제가 개발되어 있는데 가급적 저독성인 탈피저해제를 사용하는 것이 바람직하다.

10. 복숭아순나방(*Grapholita molesta* (Busck))
- 나비목, 잎말이나방과

복숭아순나방 성충

복숭아순나방 유충

복숭아순나방 월동유충

복숭아순나방 과실 피해

1) 형태

성충의 날개 편 길이는 10~15mm이고 몸은 전체적으로 암회색이다. 앞날개 전연에 백색의 짧은 선들이 여러 개 있다. 머리는 암회색이고 가슴은 암색이며 배는 암회색이다. 알은 납작한 원형으로 유백색이고 산란초기는 진주광택을 띠나 점차 광택을 잃고 홍색이 된다. 부화한 유충은 머리가 크고 흑갈색이며, 가슴과 배는 유백색이다. 노숙유충은 황색이며 머리는 담갈색이고 몸 주변은 암갈색 얼룩무늬가 일렬로 나 있다. 번데기는 겹눈과 날개부분이 진한 적갈색이고, 배끝에 7~8개의 가시털이 나있다.

2) 생태

사과, 배, 복숭아, 자두, 모과 등을 가해하고 1년에 4~5회 발생하며, 나무껍질 틈이나 남아있는 봉지 등에서 고치를 짓고 노숙유충상태로 월동하며, 이듬해 봄에 번데기가 된다. 성충우화시기는 제1회 성충은 4월중순~5월, 제2회는 6월중하순, 제3회는 7월하순~8월상순, 제4회는 8월하순~9월상순이며, 일부는 제5회 성충이 9월중순경에 나타나나 7월 이후는 세대가 중복되어 구분이 곤란하다. 월동세대의 유충은 주로 과실을 9월~10월까지 가해하고 과실에서 나와 적당한 월동장소로 이동하여 고치를 짓는다.

3) 피해증상

유충이 신초의 선단부를 먹어 들어가며 피해를 받은 신초는 끝이 꺾여 말라 죽으며 나무진과 똥을 배출하므로 쉽게 발견할 수 있다. 신초 뿐만 아니라 과실도 먹어 들어가는데, 어린과실의 경우는 보통 꽃받침 부분으로 침입하여 과심부를 식해하고, 다 큰 과실에서는 꽃받침 또는 과경 부분으로 먹어 들어가서 과피 바로 아래의 과육을 가해하는 경우가 많다. 피해받은 과실의 겉에 똥을 배출하는 점에서 복숭아심식나방과 구별할 수 있다.

4) 방제

성페로몬트랩에 발생최성기 유살수가 20마리 이상이면 방제를 고려하고 50마리 이상이면 반드시 방제해야 한다. 1세대는 발생최성기로부터 15일후, 2, 3세대는 7일후, 4세대 이상은 10일 후에 적용약제를 살포하여야 하며, 마을 단위의 공동방제가 효과적이다. 매년 피해가 많은 사과원은 봄철 나무줄기의 거친 껍질을 벗겨서 월동유충의 밀도를 줄이고, 적과 작업시 피해를 받은 신초를 잘라서 유충을 죽인다. 이 해충은 사과 외에도 배, 복숭아, 자두, 살구 등에도 많이 가해하므로 주변의 관리가 소홀한 포장이 비래원이 되지 않도록 주의한다.

11. 복숭아심식나방(*Carposina sasakii* Matsumura)
- 나비목, 심식나방과

복숭아심식나방 유충

복숭아심식나방 번데기

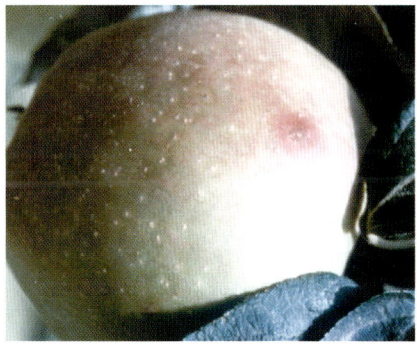
복숭아심식나방 과실 피해(침입구멍)

복숭아심식나방 과실 피해

1) 형태

성충의 몸색깔은 암갈색이며, 앞 가장자리에 구름모양의 흑갈색 무늬와 중앙보다 약간 아래에 광택이 나는 삼각형 무늬가 있다. 몸길이는 7~8mm이고, 날개를 편 길이는 12~20mm이다. 알은 주홍색 또는 적황색이며 납작하면서 둥글다. 유충은 몸길이가 12mm정도이고 몸통 가운데가 볼록한 편이며, 머리와 앞가슴 등판은 갈색이다. 과실 속에 있을 때는 유백색 또는 황백색이나 자라서 탈출할 때는 빨강색이 많아진다. 번데기는 방추형의 고치 속에 들어있는데 길이가 8mm정도이고 처음에는 엷은 황색이지만 점차 짙어진다.

2) 생태

사과, 복숭아, 자두, 모과 등을 가해하고 대부분은 1년 2회 발생하나 일부는 1회 또는 3회 발생하는 등 일정하지 않다. 땅 속에서 둥글납작한 겨울고치를 짓고 노숙유충으로 월동한다. 5~7월에 겨울고치에서 나온 유충은 방추형의 엉성한 여름고치를 짓고 번데기로 된다. 제1회 성충은 빠른 것은 6월상순에서 늦은 것은 8월상순까지 발생하며, 7월부터 8월중순 이전에 과실에서 탈출한 개체는 대부분 여름고치를 짓고 번데기로 되어 제2회 성충이 되나 이 중 일부는 겨울고치를 짓고 월동에 들어간다. 제2회 성충은 7월하순~9월상순에 발생하며, 발생최성기는 8월중순경이다. 극히 일부가 제3회 성충으로 8월말~9월중순에 발생한다. 알은 사과의 꽃받침 부분에 70~80%, 나머지는 주로 과경부에 산란한다. 부화유충은 실을 내며 과실 표면을 기어다니다가 과실 속으로 파고 들어가며, 약 20일 정도 지나면 노숙유충으로 과실에서 탈출하여 지면으로 떨어져 적당한 장소에서 고치를 짓는다.

3) 피해증상

부화한 유충은 바늘로 찌른 듯한 작은 구멍을 내고 과실로 들어가며, 여기서 즙액이 나와 이슬방울처럼 맺혔다가 시간이 지나면 말라붙어 흰가루처럼 보인다. 피해는 2가지 형태로 구분할 수 있다. 첫째, 과육 안으로 파고들어가서 먹는 유충은 과심부까지 들어가 종자부를 먹고 그 주위 내부를 종횡무진으로 다니므로 피해를 받은 과실은 전혀 먹을 수 없게 된다. 둘째, 과피 부분의 비교적 얕은 부분을 먹고 다니므로 겉면이 울퉁불퉁한 기형과로 되며, 유충은 점차 과심까지 가해한다. 노숙유충이 되면 과실 표면에 1~2mm의 구멍을 내고 나오나 겉으로 똥을 배출하지 않는다.

4) 방제

방제대책은 복숭아순나방과 동일하지만, 월동장소가 다르므로 월동충의 제거는 곤란하다. 피해를 받은 과실은 보이는 대로 따서 물에 담가 과실 속의 유충을 죽인다. 제1회 성충 발생이 6월중순경이므로 산란후 알이 부화하여 과실에 침입하기 전인 6월중하순경부터 10일간격으로 2~3회 전문약제를 살포하고, 제2회 성충은 8월중순부터 10일간격으로 1~2회 약제를 살포하는 것이 효과적이다. 성페로몬트랩을 이용한 발생예찰을 할 경우 성충발생 최성기에서 7~10일 후에 약제를 살포하는 것이 좋다. 복숭아순나방과는 달리 봉지에 의한 방제효과가 높은 편이다.

12. 애모무늬잎말이나방(*Adoxophyes orana* (Fischer von Roslerstamm))

- 나비목, 잎말이나방과

애모무늬잎말이나방 성충(표본)

애모무늬잎말이나방 성충

애모무늬잎말이나방 유충

애모무늬잎말이나방 번데기

1) 형태

성충은 몸길이가 7~9mm, 날개 편 길이가 13~22mm인 등황색 원형의 나방이다. 앞날개 중앙에 2줄의 선이 바깥쪽 사선으로 평행하게 나

있다. 알은 황색이고 100여개 정도를 무더기로 고기비늘 모양으로 낳는다. 유충은 길이가 14~22mm정도로 머리는 황갈색이고 몸은 연한 황록색이다. 번데기는 갈색이고 길이는 7~10mm정도이다.

2) 생태

1년에 3~4회 발생하고 나무 껍질 틈에서 유충으로 월동한다. 꽃봉오리가 피기 시작할 무렵에 월동한 어린유충이 잠복처에서 나와 눈을 먹어 들어간다. 잎이 전개되면 세로로 말고 그 속에서 가해한다. 유충의 크기는 작지만 식욕이 왕성해서 피해가 크며, 과실표면도 얕게 갉아먹어 상품성을 떨어뜨린다. 제1회 성충은 5월중순~6월상순에 나타나며, 제2회 성충은 6월하순~7월중순경, 제3회 성충은 8월상순~8월하순경에 나타나며, 제4회 성충은 9월하순~10월중순에 나타나나 발생밀도는 대체로 낮다.

3) 피해증상

봄철 사과나무의 발아기에 눈을 파고 들어가서 가해하고 꽃 및 화총을 뚫어서 가해한다. 여름세대는 신초 선단부 잎을 말고 들어가서 가해하며 과실의 표면을 핥듯이 가해하여 상품성을 떨어뜨린다. 특히 잎이 과실과 가까이 있을 경우에 피해가 많은 경향이다.

4) 방제

월동유충의 밀도를 잘 관찰하여 발생이 많으면 월동유충이 꽃눈으로 이동하는 시기인 발아기~개화전에 적용약제를 살포한다. 5월 이후는 성페로몬트랩에 의해 발생예찰을 실시하여 성충발생 최성기 7~10일 후에 약제를 살포하여 심식충류와 동시방제를 실시한다. 약제살포시는 도장지를 제거하여 약제가 상부와 내부까지 충분히 묻도록 살포한다. 잎말이나방류의 발생밀도를 낮추기 위해서는 신초의 신장을 일찍 멈추게 하는 것이 중요하며, 특히 적정 질소비료 시용으로 2차 신초 신장을 억제하는 것이 무엇보다 중요하다.

13. 사과무늬잎말이나방(*Archips breviplicanus* Walsingham)
• 나비목, 잎말이나방과

사과무늬잎말이나방 성충(표본)

사과무늬잎말이나방 성충

사과무늬잎말이나방 유충

사과무늬잎말이나방 번데기

1) 형태

 암컷 성충은 몸길이가 10mm정도, 날개 편 길이가 24~28mm이고 앞날개에 암흑색의 가느다란 선과 무늬가 많다. 앞날개의 양쪽 전연 끝이 뾰족하고 앉아 있으면 종 모양이 된다. 암컷의 얼룩무늬는 수컷보다 엷고 뒷날개의 바깥쪽이 등황색인 것이 특징이다. 알은 납작하고 담녹색 또는 녹색으로 고기비늘 모양으로 무더기로 낳으며 보통 200개

이상이다. 어린유충은 머리와 앞가슴등판이 흑색이고 몸은 담황색 또는 담녹색이다. 종령유충은 20~25mm에 달하며, 앞가슴등판은 전제적으로 흑갈색에서 중앙이 넓게 갈색 또는 황갈색까지 변이가 많다. 번데기는 흑갈색이며, 머리에 1쌍의 가시가 있고 배 끝에 규칙적인 갈고리가 원형으로 나 있다.

2) 생태

1년에 2~3회 발생하나 대부분은 3회 발생한다. 나무 껍질 밑, 분지부 등에서 엉성한 고치를 짓고 어린유충으로 월동한다. 월동 후 발아하는 눈이나 꽃 등을 가해한다. 제1회 성충은 5월중순~6월중순에 나타나며, 제2회 성충은 7월상순~7월하순, 제3회 성충은 8월하순에서 10월중순까지 발생한다.

3) 피해증상

봄철 사과나무의 발아기에 눈으로 파먹고 들어가서 가해하고 꽃 및 화총을 뚫어서 피해를 준다. 여름세대는 신초 선단부의 잎을 말고 들어가서 가해하며 과실의 표면을 핥듯이 가해하여 상품성을 떨어뜨린다.

4) 방제

월동유충의 밀도를 잘 관찰하여 발생이 많으면, 발아전 월동유충이 꽃눈으로 이동하는 시기에 전용약제를 살포한다. 5월 이후는 성페로몬 트랩에 의한 발생예찰을 하여 약제를 살포하며, 알에서 부화하는 시기가 방제적기이다. 약제살포시 도장지를 제거하여 약제가 수관 상부와 내부까지 충분히 묻도록 살포한다. 잎말이나방류의 밀도를 낮추기 위해서는 2차생장하는 신초의 신장을 빨리 억제시키는 것이 중요하다.

제7장
사과의 영양장애 및 대책

제7장 사과의 영양장애 및 대책

1. 양분 흡수

  비료 시용은 사과나무의 적절한 생장을 유지하고 과실의 수량을 높이고 품질을 좋게 하기 위해 이루어진다. 보통 질소는 위와 같은 특성에 가장 영향이 커서 대부분의 과수원에서는 매년 시용하게 된다. 다른 성분의 비료는 토양검정이나 식물체에 나타나는 증상이나 무기분석을 통하여 필요할 때 주게 된다. 사과나무는 다른 작물에 비하여 뿌리가 깊게 뻗고 있어 양분함량이 낮은 토양에서도 대부분의 적절한 양분을 흡수하고 있다. 예를 들어 대부분의 일년생 작물에게는 부족한 인산이 토양에 함유되어 있어도 사과나무는 잘 자란다.

  일년생 작물은 성숙한 전체 식물체를 분석하여 흡수 이용된 량을 측정할 수 있으나 사과나무가 일년에 요구되는 비료량을 산출하기는 쉽지 않다. 다년생 작물은 다음해까지 양분을 저장하고 있기 때문에 과수의 한해 필요양분은 과실이나 특정 식물체 부위의 양분의 량을 측정한다. 수확한 과실에 의해 성숙기 과수로부터 이용되는 양분의 량은 표 7-1에 제시하였다. 이 값이 비록 과수의 크기, 수령, 재식거리 등의 요인에 따라 다르지만 일년에 과수로부터 제거되는 양분의 량이라고 볼 수 있다. 성숙한 사과나무 잎은 1ha당 질소 46kg, 인산 3.2kg, 칼리 52.1kg, 칼슘 84.4kg, 마그네슘 17.6kg을 함유하고 있다. 1년 된 가지는 1ha당 질소 1.2kg, 인산 0.24kg, 칼리 0.49kg, 칼슘 2.5kg, 마그네슘 0.49kg을 함유한다. 사과나무의 크기나 수령 및 수확량에 따라 다소 차이는 있겠으나 보통 재배에서 산출된 이 값은 성숙한 과수의 일년에 필요한 양분의 량으로 이용해도 좋을 것이다. 과수는 뿌리와 마찬가지로 가지나 수간에 생장비대에 이용한 양분을 산출하기는 어려운 일이기 때문이다.

〈표 7-1〉 사과 과실 수확으로 일년에 제거되는 다량원소의 량

품 종	질소	인산	칼리	칼슘	마그네슘
	(kg/ha)				
딜리셔스	20.6	6.4	56.7	4.4	2.2
골든 딜리셔스	21.2	4.0	119.6	4.4	3.7

※ W. F. Bennett, 1993. 인용

2. 영양진단

 사과 과수원의 합리적인 경영은 품질이 양호한 과실을 격년결과 없이 매년 많이 생산하는 것이다. 그러기위해서는 식물체 내에 과부족되는 성분이 없이 항상 적당한 영양상태를 유지 하도록 비배관리를 잘해주어야 한다.
 수체의 영양 상태를 진단하는 방법은 잎의 색깔, 크기, 새 가지의 신장정도 등을 육안으로 보아서 하는 달관적인 방법도 있겠으나 이 방법은 오랜 경험이 없이는 매우 어렵다. 또한 일부 비료요소의 전형적인 과부족 증상을 제외하고는 그 증상의 원인이 혼동되므로 어느 성분을

어느 정도의 양으로 주어야 좋을지 결정하지 못하는 경우가 많다. 비료요소의 과부족에 의하여 유발되는 생리장애는 일단 증상이 나타나면 치유되는 데는 상당한 기간이 소요되고 특히, 과실에 증상이 나타나면 상품가치가 없게 되므로 사전방지에 주력하여야 한다.

사전방지를 위해서는 비료요소의 편중적인 시비로 인하여 다른 비료요소의 흡수가 억제되어 외관상으로는 영양상태가 정상인 것 같지만 계속하여 똑같은 편중 시비를 하면 생리장애가 유발될 우려가 있는 잠재적 생리장애를 미리 알아내야 한다. 잠재적 생리장애는 오랜 경험자의 달관조사로도 발견해 내기가 매우 어렵다.

그러므로 정확한 영양상태를 진단하여 잠재적인 생리장애를 예측하고 특정 비료요소의 과부족상태의 원인을 알아내기 위해서는 식물체의 일부를 채취하여 성분을 분석하고 그 식물체가 재배되고 있는 토양의 물리성과 화학성을 분석하여 검토해 보아야 한다. 따라서 영양진단이라고 하면 식물체 내 각종 비료요소의 함량을 측정하고 토양의 이화학성을 분석함으로써 식물체 내 비료요소의 과부족원인을 구명하여 적정시비량을 찾아내는 과정을 말한다.

비료요소의 과부족에 따른 식물체 내 양분변화는 잎에서 가장 민감하게 반응이 나타나므로 영양진단은 주로 엽 분석을 통하여 실시한다. 엽 분석을 위한 시료채취 시기는 신초생장이 정지되고 잎의 무기성분 농도의 변화가 적은 시기가 좋으므로 사과나무의 경우는 7월 하순~8월 상순이 채취적기이다. 시료채취방법은 조사과원의 대표적인 나무를 5~10주 선정하여 각 나무의 수관 바깥둘레의 눈높이에 있는 새 가지의 중간 부위에 있는 건전한 잎을 10~20매씩 도합 100매 정도를 채취한다.

〈표 7-2〉 사과엽의 무기성분 기준농도(품종 : 후지)

영양원소	기준 농도		
	부족	정상(표준치)	과다
N (%)	〈 2.07	2.49~2.92 (2.70)	3.34 〈
P (%)	〈 0.13	0.16~0.19 (0.17)	0.22 〈
K (%)	〈 0.57	1.04~1.51 (1.28)	1.98 〈
Ca (%)	〈 0.52	0.91~1.30 (1.10)	1.69 〈
Mg (%)	〈 0.16	0.26~0.36(0.31)	0.46 〈
B (ppm)	〈 7.7	27.6~47.4 (37.5)	67.1 〈

※ 원시연보. 1987. 과수편 p.50. 인용

〈표 7-3〉 사과 잎의 적정 양분농도 범위

영양원소	기준 농도		
	결핍	적정	과잉
질소 N,%	〈1.7	2.0-2.5	…
인산 P,%	〈0.13	0.15-0.30	…
칼리 K,%	〈1.0	1.2-1.9	…
칼슘 Ca,%	〈0.7	1.5-2.0	…
마그네슘 Mg,%	〈0.2	0.3-0.7	…
황 S,%	…	0.19-0.27	…
붕소 B, ppm	〈20	20-60	〉140
철 Fe, ppm	…	40-250	…
망간 Mn, ppm	〈25	25-150	〉300
몰리브덴 Mo, ppm	0.05	0.1-0.2	…
아연 Zn, ppm	〈15	15-200	…

※ W. F. Bennett, 1993. 인용

표 7-2는 후지 사과의 영양진단을 위한 기준치를 설정한 것이다. 이 기준치를 이용하면 다량원소 및 붕소의 과부족을 판단할 수 있다. 표 7-3은 외국의 경우로 몇 가지 품종의 사과나무 잎에 대한 다량원소와 미량원소의 무기성분 기준농도를 제시한 것으로 재배지역이나 재배방법 및 품종에 따라 약간의 차이가 있음을 감안하여 영농에 참고하시기 바란다.

3. 양분 결핍 및 과잉 증상과 대책

가. 질소(Nitrogen : N)

(1) 결핍 증상

사과나무의 질소 결핍 증상은 잎 크기나 신초 생장이 작고 잎 색은 연록색을 띠며 가을에 낙엽 되는 잎과 비슷하다. 색 변화는 반점 없이 잎 전체에 발생한다. 가지 아래 부위에 있는 오래된 잎과 결과 가지는 초기에 황화(chlorosis)되고 일찍 떨어진다. 새 가지는 가늘고 표피는 담갈색에서 점차 적갈색을 띤다. 과실은 작고 정상과 보다 빨리 성숙하며 과실모양이 나쁘고 낙과가 많아진다.

(2) 과잉 증상

질소 과잉은 과실 품질을 떨어뜨리고 나무를 연약하게 한다. 잎은 크고 짙어지며 가을 늦게까지 나무에 남아 있다. 가지 생장이 가을 늦게까지 계속되며 나무는 겨울에 해를 쉽게 받는다. 질소 과잉은 어린 사과나무의 과실 생산을 늦게 한다. 과일은 커지나 색이 나쁘고 성숙이 늦어진다. 과육은 덜 단단해지고 수확 후나 저장 중 과일을 빠르게 더 나쁘게 한다. 질소 과잉 사용은 칼슘의 흡수를 방해하여 과실의 고두병(bitter pit)이나 코르크화가 발생한다.

(3) 방제대책

질소를 계획적으로 사용하는 것이 가장 중요하다. 질소가 결핍되면 과실의 품질도 수량도 현저히 저하시키고 질소의 사용을 너무 많이 하면 잎이 무성하게 되고 개화 및 결실이 나쁘고 품질이 떨어진다. 퇴구비 등의 유기물을 사용하여 지력을 높여야 한다. 토양 중에 다량의 무기태질소가 있으면 작물은 과잉으로 흡수하고 반면에 부족하면 곧 잎이 황화하든가 생육이 나빠진다. 그러므로 작물에 필요한 적당량이 뿌리부근에 항상 있도록 해야 한다. 고형비료, 완효성비료, 피복비료 등을 만들어서 작물이 생장하는 동안에 계속 공급되도록 노력하고 있으나 쉬운 일은 아니다. 이 문제를 해결하는 데는 토양에 유기물을 사용해서 부식이 많고 지력이 높은 토양을 만들도록 하고 있다. 부식은 세균에 의해서 분해되어 작물에게 필요한 양분을 공급해 주게 되는데 지온이 올라가게 되면 세균의 활동이 왕성하게 되어 부식의 분해를 촉진시켜서 작물뿌리가 흡수할 수 있는 질소도 많아진다. 동시에 온도상승은 작물의 생육도 촉진시켜서 부식의 분해로 만들어진 질소를 적절히 이용하게 된다. 그러나 부식에서 나오는 질소만으로는 작물의 생육에 충분하지 못하므로 부족한 부분을 비료로서 적절한 시기에 공급하는 것이 품질이 좋은 농산물을 많이 수확하는 비결이 된다.

질소가 부족하여 사과나무 잎이 황화 증상이 나타나면 요소($CO(NH_2)_2$) 0.5% 액을 6~8월 사이에 2~3회 살포하여 준다. 사과나무에 $NaNO_3$, KNO_3 0.6%액을 사용하는 경우에는 약해가 발생할 수 있으므로 소석회 1/3~2배량을 첨가하면 약해가 줄어든다. 살포시기가 늦으면 과실의 착색이 나쁘게 된다.

나. 인산(Phosphorus : P)

(1) 결핍 증상

인산의 결핍증상은 보통 사과나무에서는 발생하지 않으나 시설재배 시 나무가 어릴 때 증상을 볼 수 있다. 인산 결핍 나무는 줄기생장이 느리고 개화가 늦어진다. 꽃눈 터지는 것이 늦고 착과상태가 나쁘다. 과실은 조기 성숙하고 기형화되며 황적갈색을 띠고 깨진다.

인산이 결핍한 나무의 잎은 짙은 녹색에서 자주색으로 진전되는 특성이 있는데 보통 주 잎맥과 그 주변이 뚜렷하게 나타난다. 가벼운 인산 결핍 나무 잎은 늦은 여름이나 가을까지 자주색을 보이지는 않는다. 만일 심하면 눈이 터진 후 바로 나타나게 된다. 인산 부족 잎은 정상 잎보다 작고 대개 똑바로 위를 향해 있으며 어린가지와 잎자루 사이에 좁은 각도로 자란다. 결핍이 진행되면 잎은 옅은 녹색이나 황색으로 변하며 오랜 잎은 일찍 떨어진다.

외관상 인산 결핍 증상은 잎 주변이 시들어 말라죽으며 잎의 크기나 잎 끝 신장이 줄어든다. 옹이(혹)가 있는 기형과가 생기고 비늘 모양(박편)의 껍질이 생기며 가지 끝이 말라 죽는다.

(2) 방제대책

인산이 부족한 경우 인산화합물을 0.5~1.0% 액으로 살포해 준다. 인산화합물의 엽면살포의 경우 살포액의 pH가 가장 중요한데 화합물별 적당한 pH는 NaH_2PO_4는 pH3 ~ 6, KH_2PO_4는 pH7 ~ 10, $NH_4H_2PO_4$는 pH3 ~ 10 이나, 잎에서 흡수량이 이 범위에서 크다. 그러나 잎에서의 인산흡수량은 질소나 칼리보다 적다. pH2 이하에서는 흡수는 많으나 과사가 생긴다. 인산화합물은 다른 것과 혼용하면 변화가 생겨서 효과를 감소시키므로 주의를 요한다. 전착제도 쓰지 않는 것이 흡수량이 많다. 그러나 포도당, 과당, 설탕(1 ~ 5%액)의 공존은 인산의 표면 흡수량을 현저히 증가시킨다. 또 인산비료를 시용하는 것도 빠른 효과를 볼 수 있는 방법이 된다. 밭토양이나 과수원토양에서는 인산이 토양에 직접 접촉하면 Fe이나 Al 등과 결합해서 불용성으로 되므로 퇴구비나 부식을 주로 한 토양개량제에 인산질비료를 섞어서 작물의 뿌리 가까운 곳에 줄뿌림 시용한다. 또 토양 중에 인산이 있어도 Mg가 부족하면 인산의 흡수가 나쁜 경우가 많다. 그러므로 인산을 추비할 때에는 그 토양에 Mg가 결핍하지 않은가를 조사해서 적으면 Mg 10 ~ 30kg/10a을 인산과 동시에 시용한다.

산성토양은 근본적인 개량이 필요하다. 토양이 산성이면 인산이 불용성으로 되어서 인산이 있어도 흡수되지 않는다. 따라서 작물에 적당한 토양반응이 되도록 하는 것이 인산의 비효를 높이는 근본적인 방법이다. 토양 중에 적당량의 Ca나 Mg이 있으면 Fe이나 Al이 인산과 결합하기 어렵게 되므로 인산의 흡수를 좋게 한다. 퇴구비를 시용하는 것이 좋다. 퇴구비를 시용하면 인산이 직접토양과 접촉하지 않게 되서 토양에 의한 인산고정을 적게 하고 뿌리를 건전하게 해서 인산의 흡수가 잘된다.

인산의 흡수 및 체내이동을 도와주는 요소에는 마그네슘이 가장 현저하고 그 외 Si, Ca, 질소도 약간 돕는 작용을 한다. 그러나 K, Fe, Zn, Cu 등은 인산흡수를 나쁘게 하는 요소들이다.

다. 칼리(Potassium : K)

(1) 결핍 증상

칼리 결핍은 보통 사과에서 흔히 나타난다. 칼리 부족 증상은 폿트재배에서 잘 나타나지만 포장에서는 칼리 시용하게 되면 거의 발생하지 않는다.

칼리 결핍 증상은 잎 주변이 말라 괴사하는 특성을 나타낸다. 잎 주변이 먼저 옅은 녹색을 띠고 후에 괴사하게 된다. 괴사 증상은 잎 가장자리에서 먼저 시작하고 중간 잎맥을 향하여 진전된다. 잎은 가장자리 괴사부분이 떨어져 찢어진 모양을 나타낸다. 증상은 잎 노화와 함께 진전된다. 잎의 괴사 증상은 전형적으로 아래 잎에서 먼저 발생하고 줄기 끝의 생장점 잎에서는 거의 나타나지 않는다. 결핍 정도가 가벼우면 늦은 계절에 발생하지만 심한 경우 일찍 발생된다. 칼리 결핍은 과실의 색을 나쁘게 하고 산도를 떨어뜨린다. 아직 칼리 과잉피해는 보고되지 않았으나 칼리 과잉은 마그네슘(Mg) 흡수를 저해하여 마그네슘 결핍 증상을 초래한다.

(2) 방제대책

칼리 결핍증이 나타나면 제1인산칼리(KH_2PO_4) 0.3% 수용액이나 황산칼리(K_2SO_4) 또는 염화칼리(KCl) 0.3~1.0% 수용액을 엽면살포 한다. 사질토양이나 부식이 적은 토양에서는 유실이 많으므로 분시횟수를 많게 한다. 가축분뇨 등을 많이 시용한 경우에는 칼리질 비료를 주지 말고 토양분석에 의해서 칼리함량을 조절한다.

토양에 석회와 마그네슘을 풍부하게 한다. Ca나 Mg함량이 적은 토양에서 칼리결핍이 발생하여 일시에 많은 량의 K를 시용하면 Mg결핍이 나타난다. 토양이 산성이면 질산화성균의 번식이 나빠서 시용한 암모니아가 질산으로 변하지 않기 때문에 칼리결핍이 나오기 쉽다. Ca와 Mg을 시용하는 것이 좋다. 그러나 무엇보다 중요한 것은 근본적으로 지력를 증진시키는 것이다. 칼리의 시용이 지나치면 Mg, Ca, 규산 등의 흡수가 억제된다. 칼리는 퇴구비 등을 시용함으로서 보급되므로 끊임없이 토양에 생고나 퇴구비를 시용해서 지력을 높이면 토양에 칼리가 축적되어 있어서 작물이 필요한 시기에 적당량이 흡수될 수 있도록 하는 것이 이상적이다.

라. 칼슘(Calcium : Ca)

(1) 결핍증상

칼슘 부족 증상은 폿트 재배한 어린 사과나무에서 칼슘 공급이 없으면 발생하는데 칼슘이 부족하면 빠르게 사과나무의 가지와 뿌리의 신장이 중지되고 가지 끝은 죽게 되며 살아 있는 뿌리는 비정상적으로 굵어진다. 칼슘 결핍증상은 생장점 부근의 잎 가장자리부터 잎맥 사이

조직으로 진전되는데 먼저 황화 되다가 결국은 괴사하게 된다. 잎맥은 자주색을 띠게 되는데 처음 가는 잎맥에서 먼저 나타나고 나중에는 큰 잎맥에 나타난다.

　이러한 잎에서의 증상은 좀처럼 포장에서 재배되는 나무에서 발생하는 경우는 적다. 그러나 과실의 칼슘 부족은 여러 가지 장애발생과 과실의 품질을 떨어뜨린다. 이러한 이유에서 사과나무에서의 칼슘 양분은 매우 중요한 원소이며 이에 대한 연구가 많이 이루어 졌다. 과실의 칼슘 결핍 증상은 씨가 쓴맛이 나고 코르크 반점과 내부 과육이 파괴되고 노화 되며 속이 수침된다.

그림 1. 사과 유목에서 수분결제 처리에 의한 칼슘 흡수 저해로 생장점 부위 잎의 선단부위가 황화되고 흑갈색으로 괴사되며 생장이 억제된다.

(2) 방제대책

　심한 결핍증상이 왔을 때는 먼저 엽면살포를 해 준다. 결핍증이 생기면 염화칼슘($CaCl_2$) 0.3 ~ 0.5%액이나 제1인산칼슘($CaHPO_4$) 0.3%액을 새로운 잎이 있는 부분에 여러번 엽면살포한다. 그러나 대부분의 원소가 목질부(도관), 체관부(사관)를 자유로이 이동 가능한데 반해서 칼슘은 목질부에서만 이동 가능하므로 칼슘의 엽면살포 효과가 나타나기 어려운 원인 중의 하나가 이 때문이다.

또 수분을 공급해 주거나 질소, 칼리의 시용량을 줄이는 것도 한 방법이 될 수 있다. 토양 중에 Ca가 있어도 토양수분이 부족하면 흡수가 현저히 저해된다. 그러므로 토양수분의 과부족이 되지 않도록 한다.

토양의 염류농도를 높지 않게 유지하여야 석회의 흡수를 촉진할 수 있다. 비료를 한번에 많이 주면 토양의 염류농도가 높게 되어서 석회의 흡수를 나쁘게 하므로 토양중의 비료농도가 높아지지 않게 여러 번 나누어서 시용할 필요가 있다.

토양에 석회가 과잉으로 있을 때는 토양을 산성으로 만들어 주는 것이 좋다. 알칼리성 토양이나 석회질비료를 시용하는 곳에서는 유안, 황산칼리, 염화칼리, 염안 등의 산성비료를 시용한다. 유황을 10a당 20kg정도 살포하고 잘 혼합한다. 물주는 횟수를 많게 해서 토양을 알칼리성으로 만드는 석회, 마그네슘, 칼리 등을 씻어 내리게 한다. 토양이 건조하면 이들 염류농도가 높게 되므로 짚이나 퇴구비를 표토에 덮어서 수분의 증발을 억제한다.

근본적인 대책으로는 첫째 각 작물별로 알맞은 토양 pH로 토양산도를 조절해 주는 것이다. 석회가 결핍하면 체내 세포액이 산성으로 되어서 각종 병해를 받기 쉽게 되고 뿌리의 세포분열이 정지된다. 토양이 산성으로 되기 때문에 알루미늄, 철, 망간, 아연 등이 용해되기 쉽게 되어서 이들의 과잉흡수 장애가 나타난다. 그러나 석회를 너무 많이 주면 토양이 알칼리성 쪽으로 변해서 철, 망간, 아연, 붕소 등이 용해되기 어렵게 되어 작물은 이들 원소의 결핍증을 보이게 된다.

다음에는 퇴구비를 사용하는 것이다. 토양 중에 부식이 많으면 토양이 건조해도 작물이 건조해를 받는 정도가 적고 비가 계속해서 내려도 습해를 받는 일이 적다. 이것은 부식이 토양입단의 형성을 좋게 하기 때문에 통수성과 통기성이 좋게 되고 보수력도 좋아지기 때문이다. 부식이 적은 모래땅에서는 산성의 화학비료를 주면 토양반응이 빨리 산성 쪽으로 변하고 반대로 석회질비료를 주면 빨리 중성 ~ 알칼리성으로 된다. 이러한 것은 한편으로 토양개량이 쉬운 것처럼 보이지만 실제로는 시비하기 어렵고 토양개량하기도 어렵다. 부식이 많은 토양에서는 산성토양을 개량하기 위해서 석회질비료를 사용해도 쉽게 산성이 교정되지 않지만 일단 산성이 교정되면 약간의 산성비료를 사용해도 빨리 산성으로 변하지 않는다.

(3) 사과 고두병 발생원인 및 대책

(가) 발생원인

사과의 고두병 발생원인에 대해서 칼슘이 관여한다는 것이 밝혀진 이래, 다른 반점성 장해와 칼슘과의 관계에 대한 연구가 계속되어 칼슘을 공급하면 기타의 다른 반점성 장해도 방지된다는 사실이 밝혀졌다. 과실 중 칼슘은 세포벽의 펙틴물질의 카르복실기와 결합하여 물에 불용성인 칼슘펙타이드를 형성하고 있는데, 칼슘이 부족하면 그 형성이 방해되어 세포벽사이에는 전분립이 축적된다. 이것은 칼슘부족에 의하여 전분이 당으로 가수분해 되는 과정이 저해되어 일어나는 현상이라 하여 칼슘부족은 고두병의 원인이 된다고 한다. 또한 질소, 칼리, 마그네슘 등의 성분은 칼슘흡수와 길항작용을 나타내서 장해발생을 촉진한다.

(나) 재배관리

강전정이 약전정보다 발생을 많게 한다. 세력이 강한 유목이나 생육이 좋은 결과지에 착과된 과실, 그늘속의 과실, 수확을 너무 빨리한 미숙한 과실 등에 발생한다. 생육전반기인 5~6월의 건조와 생육후기의 다습은 발생을 조장한다.

(다) 무기영양

질소 : 질소는 오래전부터 고두병을 일으키는 중요한 요인으로 알려져 왔다. 앞에서 말한 바와 같이 유목이나 강전정한 나무에서 발생하기 쉽다는 것은 질소가 과잉된 상태라고 볼 수 있다. 질소의 시비량이 많은 조건하에서는 잎의 질소함량이 높게 되어도 과실중의 칼슘함량이 낮아진다. 질소의 과다시비는 칼슘이 과실로 분배되는 것을 방해하는 요인이 된다. 특히 배수불량지에서의 질소의 과다시용은 고두병의 발생을 더욱 심하게 하는데, 과다시용에 의한 생육전반기의 과다흡수는 고두병의 발생을 증가시키는 요인이 된다. 특히 배수불량지에서의 질소과다는 고두병 발생을 더욱 심하게 한다. 또한 질소시용시기와 고두병의 발생율을 보면 〈표 7-4〉와 같이 5월초에 시용한 것은 33.3%나 발생하였으나 7월 하순에 시용한 것은 전혀 발생하지 않는다. 이러한 결과로 보아 질소의 과다시비에 의한 생육전반기의 질소의 과다흡수는 고두병 발생을 증가시키는 요인이 된다는 것을 알 수 있다.

칼리 : 질소공급을 증가시킨 경우에는 거의 전체 과실에 고두병이 발생하며, 질소를 줄이고 칼리를 증가시킨 경우에도 많이 발생한다. 이것은 칼슘과 길항작용 관계가 있는 칼리가 질소와 마찬가지로 고두병 발생을 증가시키는 중요한 요인임을 보여준다.

칼슘 : 사과 과실의 무기성분 흡수의 경시적인 변화를 보면 칼슘은 생육 초기에 흡수가 현저하나 후기에 과실중에 흡수되는 양은 다른 무기성분에 비하여 현저하게 낮다. 과육중의 칼슘생육초기에 다량 흡수된 후 과실이 비대함에 따라 7월부터 급격히 흡수가 감소하여 성숙기부터 수확기까지는 저농도를 나타낸다. 또한 과심부는 과육부보다, 후지/M9가 후지/M26보다 칼슘함량이 높다. 수경재배시 고두병의 발생은 칼슘 고농도구보다 저농도구에서 높고, 경와부보다 체와부에서 낮으며 저농도구의 체와부에서는 더욱 낮아 고두병 발생이 현저하다. 이것은 고두병이 체와부에서 많이 발생하는 이유를 명확히 보여주는 증거이다.

〈표 7-4〉 질소의 시용시기와 고두병 발생(山崎, 1964)

시용시기	엽내 질소함량 (%)				고두병 발생율(%)
	6월 7일	7월 14일	8월 19일	8월 25일	
5월 6일	4.32	3.28	3.50	3.37	33.0
7월 24일	2.43	1.88	3.13	3.24	0

〈표 7-5〉 수경액의 칼슘농도와 골덴데리셔스/M9의 고두병 발생

수경액의 칼슘농도(ppm)	고두병발생율 (%)	칼슘함량(DW, ppm)
15	12.5	과육상부 137 과육하부 83
115	2.7	과육상부 141 과육하부 101

(라) 방제대책

○ 질소 및 칼리의 시비제한

질소와 칼리는 칼슘의 흡수를 방해하는 길항작용을 한다. 그러므로 토양 중 칼슘이 다량으로 존재하더라도 질소와 칼리가 많으면 고두병 발생이 쉽게 된다. 따라서 질소와 칼리의 시비량을 줄이거나 발생이 심한 사과원에서는 과감히 2~3년간 무비료 재배를 한다.

○ 수세 및 착과량 조절

칼슘은 생육초기에 세포분열이 완성한 신초나 과실에 다량 이동 집적되므로 수세가 강한 나무에서는 잎과 과실간에 칼슘쟁탈이 일어나 과실에 칼슘축적이 어렵게 된다. 따라서 수세를 안정시키고 너무 큰 과실이 되지 않도록 착과량을 조절하는 것이 중요하다.

○ 칼슘의 공급

토양시용 : 석회를 토양에 충분히 시용하는 것이 근본적인 대책이다. 칼슘은 토양 중에서 이동이 어려우므로 깊이갈이를 하여 유기물과 함께 깊이 시용해주고 생육초기 건조시에는 물주기를 하여 칼슘의 흡수를 촉진해야 한다.

엽면살포 : 칼슘공급의 효과를 당년에 나타내려면 염화칼슘($CaCl_2$) 0.3~0.4%액을 수확 전 40경부터 5~7일 간격으로 3~5회 살포해주는 것이 좋다.

과실침지 : 수확한 과실을 염화칼슘($CaCl_2$) 2~4%액에 5~10분간 침지한 후 꺼내어 음건되면 저장고에 반입한다.

(농진청 홈페이지에서 인용)

그림 2. 세계일 품종에 발생한 고두병(bitter pit) 증상

(마) 쓰가루 품종의 Ca 결핍 생리장애 방지 효과

고두병 유사증상이 심한 경우에 수확 30일전에 염화칼슘($CaCl_2$) 0.3%액을 5일 간격으로 3회 살포하면 과실 내 칼슘의 함량(과피 내 : 관행 207, 엽면살포 572ppm)이 증대되어 저장 1개월 후 경도(관행 0.23, 엽면살포 0.38kg/5mm ø)가 무처리에 비해 높고, 유통 및 저장 중 발생하는 고두병 등과 같은 생리장애 발생이 감소된다. (관행 :

62.7%, 엽면살포 : 6.7%). 고두병에 대한 응급조치로는 0.3% 염화칼슘(CaCl₂)을 생육기에 4~5회 엽면살포하고 토양 내 석회를 시용하고 한발시 관수를 한다(표 7-7).

표 7-6. 수경액의 칼슘농도와 골든/환엽해당 의 고두병 발생

수경액의 칼슘농도 (ppm)	과실중의 칼슘함량 (DW, ppm)	고두병 발생률 (%)
15	96	19.2
115	122	2.1

표 7-7. 처리별 수확시와 수확 후 120일 저장시 고두병 발생율 (농시연보, 1970)

처 리	고두병 발생률 (%)			
	심	중	경	계
Ca(NO3)2 0.5% 5회엽면살포	4.08	2.47	7.36	13.91
CaCl2 0.5% 5회 엽면살포	1.26	1.33	7.94	10.52
소석회 시용(25kg/주)	1.52	1.26	8.48	11.26
무 처 리	14.98	8.53	12.60	39.48

마. 고토(Magnesium : Mg)

(1) 결핍 증상

사과나무의 마그네슘 결핍 증상은 많이 보고되고 있다. 잎에서의 증상은 먼저 오래된 가지나 단과지의 잎이 잎맥 사이가 색이 바래지며

점차 갈색으로 변한 후 결국 죽게 되고 괴사된 부분은 떨어지게 된다. 괴사된 부분은 점차 잎 가장자리로 진행된다. 이러한 증상은 모든 가지에서 동일하게 발생하지는 않는다.

마그네슘 결핍이 심한 나무는 잎이 일찍 떨어지고 단지 가지 끝에 있는 잎 몇 개만이 늦게까지 남아 있다. 심한 나무는 초기에 증상이 나타나고 전체적으로 9월 경에 잎이 다 떨어진다. 과실은 작고 품질이 나쁘며 조기 낙과된다. 마그네슘 부족은 잎 면적이 줄고 광합성량이 적어 과실에 위와 같은 현상이 일어난다.

마그네슘의 결핍증은 줄기의 아래쪽 잎부터 윗 쪽으로 올라가면서 잎맥사이가 황화 되는 것으로 심하면 갈변되어 낙엽 되는 증상이다. 홍옥, 골덴데리셔스, 인도와 같은 품종에서는 마그네슘결핍에 의해 엽맥간 황화현상이 나타나고, 국광 및 후지에서는 황변현상이 나타나지 않고 바로 엽맥간이 흑갈색의 변색부가 나타난다. 일반적으로 잎의 갈변은 8월중에 나타나며, 갈변증상이 넓어지면 낙엽 된다. 그러나 결핍이 심한 경우에는 6월 하순부터 엽맥간 황화가 일어나는 수도 있다. 결핍이 심한 나무는 수확기가 되어도 신초의 2차 신장이 많고, 과실은 작아지고, 붉은색 품종의 경우 색깔이 검붉게 되고, 지색이 어두워지며 과육에 푸른색이 남게 되어 착색이 대단히 불량하다. 사과원의 영양진단 결과 우리나라 과원의 경우 전반적으로 마그네슘이 부족한 상태로 결핍증상의 발생에 항상 유의하여야 한다.

그림 3. 사과 잎에서 마그네슘 결핍 증상은 쉽게 발견 할 수 있다. 사과나무의 줄기가 신장할 때 줄기의 아랫잎에서 잎 선단부터 황화되면서 심하면 잎 전체가 황화된다(좌). 봄철에 사과나무의 가지가 2차 신장을 할 때에 신장하는 부위의 잎 생장에 필요한 양분을 가지의 아랫잎으로부터 재전류되어 이용하게 되므로 이때 마그네슘 결핍이 쉽게 일어난다(우).

(2) 발생조건

마그네슘결핍은 유효토심이 얕고 하층에 모래자갈층이 있는 토양의 뿌리분포가 얕은 사과원에서 많이 발생한다. 지형적으로는 경사지의 배수가 양호한 곳에서도 발생하기 쉽다. 토양중에 마그네슘이 상당량 있어도 칼리의 함량이 많을 때 칼리가 마그네슘의 흡수를 방해하기 때문에 결핍증이 발생한다. 신개간지 토양 등 강산성토양에서는 마그네슘이 빗물을 따라 땅속 깊이 녹아 들어가므로 결핍되기 쉽다. 가뭄으로 토양이 건조하거나 공기의 유통이 나쁠 때에도 잘 흡수되지 못하므로 결핍증이 발생되기 쉽다.

(3) 방제대책

○고토비료의 시용

우리나라 토양의 대부분은 강산성이기 때문에 토양산성을 교정하고 동시에 마그네슘을 공급하기 위해서는 근본적으로 고토석회를 시용해야 한다. 고토석회는 마그네슘의 함량이 높은 마그네시아 석회 같은 것을 시용하는 것이 효과가 크다. 시용량은 고토함량에 따라 다르나 10a당 200~300kg을 깊이갈이를 하여 유기물과 함께 넣어 준다. 결핍증상이 나타나면 황산마그네슘을 물 10ℓ당 200g(2%)을 녹여서 6월 상순부터 7~10일간격으로 3~4회 엽면살포한다.

○ 칼리비료의 제한

칼리는 마그네슘의 흡수를 방해하는 길항작용 관계가 있으므로 칼리의 시용량을 10kg/10a정도로 줄이는 것이 좋다. 또 각종 화학비료의 과다한 시용은 토양을 산성화하고 석회와 마그네슘과 같은 염기를 땅속으로 용탈시키기 때문에 과다한 시비를 삼가 해야 한다.

○ 기타 관리

토양에 유기물을 충분히 공급해서 보수력과 보비력을 높여 주고, 건조시에는 관수를 하고, 하층토가 단단하거나 배수가 나쁠 때에는 깊이갈이 또는 배수처리를 해 주어 뿌리의 기능을 원활하게 해준다.

바. 황(Sulfur : S)

(1) 결핍 증상

황 결핍 증상은 사과나무에서는 거의 발생하지 않는다. 황 결핍은 토양 pH와 토성이 적합하지 않으면 발생하는 경우가 있다. 황 결핍 증상은 질소 결핍 증상과 비슷하게 잎이 황화 된다. 질소와 다른 점은 황

결핍 증상은 먼저 어린 잎에서 발생하고 황화 잎은 결국 가장자리가 괴사하게 된다. 심하면 나무 생장이 저하된다.

(2) 방제대책

유황의 결핍은 질소의 결핍과 눈으로 구분하기 어렵다. 유황결핍을 판정할 때 유안과 요소를 각각 시용해서 작물생육상태로 판정할 수 있는데 유안구의 생육이 좋아진다면 그 토양은 유황이 부족한 것이다. 결핍이 나타나면 유안이나 황산칼리 시용으로 엽색이 좋아지고 신장도 왕성하게 된다. 토양산성의 경우에는 산성비료의 시용을 피하고 알칼리성 비료나 중성비료를 시용한다. 석회질비료를 주고 과잉의 황산을 흘러 나가게 한다.

사. 철(Iron : Fe)

(1) 철 흡수

철은 과수나무의 수체내의 여러가지 효소 구성성분으로서, 이들 효소 가운데 특히 엽록소의 생성에 필수적인데 철이 부족하면 효소의 불활성화에 의하여 잎이 황화 또는 황백화 된다. 철은 광합성작용과 호흡작용 또는 뿌리의 음이온의 흡수 등에도 직접, 간접으로 관여 한다. 철은 우리나라 토양 중에 충분히 함유되어 있고, 산성토양에서는 그 용해도가 높아서 나무에 용이하게 흡수된다.

철은 붕소나 석회와 마찬가지로 수체 내에서 이동이 잘 되지 않아서 신초의 생장점에 가까운 어린 잎에서 철 결핍증이 발생한다.

(2) 결핍증상

철 결핍은 알칼리토양에서 쉽게 발생한다. 건조지역에서 현저하게 나타나며 뚜렷한 황화 양상을 보인다. 먼저 가지 끝에 있는 생장이 활발한 잎에서 발생하고 잎맥은 녹색을 띠나 잎 맥 사이 조직이 황화 되고 심하면 백화 된다. 괴사 부분은 잎의 가장자리나 내부 쪽으로 진전된다. 심하면 잎이 수확 전에 떨어지고 가지 신장이나 굵기가 작아진다.

철의 결핍 증상으로는 발육지의 생장이 왕성한 5월경 신초 선단부 잎이 엽맥 주위 엽록소는 그대로 있고 엽맥의 부분은 황백화하여 잎 전체가 그물처럼 보인다.

이 증상은 신초에 가까울수록 심하며, 잎에 다수의 갈색반점이 생기고, 신초의 생장이 중지되며 시간이 경과하면 낙엽이 되거나 가지가 말라 죽는다.

그림 4. 사과 성목에서 발생한 철 결핍 증상으로 새 잎이 담록색으로 되면서 잎맥의 구분이 뚜렷해 진다.

(3) 방제대책

철의 결핍은 과수원이 석회암 지대에 있거나 석회를 일시에 지나치게 많이 시용한 경우에 발생된다. 구리, 망간, 니켈 및 코발트 등 중금속 원소가 토양 중에 과다할 때 길항작용에 의하여 철의 흡수가 억제된다.

계분 등과 같이 인산이 다량 함유되어 있는 퇴구비나 인산질 비료를 다량 연용하여 토양 내 인산함량이 높은 경우 철이 인산에 의하여 고정되어 불용화되면 철결핍 증상이 일어나기 쉽다.

미량요소는 붕소와 같이 다량으로 요구하는 요소 외는 대부분 토양 내에서 사과나무의 생육에 필요한 양이 충분히 존재하여 비료로서 주지 않아도 되지만 토양관리가 미흡하여 물리·화학적 성질이 나빠지거나, 균형시비가 되지 못할 때, 나무는 생육에 필요한 양만큼의 영양분을 골고루 흡수하지 못하게 된다. 이러한 조건에서는 나무의 생리작용이 정상적으로 이루어지지 못할 뿐만 아니라 엽록소 형성이 저해되어 탄수화물의 합성능력이 떨어지게 되므로 결국 자람세가 좋지 못하고, 과실 품질이 떨어지며, 안정적인 수량도 확보할 수 없게 된다.

미량요소의 결핍 및 과잉장해를 예방하기 위해서는 작토층을 깊게 해 주고, 유기물을 시용하여 통기성, 보비력, 보수력 등 토양의 물리, 화학적 성질을 사과나무의 생육에 알맞도록 개량해 주어야 한다. 그러기 위해서는 연차적인 계획아래 땅을 깊이 갈아주고, 이때 퇴비나 기타 유기물들을 10a당 3,000kg정도를 석회를 함께 시용하여 토양의 성질을 개선해 주어야 하며, 관배수 시설을 하여 효과적으로 관리해야 한다.

응급대책으로 결핍 장해가 나타났을 때는 해당요소를 1주일 간격으로 2~3회 엽면시비하고, 수분관리에도 유의하여 흡수가 순조롭도록 해 주어야 한다.

석회과용으로 인한 철분결핍은 유기철(Fe-EDTA 또는 구연산철) 1kg을 물10ℓ에 녹여 수관 하부에 뿌린다.

배수불량지나 지하수위가 높은 곳은 배수시설을 한다. 응급조치로는 황산철 0.1~0.3%용액을 엽면시비 한다.

아. 붕소(Boron : B)

(1) 결핍 증상

붕소 결핍 현상은 세계 여러 곳에서 발생한다. 붕소의 결핍 증상은 가지 끝이 죽는데 늦은 여름에 잘 나타난다. 그러나 결핍이 심한 나무는 더 일찍 나타난다. 신엽이 먼저 약하게 황화 되고 잎 주변이 탄다. 피해 받은 나무의 꽃은 처음에는 정상적으로 피지만 곧바로 시들고 죽는다. 과일은 작고 기형이며 쪼개진다. 과육은 코르크화 되는 부분이 많아지는데 이 증상은 붕소를 시용함으로써 어느 정도 방지할 수 있다.

붕소결핍의 전형적인 증상은 우선 과실에 나타나며, 증상부위는 심식충류의 피해와 유사하다. 과육은 부정형으로 콜크화 된다. 홍옥에는 과피에 적갈색 내지 자색의 주근깨 모양의 얼룩이 생기고 약간 움푹하게 들어가며, 증상이 심하면 찢어진다.

붕소결핍의 정도가 심하게 되면 영양생장이 방해되어 신초고사증상을 일으킨다. 봄에 1년생 가지의 잎눈이 살아있으면서 늦게까지 발아하지 않고 잠자는 상태로 남아 있다. 정아는 싹이 터 나와도 잎이 작고 가늘게 되며, 잎가장자리가 말리고 담황색으로 되며, 황색의 반점이 불규칙하게 생기고 새순은 짧게 자란다. 또 새 가지의 곁순이 총생 현상을 나타내기도 한다. 1년생 가지의 표피가 매끈하지 않고 울퉁불퉁하게 거칠며, 칼로 표피를 벗겨보면 검게 죽은 조직이 섞여 있는 것을 볼 수 있다. 이와 같은 가지는 그해 여름~가을 동안에 말라 죽게 되며 살아남은 경우에는 표피가 터지고 거칠어져 적진병과 흡사한 증상을 나타낸다. 다음해 봄에 죽은 가지 아래쪽의 눈에서 새가지가 돋아난다.

그림 5. 사과나무의 붕소 결핍증상은 신초의 잎이 담록색으로 되고 작으며 잎자루가 짧으며 점차 황화 고사하고 생장점이 퇴화된다(좌). 사과나무에서의 붕소 결핍은 한발이나 수분 부족에 의하여 발생하는 경우가 많다. 증상은 새잎이 담록색으로 변하고 잎 끝이 황화 고사되며 생장점이 점차 퇴화된다(우).

(2) 발생조건

붕소결핍은 유효토층이 얕거나 모래 자갈층이 있는 토양, 신개간지, 경사지의 상부토양 등 건조하기 쉬운 사과 유목원에 발생이 많다. 그러나 최근에는 지하수위가 높은 과수원에서도 발생이 많은데 이것은 뿌리의 분포가 얕기 때문에 가물 때에는 토양건조의 영향을 받기 쉽다는 것을 나타내고 있다.

(3) 과잉 증상

봄에 신초나 잎은 정상적으로 생육하나 5월 하순~6월 초순경에 신초의 상부에 위치한 잎자루가 비정상적으로 비대하며, 황화 되고 잎자루 아래쪽 부분이 검게 된다. 잎은 뒤로 말리면서 처지게 된다. 이러한 잎은 손으로 건드리거나 바람이 불어도 엽병이 부러지면서 낙엽이 되어 6월 하순~7월 초순이 되면 신초만 앙상하게 남게 된다. 더욱 심하면 6월 중순부터 신초가 검게 고사한다.

우리나라의 토양은 화강암이 모재로서 붕소의 함량이 부족하므로 개원시 붕소를 시용(2~3년마다 붕소 3kg/10a)해야 한다. 그러나 너무 많이 시용하면 과다증상이 발생한다. 또한 과실 내 Ca함량이 부족하면 반점성장애(고두병, Cork spot, 홍옥반점병)가 발생하여 품질을 저해시킨다.

표 7-8. 붕소결핍원의 토양내 붕소함량과 식물체의 붕소함량

조사과원	토양내 붕소함량 (ppm)	식물체 붕소함량 (ppm)	
		엽	수 피
결핍원	0.18	17.1	21.0
정상원	0.37	32.8	31.7

표 8-9. 수경재배시 붕소시용 수준에 따른 사과의 엽병 만곡현상의 발생율 및 발생정도와 엽내 붕소함량 (원시연보 1977)

붕소수준 (ppm)	만 곡 엽 병		붕소함량 (ppm)
	발생율 (%)	발생정도	
0.5	0	0	75
4	3.3	+	209
8	61.5	++	347
12	62.3	++	393

※ 0 : 무, + : 약, ++ : 심

(4) 방제대책

우리나라 토양은 토양 내 붕소함량이 적고 너무 강산성이기 때문에 붕소결핍이 많은 것으로 생각된다. 토양이 강산성이면 토양중의 붕소가 가용성으로 변하여 쉽게 용탈되어 뿌리가 잘 흡수하지 못하게 된다. 대부분의 붕소결핍 토양은 강산성이고 유기물의 함량이 적으므로 붕소시용은 물론이고 석회를 시용하여 토양산도를 교정하고 퇴비를 많이 시용해서 토양의 보수력과 보비력을 높이는 것이 좋다. 붕소비료의 시용은 봄에 밑거름과 함께 수관하부에 뿌려주고 10cm정도 덮어준다. 붕소의 시용량은 10당 2~3kg을 2~3년마다 시용한다. 토양시용에 의한 효과는 다음해에 나타나는 것이 보통이므로 효과를 신속히 보기 위해서는 붕산 또는 붕사를 0.2~0.3%(물 20l당 40~60g)의 수용액을 만들어 나무 전체에 뿌려주며 붕소결핍증이 나타난 잎은 약해를 일으키기 쉬우므로 0.1%의 생석회(붕사의 반량)를 가용하여 약해를 줄이도록 한다. 붕사는 소량의 뜨거운 물에 녹인 후 적당량이 되도록 묽혀서 만든다.

붕소과다는 한해에 10a당 5~10kg의 과다한 붕소시용이나 매년 10a당 2~3kg의 붕소를 시용하는 경우에 나타나기 쉽다. 붕소가 함유된 2종이나 3종 복합비료의 첨가시용을 삼가하고, 붕소가 서서히 식물체에 흡수되도록 토양조건을 개선하고 토양의 pH는 6.0정도로 교정한다. 이러한 과다증상은 장마철이 되면 빗물에 의해 용탈되어 더 이상 진전되지는 않는다.

자. 아연(Zinc: Zn)

(1) 결핍 증상

아연 결핍은 사과원에서 가끔 관찰되기도 한다. 가장 보편적인 증상은 잎이 작거나 로젯화(총생) 되는 것이다. 작고 좁은 잎은 대개 가지의 끝에서 뚜렷하게 발생한다. 가지의 신장은 가지 끝의 잎이 작고 로젯화 되기 때문에 저하된다. 로젯화 된 잎의 뒤 잎은 보통 매우 작거나 없다. 잎은 증상이 뚜렷하지는 않으나 황화 증상을 보인다.

(2) 방제대책

0.3%황산아연($ZnSO_4$)에 생석회를 0.2~0.3%첨가해서 엽면살포 하든가 석회유황합제에 0.3%의 황산아연을 섞어서 살포한다. 아연도 망간이나 철과 마찬가지로 토양이 중성~알칼리성이 되면 흡수가 나쁘게 된다. 유안, 염화칼리 등의 산성비료를 주면 결핍증이 서서히 회복된다.

토양에 아연성분이 부족하면 황산아연을 시용한다. 아연을 토양에 주어도 토양이 알칼리성이면 불용성으로 된다든가 토양미생물에 고정되어 효과가 감소되는 일이 있다. 따라서 엽면살포로 응급조치하는 것이 좋다. 토양에 줄 때는 10a당 황산아연을 2kg이하로 해야 약해가 나타나지 않는다.

또한 유기물을 주는 것이 좋다. 아연은 각 작물에 상당히 많이 들어있으므로 퇴구비나 생고, 낙엽 등을 채소밭이나 과수원에 다량 주면 아연은 이들 속에 들어 있는 양에 의해서 충분히 공급된다. 그러나 인산을 너무 많이 주지 않도록 하여야 한다. 인산을 많이 주면 아연의 흡수가 저해되어 아연결핍이 생기기 쉽다. 과석과 같은 수용성 인산을 너무 많이 사용하지 말고 인산 시비량의 반 정도는 용인 같은 용성인산을 주는 것이 좋다.

토양이 산성이면 망간, 철 등과 같이 아연이 과잉 흡수되고 알칼리성이면 흡수가 감소한다. 광산지대의 토양에는 아연이 다량 오염되는 경우가 있다. 아연으로 오염된 토양에는 용인을 다량 주고 토양을 중성부근에 가깝게 하여 인산과 아연과의 복합체를 만들게 해서 작물에 의한 흡수가 방해되도록 하는 방법도 있으나 높은 농도로 오염된 경우는 새로운 흙을 넣어서 교환하는 것이 좋다.

차. 망간(Manganese : Mn)

(1) 결핍 증상

망간 부족은 잎의 황화를 유발한다. 처음은 잎의 가장자리에서 시작하여 안 쪽으로 진행된다. 잎 맥 부근의 잎 조직은 녹색을 띠며 철 부족에 의해 발생하는 증상과 비슷하다. 그러나 망간 결핍증은 보통 오래된 잎에서 먼저 시작한다. 황화 정도의 제한된 가벼운 망간 부족에서는 나무에 증상이 나타나지 않으나 심하면 생장이 완전히 멈출 수 있다.

(2) 과잉증상

줄기 껍질의 내부가 괴사한다. 어린 가지에 물집이 생기거나 금이 가고 껍질이 벗겨진다. 이러한 증상은 붕소 부족시에도 나타난다. 초기에는 어린가지의 껍질이 들려지고 내부는 갈색으로 변한다. 심한 가지는 활력이 떨어지고 결국 죽는다. 산성 질소질 비료 시용으로 토양 pH가 낮아지면 발생한다.

(농진청 홈페이지에서 인용)

그림 6. 사과나무에 발생한 적진병 : 조피증상

표 7-10. 수경재배시 Mn시용수준에 따른 사과 Delicious 품종의 적진병 발현정도 및 엽 중 Mn함량(Crocker, 1973)

Mn 농도 (ppm)	부족 Ca (53ppm)		정상 Ca (160ppm)	
	적진병발현정도	Mn (ppm)	적진병발현정도	Mn (ppm)
0	1.00	121	1.00	80
25	1.50	500	1.25	191
50	2.50	703	1.25	329
75	2.75	996	2.25	462
100	3.75	1,168	2.50	629

(3) 방제대책

토양 pH가 5.5이하가 되면 토양 중에 Mn이 Mn^{2+}의 형태가 되어 과잉 흡수되므로 적진병을 유발한다. 대책으로는 석회를 시용하여 토양 pH를 6.0정도로 조정하고 M26대목을 이용하여 재배하며 배수가 잘 되도록 한다.

사과의 생리장애 예방은 3~5년마다 영양진단을 실시하여 생리장애의 발생을 미리 막는 것이 바람직하다.

카. 구리(Copper : Cu)

(1) 결핍 증상

구리가 부족하면 맨 먼저 생장이 빠른 가지 끝의 잎에서 괴저현상이 일어나 시들고 잎은 결국 낙엽지고 가지 끝 부분이 죽게 되며 나무는 활력이 없다.

(2) 방제대책

결핍증이 보이면 0.2~0.4%황산동액에 동량의 소석회를 첨가 사용한다. 살포 농도는 보르드액에 준하여도 좋다.

광재, 부식, 미세석탄가루 등의 토양개량제에도 구리가 들어 있으므로 10a당 100~500kg을 시용하면 구리도 상당량 시용한 셈이 된다. 결핍증이 나타나지 않아도 황산동을 주면 토양조건과 작물에 따라서 효과가 있는 경우도 있고 피해가 나오는 때도 있으므로 구리의 시용에는 세심한 주의가 필요하다. 구리의 과잉으로 작물에 철 결핍이 나타나는 경우가 있다. 이때에는 철의 엽면살포가 효과적이다.

유기물을 주면 구리 과잉피해가 적어진다. 따라서 피해지에 퇴구비, 생고, 청예목초 등을 시용하고 동시에 석회질비료를 주어서 토양 pH를 6.5~7.0으로 유지하는 것이 좋다. 인산을 많이 주면 구리의 흡수가 다소 억제된다. 용인 등 인산질비료를 구리 과잉지역에 다량 시용하면 과잉해가 방지될 수 있다. 심경, 작토 교환 등도 구리 과잉피해를 적게 할 수 있다.

구리의 흡수와 체내이동을 도와주는 요소에는 칼리, 망간, 아연이 있고 구리의 흡수를 나쁘게 하는 요소에는 석회, 질소, 철, 인산 등이 있다.

타. 미량요소 결핍 및 과잉되기 쉬운 조건

사과나무에서 미량요소의 결핍에 의하여 생리장애가 발생하면, 정상적인 나무에 비하여 엽록소 생성이 불량하고 엽면적의 감소로 광합성 능력이 떨어지며 체내 대사에 지장이 생겨 수세가 불안정해지고 꽃눈 분화수가 적어지므로 안정적인 결실을 기대하기 어렵다. 그러므로 그

장해 양상을 정확히 진단하여 응급대책을 세움과 동시에 그 발생 요인을 여러가지 면에서 종합적으로 분석하여 근본적인 대책을 강구해야 한다.

(1) 유효 토심이 낮은 사과원

심경이나 유기물 시용을 하지 않고, 부초만으로 관리하는 사과원은 뿌리가 지표 부근에만 분포되어 있으므로 토양 내에 존재하는 영양분, 특히 미량요소들을 충분히 이용할 수 없다. 또 가뭄으로 토양이 건조하거나 장마로 과습상태가 계속될 경우도 뿌리 분포가 얕은 사과나무는 뿌리의 활력이 떨어져 필요한 만큼의 영양분을 흡수하기 어렵다. 특히 경사지 청경재배 과수원에서는 토양의 유실이 많아 유효토심이 낮아지고, 염기도 함께 유실되어 토양이 산성화되기 쉬우므로 이로 인한 영양분의 흡수도 크게 지장을 받는다.

(2) 석회를 시용하지 않거나 일시에 과다 시용할 때

석회시용은 토양반응의 교정과 식물 영양적인 면에서 고려되어야 한다. 사과나무는 pH 5.8~6.5인 미산성에서 약산성 범위에서 잘 자란다. 토양이 산성화하면 인산이 토양에 고정되어 부족되기 쉽고, 철, 망간, 아연, 구리 등은 과다하게 녹아나와 과잉 장해를 일으키거나 칼슘, 마그네슘과 같은 염기와 붕소 등과 함께 강우시 지표위로 흐르는 물을 따라 유실되거나 토양 중으로 용탈되는 양이 많아져서 결핍되기 쉬운 등 pH는 토양 중 양분의 유효도에 끼치는 영향이 크다. 산성토양에서 망간 과잉에 의한 적진병 발생은 잘 알려져 있다.

산성토양을 개량하기 위해서는 석회를 시용해야 한다. 적정 토양산도로 교정하는데 소요되는 석회량이 많더라도 1회 시용량은 사질토양에서는 300평당 200~300kg, 점질토양에서는 400kg이상은 시용하지 말아야 한다. 한꺼번에 많은 양의 석회를 시용하여 토양 반응이 일시적으로 알카리성이 되면 토양수 중에 녹아 나오는 미량요소들의 양이 적어지기 때문에 결핍이 초래되는 수가 있다.

(3) 시비가 부적절한 경우

특정 성분이 함유된 비료를 과다하게 시용하거나, 적게 시용할 경우 비료 요소간의 상호 작용에 의하여 장해가 유발되는 경우가 많다. 특히 질소 비료가 과다하여 새 가지의 자람이 왕성하면, 칼슘(Ca), 마그네슘(Mg), 철(Fe), 망간(Mn), 아연(Zn), 붕소(B) 등의 미량요소들이 토양 내에 충분히 있더라도 식물체내에서 이동이 잘 안되기 때문에 새가지 선단부는 결핍증상이 나타나기 쉽다. 또한 요소간에도 흡수와 이동을 서로 도와주는가 하면 서로 억제하는 작용이 있다.

인산질 비료를 과다하게 시용한 경우는 아연 결핍장해가 발생되고, 철과 망간은 서로 한 요소가 과잉 흡수될 때 다른 요소의 흡수를 억제하여 결핍 장해를 유발하며, 석회(칼슘) 시용량이 많을 때는 칼리(K)흡수가 억제 되는 등의 작용이 있으므로 시비기준을 참고하여 필요로 하는 양만큼 시비되도록 노력해야 한다.

(4) 토양이 건조하거나 과습한 경우

토양이 과도하게 건조하면 토양 내에 있는 수분의 양이 적어지기 때문에 그 중에 녹아있는 영양분은 농도는 상대적으로 높아져서 흡수할 수 없게 될 뿐만 아니라 농도 장해를 일으키게 된다. 또한 장마시와 같이 토양에 수분이 많은 상태로 오래 지속될 경우는 뿌리의 호흡작용이 억제되어 영양분을 흡수하는데 필요한 에너지를 얻을 수 없고 뿌리자체가 가지고 있는 탄수화물도 생존하기 위해 무기호흡기질로서 많이 소모하게 되므로 결국은 영양이 부족되어 뿌리자체도 죽게 된다. 따라서 토양수분을 적절히 유지하는 것도 생리장애를 방지하는 수단이 된다.

4. 유해가스 종류에 따른 과수의 피해

주요 과수의 대기오염물질에 대한 감수성은 과수의 종류 및 오염물질 종류에 따라 서로 다르게 나타난다. 피해발생 정도에 미치는 요인들로는 과수의 수령, 엽령, 수세, 광도, 기온, 풍향 및 토양조건 등 여러 인자들이 관여하는 것으로 알려져 있다. 일반적으로는 생장주기별로 개화기가 가장 약하고 광합성이 활발한 조건에서 피해에 민감한 것으로 알려져 있다. 상대적으로 저온이나 고온·건조 및 암조건 하에서는 저항성이 증대된다.

기존 문헌에 따르면 아황산가스(SO_2)의 경우에는 사과와 배가 감수성이 비교적 크고 감귤이 저항성이 큰 것으로 보고되어 있다.(김 등, 1998)

과수의 아황산가스 감수성 정도

과수 종류	감수성	비 고
사과	1.8	
포도	2.2-3.0	
배	2.1	아황산가스 1.25ppm을 알팔파에 1시간
복숭아	2.3	접촉시켜 최초 피해발생을 1.0으로 기준
살구	2.3	
감귤	6.5-6.9	

(Michael 등, 1970)

불화수소가스에 대한 과수의 감수성 정도는 포도, 복숭아 및 살구가 감수성이 크고 배가 저항성이 상대적으로 큰 것으로 알려져 있다. 또한, 같은 종류의 과수에 있어서도 품종에 따라 피해 정도가 다르게 나타나며, 잎과 열매에 따른 차이도 있다.

그 외 황화수소가스에 대해서는 사과나무가 저항성이 있는 것으로 알려져 있다.

과수의 불화수소가스 감수성 정도

감 수 성	중 간 성	저 항 성
포도(Oregon) 복숭아(과일) 살구(Chinese and Royal)	포도(Concord) 포도열매 복숭아(잎) 살구(Moorpark, Tilton) 사과(Delicious)	배 감귤

(권과 정, 1980)

수목의 염소가스 감수성 정도

감 수 성	중 간 성	저 항 성
사과 밤나무	포도 복숭아 소나무	솔송나무

(Heck, 1970)

사과나무에 0.5ppm의 아황산가스를 접촉시켰을 경우에 나타난 피해증상으로 잎이 적갈색으로 변하였다.

사과나무 잎의 암모니아가스 피해증상으로 잎맥 사이가 적갈색으로 변하며, 잎이 변형되고 심하면 잎 선단부터 고사된다.

사과 과수원 중심부에 하수종말처리장 폐수로가 지나가면서 피해가 발생한 사례로서 과수원 토양으로 유입된 폐수로 인해 사과나무 뿌리가 부패됨에 따라 사과나무 전체가 고사하였다.

그외 유용한 자료들

그외 유용한 자료들

이 자료는 저자분들과는 상관없이 한국농업정보연구원이 작물재배에 유용하다고 판단되는 자료들을 모아놓은것입니다.

● **금 정 원 (주)**
www.kumjungwon.com

인산질비료, 골분, 어분 생산 전문업체.
충남 연기군 서면 신대리 428번지
주문전화 : 041-864-7186
　　　　　017-252-7186, 011-9161-5415

최고최량(最高最良)을 지향하는 기업!!
● **주식회사 대 유**
www.dae-yu.co.kr

최대(最大)가 아닌 최고최량(最高最良)이 대유의 기본경영이념!!
FTA외국농산물 수입급증!! 경쟁에서 이길 수 있는 확실한 대안!! 대유셀레늄 · 대유유기게르마늄액제는 품질+안전성+기능성농산물생산에 필수적인 농자재로서 농산물에 살포하여 섭취하면 농가소득증대는 물론 국민건강증진에 이바지 할수 있는 자연친화적인 제제이다.
서울 강남구 청담2동 31-19
문의전화 : 02-556-6293

● **한국삼공(주)**
www.30agro.co.kr

21C 한국 농약산업의 뉴리더-
한국삼공의 모든 제품은 폭넓은 노하우와 첨단설비를 통해 생산됩니다. 사과에는 **라이몬**, 포도에는 **빅카드** 제품이 유명합니다.
서울 용산구 한강로 3가 40-883
주문전화 : 02-2287-2930

● **유 일(주)**
www.yooill.co.kr

새로운 시대적 요구에 부응하여 친환경 농업자재 및 특수기능성자재의 연구개발로 과학적인 영농을 위한 제품개발을 통해 책임있는 농업자재를 생산 · 제조하여 농업인의 소득증대에 기여하고자 하며 항상 농업인과 함께 성장할 수 있도록 최선을 다 하겠습니다.
서울 종로구 숭인동 1385 대경빌딩2층
주문전화 : 02-2237-1565

● **홍원바이오아그로**
www.hwbiovital.com

유기농과 무농약 작물재배를 위한 국내 최초로 효모액상비료인 바이오비탈과 항균 및 기피효과의 생약제재인 심마니 골드를 생산 보급하고 있습니다.
충남 금산군 추부면 비례리 156-3
주문전화 : 041-753-7177

농약회사별 최신 사과 농약 혼용가부표

주 의 사 항

이 혼용가부표를 참고하시되 매년마다 변경 될 수 있으니 주변의 농약판매상이나 농협의 농약담당자, 기술센터의 지도사등과 함께 꼭 상의하시고 참고하시기 바랍니다. 이 자료를 사용하시면서 발생되는 문제에 한국농업정보연구원은 책임을 지지 않음을 알려드립니다.

1. 동부하이텍(주)

서울 강남구 대치동 891-10 동부금융센터
주문전화 : 02-3484-1500

www.dongbuhitek.co.kr

사과 권장 농약명 및 사용법

농약명	적용병해충	사용적기	물 20ℓ당 사용약량	안전사용기준
매카니 입상수화제	탄저병	6월 상순부터 10일 간격	20g	-
알타코아 입상수화제	사과굴나방	발생초기 10일 간격 2회	10g	-
	복숭아순나방	발생초기 7일 간격 2회		

〈혼용가부표 −2008년 기준〉

구분	약제명	살균제	살충 · 살비제
살균제	다이센엠45 (더센엠)(수)	후론사이드(수),바리톤(수),바이코(수),동부캡탄(수),톱네이트엠(수),베푸란(액),동부포리옥신(수),독무대(액),엄지(수),에이플(입상),흥이나(수),동부베노밀(수),카자테(입상),동부가벤다(수),골고루(수),새시로(수),호리쿠어(유),카리스마(수),홀펫(수),트리후민(수),헥사코나졸(액상),타로만(수),보가드(입상),삼진왕(미탁),크린타운(수),프린트(액상),금모리(액상),싱그롱(액상),매카니	섹큐어(액상),살비왕(액상),송골매(수),트레본(수),강탄(수),테디온(유),프릭트란(수),페로팔(수),방패단(유탁),더스반(수),디프록스(수,액),호리마트(액),알칸스(유),코니도(수),동부나크(수),동부메소밀(액),그물망(수),구사치온(수),독무대(액),피레탄(유),스타터(수),첨병(유),바이린(유),질풍(수),길목(수),델타네트(수),적시타(수,유),데시스(유),노몰트(액상),다니톨
	동부베노밀 (정밀베노밀)(수)	두존(수),동부포리옥신(수),안트라콜(수),동부옥시동(수),엄지(수),톱네이트엠(수),후론사이드(수),신바람(수),베푸란(액),동부포리캡탄(수),골고루(수),새시로(수),흥이나(수),다이센엠45(수),동부훼나리(유,수),부티나(액상),헥사코나졸(액상),시스텐엠(수),시스텐(수),쓸마내(수),카리스마(수),인다센(수),크린타운(수),트리후민(수),비온엠(수),파리사드(액상),푸르겐(수),싱그롱	트레본(수),코니도(수),동부디디브이피(유),스타터(수),강탄(수),동부나크(수),송골매(수),호리마트(액),피레탄(유),섹큐어(액상),살비왕(액상),테디온(유),알칸스(유),동부기계유(유),타스타(수),프릭트란(수),방패단(유탁),첨병(유),독무대(액),디프록스(수,액),바이린(유),베로존(수),디밀린(수),알시스틴(수),델타네트(유,수),수프라사이드(유),노몰트(액상),다니톨(유,수)
	동부훼나리(유)	골고루(수),신바람(수),동부베노밀(수),동부캡탄(수),동부포리옥신(수),안트라콜(수),새시로(수)	살비왕(액상),디프록스(수),더스반(수),동부디디브이피(유),송골매(수),페로팔(수),첨병(유),피레탄(유),동부메소밀(액),아크라마이트(액상),코니도(수),호리마트(액),데시스(유),수프라사이드(유),알칸스(유),아타라(입상),올스타(수),보라매(액상),타스타(수),피라니캐(수)
	바이코(수)	에이플(입상),다이센엠45(수),안트라콜(수),신바람(수),동부캡탄(수),톱네이트엠(수),동부포리옥신(수),적토매(수),동부옥시동(수),	섹큐어(액상),살비왕(액상),프릭트란(수),테디온(유),오신(수),페로팔(수),방패단(유탁),첨병(유),코니도(수),강탄(수),구사치온(수),송골매(수),

구분	약제명	살균제	살충·살비제
살균제		부티나(액상),동부가벤다(수),벨쿠트(수),삼진왕(미탁),크린타운(수),파리사드(액상),프린트(액상),헥사코나졸(액상),푸르겐(수),매카니(입상),귀품(액상),카브리오(유)	스타터(수),더스반(수),트레본(수),동부메소밀(액),피레탄(유),호리마트(액),독무대(액),지존(액상),세티스(입상),수프라사이드(유),알시스틴(수),화스탁(유),적시타(유),밀베노크(유),질풍(수),톱단(유),바이린(유),사란(액상)
	싱그롱(액상)	후론사이드(수),베푸란(액),에이플(입상),삼진왕(미탁),프린트(액상),벨리스플러스(입상),다이센엠45(수),포리람(입상),동부캡탄(수),델란(액상),톱네이트엠(수),베노밀(수),모두존(수),부티나(액상),호리쿠어(유제),카자테(입상),귀품(액상),매카니(입상)	트레본(수),송골매(수),디디브이피(유),코니도(수),살비왕(액상),섹큐어(액상),카스케이드(분상성액)
	안트라콜(수)	에이플(입상),바이코(수),동부캡탄(수),바이피단(수),동부포리옥신(수),동부베노밀(수),베푸란(액),엄지(수),카자테(입상),동부훼나리(유),카리스마(수),홀펫(수),톱네이트엠(수),골고루(수),바리톤(수),흥이나(수),부티나(액상),프린트(액상),푸르겐(수),델란(수),매카니(입상),귀품(액상),듀팩(액),벨쿠트(수),프린트(액상),굳타임(수),로브랄(상),실바코(수),아싸유황(액상),에스엠가벤다	알칸스(유),섹큐어(액상),프릭트란(수),페로팔(수),테디온(유),구사치온(수),그물망(수),바이린(유),동부나크(수),스타터(수),토쿠치온(수),트레본(수),코니도(수),디프록스(수,액),동부메소밀(액),송골매(수),방패단(유탁),살비왕(액상),오신(수),피라니카(수),응애단(유,액상),데시스(유),적시타(유),알시스틴(수),독무대(액),질풍(수),수프라사이드(유),델타네트(수,유),사란(액상)
	엄지(수)	흥이나(수),다이센엠45(수),안트라콜(수),동부캡탄(수),후론사이드(수),델란(수),동부베노밀(수),에이플(입상),부티나(액상),동부포리옥신(수),호리쿠어(유),푸르겐(수),매카니(입상),귀품(액상),부라마이신(수)	지존(액상),세티스(입상),코니도(수),첨병(유),동부포스팜(액),피레탄(유),오신(수),더스반(수),동부디디브이피(유),바이린(유),송골매(수),스타터(수),트레본(수),동부메소밀(액),호리마트(액),살비왕(액상),섹큐어(액상),프릭트란(수),데시스(유),이피엔(유),델타네트(유),스미사이딘(유),타스타(수),디밀린(수),페로팔(수),피라니카(수),사란(수),정벌대(액상),스튜어드골드(액상)

구분	약제명	살균제	살충·살비제
살균제	에이플(입상)	모두존(수), 바이코(수), 톱네이트엠(수), 새시로(수), 적토마(수), 골고루(수), 동부옥시동(수), 동부포리옥신(수), 안트라콜(수), 엄지(수), 다이센엠45(수), 베푸란(액), 신바람(수), 부티나(액상), 카자테(입상), 호리쿠어(유), 푸르겐(수), 싱그롱(액상), 매카니(입상), 귀품(액상), 듀팩(액), 리버티(수), 아큐라(입상), 초우크(수), 쎄라코이프로(수), 사천왕(수), 스코어(액상)	피레탄(유), 더스반(수), 동부디디브이피(유), 코니도(수), 살비왕(액상), 세티스(입상), 트레본(수), 리무진(캡슐), 섹큐어(액상), 피라니카(수), 송골매(수), 첨병(유), 프릭트란(수), 지존(액상), 칼립소(액상), 알칸스(유), 오신(수), 페로팔(수), 방패단(유탁), 호리마트(액), 사란(수), 노몰트(액상), 정벌대(액상), 스튜어드골드(액상), 알타코아(입상), 바로확(수), 디디브이피(유), 주렁(유), 충다운(수), 충모리
	호리쿠어(유)	베푸란(액), 엄지(수), 다이센엠45(수), 동부포리옥신(수), 신바람(수), 동부옥시동(수), 에이플(입상), 후론사이드(수), 부티나(액상), 동부훼나리(수), 싱그롱(액상), 매카니(입상), 귀품(액상)	송골매(수), 트레본(수), 강탄(수), 섹큐어(액상), 첨병(유), 독무대(액), 방패단(유탁), 살비왕(액상), 스타터(수), 오신(수), 알칸스(유), 피레탄(유), 지존(액상), 세티스(입상), 정벌대(액상), 스튜어드골드(액상)
	후론사이드(수)	모두존(수), 다이센엠45(수), 동부베노밀(수), 엄지(수), 골고루(수), 호리쿠어(유), 부티나(액상), 카리스마(수), 프린트(액상), 푸르겐(수), 델란(수), 싱그롱(액상), 매카니(입상), 귀품(액상), 벨쿠트(수), 델란(액상), 바이칼(유탁), 비온엠(수), 삼진왕(미탁), 스칼라(수), 아미스타(수), 아테미(액), 유닉스(입상), 아큐라(입상), 초우크(수), 사천왕(수), 나티보(액상), 스트로비(액상), 카브리오에이(입상)	디프록스(수, 액), 토쿠치온(수), 더스반(수), 트레본(수), 코니도(수), 피레탄(유), 강탄(수), 독무대(액), 페로팔(수), 동부디디브이피(유), 송골매(수), 섹큐어(액상), 살비왕(액상), 구사치온(수), 방패단(유탁), 프릭트란(수), 알칸스(유), 첨병(유), 동부파프(유), 동부메소밀(액), 지존(액상), 세티스(입상), 리무진(캡슐), 오신(수), 토큐(유), 알시스틴(수), 질풍(수), 보배단(수), 데시스(유), 산마루(수)
살충제	더스반(명사수)(수)	모두존(수), 후론사이드(수), 에이플(입상), 흥이나(수), 적토마(수), 베푸란(액), 동부포리옥신(수), 바리톤(수), 부티나(액상), 바이코(수), 동부훼나리(수, 유), 엄지(수), 동부포리캡탄(수), 다이센엠45(수), 신바람(수), 동부캡탄(수), 새시로(수), 톱네이트엠(수), 동부가벤다(수), 바이피단(수), 홀펫(수), 모두랑(액상), 벨쿠트(수), 카리스마(수), 삼진왕(미탁), 실바코(수), 크린타운(수), 파리사드(액상)	알칸스(유), 구사치온(수), 디프록스(수, 액), 호리마트(액), 피레탄(유), 동부디디브이피(유), 트레본(수), 코니도(수), 오신(수), 페로팔(수), 동부나킨(수), 바이린(유), 동부포스팜(액), 섹큐어(액상), 방패단(유탁), 살비왕(액상), 프릭트란(수), 리무진(캡슐), 이피엔(유), 데시스(유), 사란(액상), 보라매(액상), 아크라마이트(액상), 칼립소(액상), 피라니카(수), 응애단(액상), 라이몬(액상), 로드(수)

구분	약제명	살균제	살충·살비제
살충제	동부포스팜(액)	골고루(수),흥이나(수),바리톤(수),새시로(수),엄지(수),가벤다(액상),헥사코나졸(액상),델란(수,액상),델란티(수),푸르겐(수),트리후민(수),다이센엠45(수),동부베노밀(수),바이코(수),샤프롤(유),스칼라(수),시스텐(수),시스텐엠(수),실바코(수),아미스타(수)	알칸스(유),더스반(수),동부나크(수),동부디디브이피(유),페로팔(수),디프록스(수,액),피레탄(유),호리마트(액)
	리무진(캡슐)	에이플(입상),후론사이드(수),동부캡탄(수),모두존(수),베푸란(액),푸름이(액상),시스텐엠(수),해비치(입상),아미스타(수),귀품(액상)	오신(수),스타터(수),송골매(수),코니도(수),더스반(수),동부나크(수),지존(액상),수프라사이드(유),정벌대(액상),스튜어드골드(액상),쎄라코그로프(수)
	바로확(수)	에이플(입상),후론사이드(수),푸름이(액상),시스텐엠(수),삼진왕(미탁),엄지(수),해비치(입상)	코니도(수),오신(수),세티스(입상),지존(액상),살비왕(액상),아타라(입상)
	선두(액상)	매카니(입상),귀품(액상)	정벌대(액상), 스튜어드골드(액상)
	세티스(입상)	실바코(수),동부포리옥신(수),푸르겐(수),다이센엠45(수),골고루(수),안트라콜(수),베푸란(액),시스텐엠(수),아미스타(수),후론사이드(수),엄지(수),동부베노밀(수),새시로(수),델란(수,액상),홀펫(수),바이코(수),호리쿠어(유),에이플(입상),귀품(액상)	피레탄(유),더스반(수),데시스(유),미믹(액상),수프라사이드(유),명궁(유),주움(액상),호리마트(액),가네마이트(액상),밀베노크(수),지페트(액상)피라니카(유),페로팔(수),트레본(수),메프치온(수,유)정벌대(액상),스튜어드골드(액상),알타코아(입상),바로확(수)
	섹큐어(액상)	에이플(입상),카자테(입상),베푸란(액),신바람(수),안트라콜(수),동부베노밀(수),바리톤(수),바이코(수),후론사이드(수),동부포리옥신(수),다이센엠45(수),동부옥시동(수),엄지(수),동부포리캡탄(수),동부캡탄(수),톱네이트엠(수),골고루(수),흥이나(수),동부훼나리(수),새시로(수),호리쿠어(유),적토매수),부티나(액상),모두존(수),벨쿠트(수),삼진왕(미탁),스포르곤(수),모두랑(액상)	코니도(수),트레본(수),더스반(수),강탄(수),오신(수),스타터(수),송골매(수),살비왕(액상),첨병(유),동부메소밀(액),데시스(유),아타라(입상),타스타(수)

구분	약제명	살균제	살충·살비제
살충제	송골매(수)	에이플(입상),흥이나(수),후론사이드(수),엄지(수),안트라콜(수),다이센엠45(수),동부훼나리(유),동부포리옥신(수),골고루(수),동부베노밀(수),동부캡탄(수),톱네이트엠(수),새시로(수),바이코(수),동부옥시동(수),호리쿠어(유),바리톤(수),동부포리캡탄(수),카자테(입상),부티나(액상),동부가벤다(수),적토마(수),모두랑(액상),시스텐(수),트리후민(수),실바코(수),푸르겐(수,액상),아미	알칸스(유),페로팔(수),프릭트란(수),살비왕(액상),리무진(캡슐),섹큐어(액상),올스타(유),정벌대(액상),스튜어드골드(액상),똑소리(수용),주움(액상),플래튬(유)
	스튜어드골드(액상)	엄지(수),호리쿠어(유),바이코(수),모두존(수),후론사이드(수),푸름이(액상),에이플(입상),삼진왕(미탁),적토마(수), 동부포리옥신(수),다이센엠45(수),델란(수),안트라콜(수),골고루(수),모두랑(액상),천하무적(수),매카니(입상),귀품(액상)	송골매(수),스타터(수),선두(액상),코니도(수),피레탄(유),리무진(캡슐),지존(액상),세티스(입상),더스반(수),스튜어드골드(액상),최고봉(유),첨병(유),살비왕(액상),아타라(입상),디밀린(수),오신(수),정벌대(액상),스튜어드골드(액상)
	지존(액상)	베푸란(액),후론사이드(수),바이코(수),호리쿠어(유),에이플(입상),엄지(수),시스템엠(수),아미스타(수),델란(액상),홀펫(수),보가드(입상),비온엠(수),귀품(액상),듀팩(액),사천왕(수)	페로팔(수),트레본(수),리무진(캡슐),아크라마이트(액상),피라니카(수),메프치온(수, 유),정벌대(액상),스튜어드골드(액상),알타코아(입상),바로확(수),비상탄(유)
	코니도(수)	모두존(수),골고루(수),후론사이드(수),안트라콜(수),동부캡탄(수),톱네이트엠(수),적토마(수),동부훼나리(수,유),바이코(수),에이플(입상),새시로(수),동부옥시동(수),부티나(액상),동부베노밀(수),바이피단(수),흥이나(수),엄지(수),동부포리옥신(수),모두랑(액상),헥사코나졸(액상),시스텐(수),벨쿠트(수),카리스매(수),실바코(수),카브리오(유),크린타운(수),파리사드(액상),돌풍(수), 푸르겐	알칸스(유),트레본(수),그물망(수),살비왕(액상),첨병(유),섹큐어(액상),방패단(유탁),더스반(수),구사치온(수),페로팔(수),동부나크(수),피레탄(유),디프록스(수,액),호리마트(액),토쿠치온(수),알시스틴(수),바이린(유),리무진(캡슐),스타터(수),스미사이딘(유),노몰트(액상),카스케이드(분액),피라니카(수),응애단(액상),질풍(유),라이몬(액상),렘페이지(유),로드(수),산마루(수),정벌대

구분	약제명	살균제	살충·살비제
살충제	트레본(수)	동부캡탄(수),바리톤(수),다이센엠45(수),바이코(수),톱네이트엠(수),후론사이드(수),동부베노밀(수),적토마(수),동부포리옥신(수),모두랑(액상),엄지(수),안트라콜(수),에이플(입상),흥이나(수),호리쿠어(유),부티나(액상),실바코(수),삼진왕(미탁),푸르겐(수),크린타운(수),스칼라(수),아미스타(수),싱그롱(액상),리버티(수),사천왕(수),유닉스(입상),굳타임(수),보람(수),아큐라(입상)	알칸스(유),코니도(수),바이린(유),더스반(수),피레탄(유),첨병(유),스타터(수),질풍(수),섹큐어(액상),방패단(유탁),오신(수),세티스(입상),지존(액상),람다로(유탁),아리이미다(수),나도야(액상),세빈(수),시나위(수),쎄라코그로포(수),지페트(액상),충모리(수),케레스(유),해솜피레스(유)

2. 한국삼공 (주)

서울 용산구 한강로 3가 40-883
주문전화 : 02-2287-2930

www.30agro.co.kr

사과 권장 농약명 및 사용법

농약명	적용병해충	사용적기	물 20ℓ당 사용약량	안전사용기준 사용시기	안전사용기준 횟수
사천왕 수화제	탄저병	6월 상순부터 10일 간격	10g	수확 21일 전까지	4회이내
	겹무늬썩음병	6월 중순부터 10일 간격			
	점무늬낙엽병	발병초 10일간격			
	갈색무늬병				
라이몬 액상수화제	사과굴나방	발생초 10일간격	10ml	수확 7일 전까지	3회이내
	복숭아순나방	발생초 7일간격			

〈혼용가부표 -2008년 기준〉

상품명	구분	혼용가능약제
금모리(액상)	살균제	델란(수), 델란티(수), 삼공만코지(수), 삼공홀펫(수), 썬업(입상), 푸지매(수), 헥사코나졸(액상), 실바코(수), 포리옥신(수), 푸르겐(수)
	살충제	로드(수), 빅카드(액상), 삼공메소밀(액), 삼공모노포(액), 삼공이피엔(유), 충모리(수), 케레스(유), 화스탁(유), 노몰트(액상), 데시스(유), 디밀린(수), 뚝심(수), 모스피란(수), 스미사이딘(유), 스미치온(유), 아타라(입상), 알시스틴(수), 야무진(수), 적시타(유), 주령(수), 코니도(수), 타스타(수), 호리마트(액)
	살비제	산마루(수), 시너지(액상), 지페트(액상), 닛쏘란(수), 살비왕(액상), 섹큐어(액상), 오마이트(수), 카스케이드(분액), 페로팔(수), 프릭트란(수), 피라니카(수)

상품명	구분	혼용가능약제
델란(수)	살균제	금모리(액상), 스포르곤(수), 썬업(입상), 푸지매(수), 헥사코나졸(액상), 누스타(수), 로브랄(수), 베노밀(수), 베푸란(액), 보가드(입상), 비온엠(수), 빈나리(수), 살림꾼(액상), 시스텐엠(수), 안트라콜(수), 유닉스(입상), 톱신엠(수), 트리후민(수), 포리옥신(수), 프린트(액상), 후론사이드(수)
	살충제	라이몬(액상), 렘페이지(유), 로드(수), 빅카드(액상), 삼공디디브이피(유), 삼공메소밀(액), 삼공모노포(액), 삼공이피엔(유), 애니충(액상), 충모리(유), 충다운(수), 화스탁(유), 강타재(유), 나크(수), 노몰트(액상), 데시스(유), 델타네트(수), 뚝심(수), 디프(수), 모스피란(수), 바이린(유), 스미사이딘(유), 스미치온(수), 아테릭(유), 적시타(유), 주령(수), 코니도(수), 타스타(수), 파라치온(유), 파마치온(수), 포스팜(액), 호리마트(액)
	살비제	산마루(수), 시너지(액상), 지페트(액상), 닛쏘란(수), 사란(수), 살비왕(액상), 시나위(수), 아크라마이트(액상), 주움(액상), 카스케이드(분액), 테디온(유), 페로팔(수), 피라니카(수)
델란티(수)	살균제	금모리(액상), 삼공홀펫(수), 썬업(입상), 알리에테(수), 푸지매(수), 헥사코나졸(액상), 바리톤(수), 로브랄(수), 실바코(수), 포리옥신(수), 푸르겐(수)
	살충제	로드(수), 빅카드(액상), 삼공디디브이피(유), 삼공메소밀(액), 삼공모노포(액), 삼공이피엔(유), 충모리(수), 케레스(유), 화스탁(유), 노몰트(액상), 데시스(유), 델타네트(수), 디밀린(수), 모스피란(수), 스미사이딘(수), 주령(수), 코니도(수), 타스타(수), 파라치온(유), 포스팜(액), 호리마트(액)
	살비제	산마루(수), 시너지(액상), 지페트(액상), 닛쏘란(수), 사란(수), 살비왕(액상), 오마이트(수), 페로팔(수), 피라니카(수)
라이몬(액상)	살균제	델란(수), 사천왕(수), 삼공홀펫(수), 스포르곤(수), 초우크(수), 썬업(입상), 카브리오(유), 누스타(수), 로브랄(수), 베푸란(액), 살림꾼(액상), 스칼라(수), 시스텐엠(수), 실바코(수), 아미스타(수), 안트라콜(수), 엄지(수), 톱신엠(수), 포리옥신(수), 푸르겐(수), 프린트(액상), 해비치(입상)
	살충제	빅카드(액상), 충모리(수), 델타네트(유), 모스피란(수), 적시타(유), 주령(유), 코니도(수), 타스타(수), 포스팜(액), 호리마트(액),
	살비제	산마루(수), 지페트(액상), 밀베노크(유), 보라매(액상), 살비왕(액상), 시나위(수), 아크라마이트(액상), 주움(액상), 페로팔(수), 피라니카(수)
로드(수)	살균제	금모리(액상), 델란(수), 델란티(수), 삼공가벤다(수), 삼공만코지(수), 삼공홀펫(수), 스포르곤(수), 썬업(입상), 알리에테(수), 푸지매(수), 헥사코나졸(액상), 로브랄(수), 바리톤(수), 바이코(수), 베노밀(수), 시스텐(수), 안트라콜(수), 캡탄(수), 톱신엠(수), 포리옥신(수), 후론사이드(수), 훼나리(유)

상품명	구분	혼용가능약제
로드(수)	살충제	삼공디디브이피(유), 삼공메소밀(액), 충모리(수), 화스탁(유), 델타네트(수), 디밀린(수), 코니도(수), 타스타(수)
	살비제	산마루(수), 닛쏘란(수), 살비왕(액상), 오마이트(수), 페로팔(수), 피라니카(수)
로멕틴(유)	살균제	삼공가벤다(수), 삼공만코지(수), 초우크(수), 헥사코나졸(액상), 만루포(액상)
만루포(액상)	살균제	사천왕(수), 삼공만코지(수), 썬업(입상), 카브리오(유), 헥사코나졸(액상), 베노밀(수), 베푸란(액), 시스텐엠(수), 아미스타(수), 안트라콜(수), 에이플(입상), 후론사이드(수)
	살충제	라이몬(액상), 삼공디디브이피(유), 충모리(수), 화스탁(유)
	살비제	산마루(수), 지페트(액상), 가네마이트(액상), 아크라마이트(액상), 오마이트(수), 주움(액상), 페로팔(수)
빅카드(액상)	살균제	금모리(액상), 델란(수), 델란티(수), 사천왕(수), 삼공가벤다(수), 삼공만코지(수), 삼공홀펫(수), 사천왕(수), 스포르곤(수), 초우크(수), 썬업(입상), 푸지매(수), 헥사코나졸(액상), 누스타(수), 로브랄(수), 바이코(수), 베노밀(수), 스칼라(수), 시스텐(수), 시스텐엠(수), 실바코(수), 아미스타(수), 안트라콜(수), 옥시동(수), 유닉스(입상), 참조네(수), 캡틴(수), 톱신엠(수), 트리후민(수), 포리옥신(수), 푸르겐(수), 후론사이드(수)
	살충제	라이몬(액상), 삼공디디브이피(유), 삼공이피엔(유), 케레스(유), 화스탁(유), 적시타(유), 파라치온(유)
	살비제	산마루(수), 시너지(액상), 지페트(액상), 가네마이트(액상), 보라매(액상), 살비왕(액상), 아크라마이트(액상), 주움(액상), 페로팔(수), 프릭트란(수), 피라니카(수)
사천왕(수)	살균제	초우크(수), 헥사코나졸(액상), 푸르겐(수), 베푸란(액), 에이플(입상), 해비치(입상), 후론사이드(수), 바이코(수), 톱신엠(수), 프로피(수)
	살충제	라이몬(액상), 만루포(액상), 빅카드(액상), 충모리(수), 디밀린(수), 만장일치(수), 메리트(수), 매치(수), 모스피란(수), 미믹(수), 송골매(수), 스미사이딘(수), 적시타(유), 코니도(수), 타스타(수), 트레본(수)
	살비제	지페트(액상), 가네마이트(액상), 밀베노크(유), 시나위(수), 주움(액상), 지존(액상), 카스케이드(분액), 페로팔(수)

상품명	구분	혼용가능약제
산마루(수)	살균제	금모리(액상), 델란(수), 델란티(수), 삼공가벤다(수), 삼공만코지(수), 삼공홀펫(수), 스포르곤(수), 초우크(수), 썬업(입상), 푸지매(수), 헥사코나졸(액상), 누스타(수), 로브랄(수), 바리톤(수), 바이코(수), 베노밀(수), 살림꾼(액상), 삼진왕(미탁), 스칼라(수), 시스텐(수), 시스텐엠(수), 실바코(수), 아라리(수), 안트라콜(수), 참조네(수), 캡탄(수), 크린타운(수), 톱신엠(수), 트리후민(수), 포리옥신(수), 푸르겐(수), 후론사이드(수)
	살충제	라이몬(액상), 로드(수), 만루포(액상), 빅카드(액상), 삼공디디브이피(유), 삼공메소밀(액), 삼공모노포(액), 삼공이피엔(유), 충모리(수), 화스탁(유), 나크(수), 노몰트(액상), 데시스(유), 디밀린(수), 뚝심(수), 만장일치(수), 모스피란(수), 미믹(액상), 스미사이딘(유), 알시스틴(수), 인쎄가(수), 주렁(수), 코니도(수), 타스타(수), 파라치온(유), 포스팜(액), 함성(유), 호리마트(액)
	살비제	주움(액상)
삼공가벤다(수)	살균제	삼공만코지(수), 썬업(입상), 카브리오(유), 헥사코나졸(액상), 누스타(수), 로브랄(수), 바이코(수), 살림꾼(액상), 시스텐(수), 쓸마네(수), 참조네(수), 카자테(입상), 캡탄(수), 크린타운(수), 톱신엠(수), 트리후민(수), 포리옥신(수), 확시란(수)
	살충제	로드(수), 빅카드(액상), 삼공디디브이피(유), 삼공메소밀(액), 삼공모노포(액), 삼공이피엔(유), 충모리(수), 화스탁(유), 강타재(유), 나크(수), 노몰트(액상), 데시스(유), 델타네트(수), 뚝심(수), 모스피란(수), 미믹(액상), 스미사이딘(유), 스미치온(수), 인쎄가(수), 적시타(유), 주렁(수), 코니도(수), 타스타(수)
	살비제	로멕틴(유), 산마루(수), 시너지(액상), 지페트(액상), 닛쏘란(수), 밀베노크(유), 살비왕(액상), 아크라마이트(액상), 오마이트(수), 카스케이드(분액), 테디온(유), 페로팔(수), 피라니캐(수), 호리마트(액)
삼공디디브이피(유)	살균제	델란(수), 델란티(수), 삼공가벤다(수), 스포르곤(수), 썬업(입상), 초우크(수), 카브리오(유), 헥사코나졸(액상), 누스타(수), 로브랄(수), 베노밀(수), 베푸란(액), 벨쿠트(수), 보가드(입상), 살림꾼(액상), 삼진왕(미), 스칼라(수), 시스텐엠(수), 실바코(수), 아테미(액), 에이플(입상), 유닉스(입상), 참조네(수), 크린타운(수), 캡탄(수), 톱신엠(수), 파리사드(액상), 포리옥신(수), 푸르겐(수), 프린트(액상), 확시란(수), 후론사이드(수)
	살충제	만루포(액상), 빅카드(액상), 충모리(수), 케레스(유), 화스탁(유), 로드(수), 구사치온(수), 나크(수), 델타네트(유), 모스피란(수), 아타라(입상), 알시스틴(수), 칼립소(액상), 코니도(수), 포스팜(액)
	살비제	산마루(수), 시너지(액상), 지페트(액상), 사란(액상), 살비왕(액상), 시나위(수), 프릭트란(수), 아크라마이트(액상), 주움(액상), 페로팔(수), 피라니캐(수)

상품명	구분	혼용가능약제
삼공메소밀(액)	살균제	금모리(액상), 델란(수), 델란티(수), 삼공가벤다(수), 삼공만코지(수), 삼공홀펫(수), 스포르곤(수), 썬업(입상), 초우크(수), 헥사코나졸(액상), 바이코(수), 삼진왕(미탁), 스칼라(수), 시스텐(수), 실바코(수), 안트라콜(수), 유닉스(입상), 카자테(입상), 캡탄(수), 톱신엠(수), 파리사드(액상), 포리옥신(수), 포리캡탄(수), 푸르겐(수), 프린트(액상), 확시란(수), 후론사이드(수), 흥이나(수)
	살충제	로드(수), 만루포(액상), 화스탁(유), 노몰트(액상), 만장일치(수), 모스피란(수), 스타터(수), 코니도(수)
	살비제	산마루(수), 가네마이트(액상), 살비왕(액상), 시나위(수)
삼공모노포(액)	살균제	금모리(액상), 델란(수), 델란티(수), 삼공가벤다(수), 삼공만코지(수), 삼공홀펫(수), 스포르곤(수), 초우크(수), 썬업(입상), 푸지매(수), 헥사코나졸(액상), 굳타임(수), 뚜려탄(수), 로브랄(수), 모두랑(액상), 바리톤(수), 바이코(수), 베노밀(수), 베푸란(액), 벨쿠트(수), 살림꾼(액상), 삼진왕(미탁), 세이브(수), 스칼라(수), 시스텐(수), 시스텐엠(수), 실바코(수), 쓸마네(수), 아테미(액), 안트라콜(수), 참조네(수), 카스텔란(수), 캡탄(수), 크린타운(수), 톱신엠(수), 트리달엠(수), 트리후민(수), 파리사드(액상), 포리옥신(수), 푸르겐(수), 프린트(액상), 해비치(입상), 확시란(수), 후론사이드(수)
	살충제	화스탁(유), 뚝심(수), 모스피란(수), 미믹(액상), 야무진(수), 주렁(수), 카스케이드(분액), 타스타(수)
	살비제	산마루(수), 시너지(액상), 지페트(액상), 사란(액상), 시나위(수), 완승(수), 주움(액상)
삼공이피엔(유)	살균제	금모리(액상), 델란(수), 델란티(수), 삼공가벤다(수), 삼공만코지(수), 삼공홀펫(수), 초우크(수), 썬업(입상), 푸지매(수), 헥사코나졸(액상), 누스타(수), 로브랄(수), 바리톤(수), 바이코(수), 베노밀(수), 베푸란(액), 삼진왕(미탁), 스칼라(수), 시스텐엠(수), 실바코(수), 쓸마네(수), 아미스타(수), 아테미(액), 안트라콜(수), 엄지(수), 유닉스(입상), 캡탄(수), 크린타운(수), 트리후민(수), 포리옥신(수), 푸르겐(수), 프린트(액상), 확시란(수)
	살충제	빅카드(액상), 삼공디디브이피(유), 충모리(수), 모스피란(수), 부리바(수), 타스타(수), 함성(유)
	살비제	산마루(수), 시너지(액상), 마이탁(유), 사란(액상), 아크라마이트(액상), 페로팔(수)
삼공홀펫(수)	살균제	금모리(액상), 델란티(수), 삼공만코지(수), 초우크(수), 푸지매(수), 헥사코나졸(액상), 굳타임(수), 누스타(수), 로브랄(수), 모두랑(액상), 바이코(수), 베푸란(액), 스칼라(수), 시스텐엠(수), 실바코(수), 안트라콜(수), 톱신엠(수), 포리옥신(수), 푸르겐(수), 훼나리(유)

상품명	구분	혼용가능약제
삼공홀펫(수)	살충제	라이몬(액상), 로드(수), 빅카드(액상), 삼공메소밀(액), 삼공모노포(액), 삼공이피엔(유), 애니충(액상), 충모리(수), 충다운(수), 케레스(유), 화스탁(유), 강타자(유), 강탄(수), 나크(수), 노몰트(액상), 다니톨(수), 데시스(유), 델타네트(수), 뚝심(수), 모스피란(수), 미믹(수), 새로탄(수), 세베로(유), 스미사이딘(유), 스미치온(수), 아테릭(유), 알씨스틴(수), 인쎄가(수), 적시타(유), 주령(수), 코니도(수), 타스타(수), 팔콘(수), 포스팜(액),
	살비제	산마루(수), 시너지(액상), 지페트(액상), 사란(수), 시나위(수), 아크라마이트(액상), 주움(액상), 카스케이드(분액), 테디온(유), 페로팔(수), 피라니캐(수)
스포르곤(수)	살균제	델란(수), 삼공만코지(수), 카브리오(유), 썬업(입상), 푸지매(수), 베푸란(액), 벨쿠트(수), 시스텐(수), 안트라콜(수), 푸르겐(수)
	살충제	라이몬(액상), 로드(수), 빅카드(액상), 삼공디디브이피(유), 삼공메소밀(액), 삼공모노포(액), 애니충(액상), 충모리(수), 충다운(수), 케레스(유), 화스탁(유), 강타자(유), 데시스(유), 디밀린(수), 모스피란(수), 비티(수), 스미사이딘(유), 야무진(수), 적시타(유), 주령(유), 코니도(수)
	살비제	산마루(수), 지페트(액상), 살비왕(액상), 섹큐어(액상), 시나위(수), 아크라마이트(액상), 오마이트(수), 주움(액상), 페로팔(수), 피라니캐(유)
시너지(액상)	살균제	금모리(액상), 델란(수), 델란티(수), 삼공가벤다(수), 삼공만코지(수), 삼공홀펫(수), 초우크(수), 카브리오(유), 헥사코나졸(액상), 바리톤(수), 바이코(수), 베노밀(수), 베푸란(액), 실바코(수), 안트라콜(수), 포리옥신(수)
	살충제	빅카드(액상), 삼공디디브이피(유), 삼공모노포(수), 삼공이피엔(유), 충모리(수), 화스탁(유), 데시스(유), 스미사이딘(유), 코니도(수), 호리마트(액)
썬업(입상)	살균제	금모리(액상), 델란(수), 델란티(수), 삼공가벤다(수), 스포르곤(수), 초우크(수), 헥사코나졸(액상), 로브랄(수), 베노밀(수), 베푸란(액), 안트라콜(수), 포리옥신(수)
	살충제	라이몬(액상), 로드(수), 만루포(액상), 삼공디디브이피(유), 삼공메소밀(액), 삼공모노포(액), 삼공이피엔(유), 애니충(액상), 충모리(수), 충다운(수), 케레스(유), 화스탁(유), 강타자(유), 나크(수), 노몰트(액상), 데시스(유), 델타네트(수), 디밀린(수), 뚝심(수), 스미사이딘(수), 주령(수), 카스케이드(분액), 코니도(수), 타스타(수), 포스팜(수), 호리마트(액)
	살비제	산마루(수), 지페트(액상), 살비왕(액상), 시나위(수), 아크라마이트(액상), 오마이트(수), 주움(액상), 페로팔(수), 피라니캐(수)
애니충(액상)	살균제	델란(수), 사천왕(수), 삼공홀펫(수), 스포르곤(수), 썬업(수), 카브리오(유), 푸지매(수), 베푸란(액), 벨쿠트(수), 살림꾼(액상), 삼진왕(유), 에이플(입상), 푸르겐(수), 후론사이드(수)

상품명	구분	혼용가능약제
지페트(액상)	살균제	금모리(액상), 델란(수), 델란티(수), 사천왕(수), 삼공가벤다(수), 삼공만코지(수), 삼공홀펫(수), 스포르곤(수), 초우크(수), 썬업(입상), 카브리오(유), 헥사코나졸(액상), 로브랄(수), 바이코(수), 베노밀(수), 베푸란(액), 벨쿠트(수), 살림꾼(액상), 시스텐엠(수), 실바코(수), 아미스타(수), 안트라콜(수), 엄지(수), 에이플(입상), 젤존(수), 카스텔란(수), 캡탄(수), 톱신엠(수), 트리후민(수), 포리옥신(수), 푸르겐(수), 해비치(입상), 확시란(수), 후론사이드(수)
	살충제	라이몬(액상), 만루포(액상), 빅카드(액상), 삼공디디브이피(유), 삼공모노포(액), 충모리(수), 화스탁(유), 노몰트(액상), 데시스(유), 디밀린(수), 모스피란(수), 미믹(액상), 스미사이딘(수), 아타라(입상), 알시스틴(수), 인쎄카(수), 적시타(유), 코니도(수), 타스타(수), 트레본(수), 포스팜(액), 호리마트(액)
	살비제	주움(액상), 카스케이드(분액)
초우크(수)	살균제	사천왕(수), 삼공만코지(수), 삼공홀펫(수), 썬업(입상), 헥사코나졸(액상), 로브랄(수), 바리톤(수), 베노밀(수), 비온엠(수), 삼진왕(미탁), 스칼라(수), 시스텐엠(수), 아테미(액), 안트라콜(수), 에이플(입상), 옥시동(수), 유닉스(입상), 참조네(수), 카자테(입상), 캡탄(수), 크린타운(수), 톱신엠(수), 포리옥신(수), 포리캡탄(수), 푸르겐(수), 프린트(액상), 후론사이드(수), 훼나리(수), 흥이나(수)
	살충제	라이몬(액상), 빅카드(액상), 삼공디디브이피(유), 삼공메소밀(액), 삼공모노포(액), 삼공이피엔(유), 화스탁(유), 나크(수), 노몰트(액상), 데시스(유), 델타네트(수), 만장일치(수), 모스피란(수), 미믹(수), 세베로(유), 스미사이딘(유), 아타브로(액상), 아테릭(유), 적시타(유), 코니도(수), 타스타(수), 팔콘(수), 포스팜(액), 호리마트(액)
	살비제	산마루(수), 시너지(액상), 지페트(액상), 가네마이트(액상), 보라매(액상), 사란(수), 살비왕(액상), 시나위(수), 테디온(유), 페로팔(수), 프릭트란(수), 피라니카(수)
충다운(수)	살균제	델란(수), 삼공홀펫(수), 스포르곤(수), 썬업(입상), 카브리오(유), 푸지매(수), 베푸란(액), 벨쿠트(수), 살림꾼(액상), 삼진왕(유), 실바코(수), 에이플(입상), 푸르겐(수), 후론사이드(수)
충모리(수)	살균제	금모리(액상), 델란(수), 델란티(수), 사천왕(수), 삼공가벤다(수), 삼공만코지(수), 삼공홀펫(수), 스포르곤(수), 썬업(입상), 푸지매(수), 헥사코나졸(액상), 누스타(수), 모두랑(액상), 미믹(수), 바리톤(수), 바이코(수), 베노밀(수), 베푸란(액), 벨쿠트(수), 삼진왕(미탁), 스칼라(수), 시스텐엠(수), 실바코(수), 엄지(수), 에이플(입상), 유닉스(입상), 참조네(수), 캡탄(수), 크린타운(수), 톱신엠(수), 파리사드(액상), 포리옥신(수), 포리캡탄(수), 푸르겐(수), 프린트(액상), 후론사이드(수), 훼나리(유), 흥이나(수)

상품명	구분	혼용가능약제
충모리(수)	살충제	라이몬(액상), 로드(수), 만루포(액상), 빅카드(액상), 삼공디디브이피(유), 삼공이피엔(유), 케레스(유), 화스탁(유), 나크(수), 노몰트(액상), 데시스(유), 만장일치(수), 모스피란(수), 적시타(유), 칼립소(액상), 코니도(수), 트레본(수), 포스팜(액), 호리마트(액)
	살비제	산마루(수), 시너지(액상), 지페트(액상), 가네마이트(액상), 보라매(액상), 살비왕(액상), 아크라마이트(액상), 주움(액상), 페로팔(수), 프릭트란(수), 피라니카(수)
카브리오(유)	살균제	삼공가벤다(수), 삼공만코지(수), 삼공홀펫(수), 스포르곤(수), 초우크(수), 헥사코나졸(액상), 누스타(수), 로브랄(수), 베노밀(수), 베푸란(액), 벨쿠트(수), 삼진왕(미탁), 시스텐엠(수), 실바코(수), 아미스타(수), 안트라콜(수), 캡탄(수), 톱신엠(수), 트리후민(수), 포리옥신(수), 푸르겐(수), 해비치(입상)
	살충제	라이몬(액상), 만루포(액상), 모노포(수), 빅카드(액상), 삼공디디브이피(유), 애니충(액상), 충모리(수), 충다운(수), 케레스(유), 화스탁(유), 강타자(유), 노몰트(액상), 데시스(유), 델타네트(수), 디밀린(수), 메소밀(수), 만장일치(수), 모스피란(수), 세베로(유), 아타라(입상), 알시스틴(수), 주렁(수), 카스케이드(분액), 코니도*(수), 타스타(수), 팔콘(수)
	살비제	시너지(액상), 지페트(액상), 가네마이트(액상), 밀베노크(유), 보라매(액상), 살비왕(액상), 섹큐어(액상), 시나위(수), 아크라마이트(액상), 오마이트(수), 주움(액상), 페로팔(수), 피라니카(수), 호리마트(액)
케레스(유)	살균제	금모리(액상), 델란티(수), 삼공만코지(수), 스포르곤(수), 초우크(수), 썬업(입상), 카브리오(유), 푸지매(수), 헥사코나졸(액상), 누스타(수), 로브랄(수), 바이코(수), 베노밀(수), 베푸란(액), 스칼라(수), 시스텐엠(수), 실바코(수), 에이플(입상), 참조네(수), 캡탄(수), 크린타운(수), 톱신엠(수), 파리사드(액상), 포리옥신(수), 푸르겐(수), 프린트(액상), 후론사이드(수), 훼나리(유)
	살충제	로드(수), 빅카드(액상), 삼공디디브이피(유), 충모리(수), 화스탁(유), 나크(수), 노몰트(액상), 데시스(유), 뚝심(수), 만장일치(수), 모스피란(수), 미믹(액상), 스타터(수), 아타라(입상), 아무진(수), 칼립소(액상), 코니도(수), 타스타(수), 트레본(수), 포스팜(액), 호리마트(액)
	살비제	산마루(수), 가네마이트(액상), 닛쏘란(수), 사란(액상), 살비왕(액상), 시나위(수), 아크라마이트(액상), 주움(액상), 카스케이드(분액), 페로팔(수), 프릭트란(수), 피라니카(수)
푸지매(수)	살균제	금모리(액상), 델란티(수), 스포르곤(수)
	살충제	로드(수), 빅카드(액상), 삼공모노포(액), 삼공이피엔(유), 애니충(액상), 충모리(수), 충다운(수), 케레스(유), 화스탁(유), 노몰트(액상), 모스피란(수), 스미사이딘(유), 스미치온(유), 인쎄개수), 주렁(수), 주렁(유), 타스타(수), 포스팜(액), 호리마트(액)
	살비제	산마루(수), 닛쏘란(수), 페로팔(수), 피라니카(수)

상품명	구분	혼용가능약제
헥사코나졸 (액상)	살균제	금모리(액상), 델란(수), 델란티(수), 사천왕(수), 삼공가벤다(수), 삼공만코지(수), 삼공홀펫(수), 초우크(수), 썬업(입상), 로브랄(수), 바이코(수), 베노밀(수), 보가드(입상), 살림꾼(액상), 신바람(수), 실바코(수), 안트라콜(수), 옥시동(수), 유닉스(입상), 참조네(수), 캡탄(수), 크린타운(수), 톱신엠(수), 포리옥신(수), 프린트(액상), 확시란(수)
	살충제	로드(수), 만루포(액상), 빅카드(액상), 삼공디디브이피(유), 삼공메소밀(액), 삼공모노포(액), 삼공이피엔(유), 충모리(수), 케레스(유), 화스탁(유), 강타자(유), 노몰트(액상), 데시스(유), 뚝심(수), 모스피란(수), 부리바(수), 스미사이딘(유), 스미치온(유), 아진포(수), 알시스틴(수), 인쎄가(수), 주렁(수), 코니도(수), 타스타(수), 포스팜(액), 호리마트(액)
	살비제	로멕틴(유), 산마루(수), 시너지(액상), 지페트(액상), 닛쏘란(수), 밀베노크(유), 주움(액상), 페로팔(수), 피라니카(수)
화스탁(유)	살균제	금모리(액상), 델란(수), 델란티(수), 사천왕(수), 삼공가벤다(수), 삼공만코지(수), 삼공홀펫(수), 스포르곤(수), 초우크(수), 썬업(입상), 카브리오(유), 푸지매(수), 헥사코나졸(액상), 로브랄(수), 바이코(수), 베노밀(수), 베푸란(액), 삼진왕(미탁), 시스텐(수), 안트라콜(수), 캡탄(수), 크린타운(수), 톱신엠(수), 파리사드(액상), 포리옥신(수), 훼나리(수)
	살충제	로드(수), 만루포(액상), 빅카드(액상), 삼공디디브이피(유), 삼공메소밀(액), 삼공모노포(액), 충모리(수), 케레스(유), 나크(수), 데시스(유), 뚝심(수), 모스피란(수), 미믹(액상), 스미사이딘(유), 아무진(수), 주렁(유), 타스타(수), 포스팜(액), 호리마트(액)
	살비제	산마루(수), 시너지(액상), 지페트(액상), 닛쏘란(수), 밀베노크(유), 시나위(수), 아크라마이트(액상), 오마이트(수), 카스케이드(분액), 테디온(유), 페로팔(수)
오션파워	살균제	델란(수), 삼공홀펫(수), 스포르곤(수), 시스텐엠(수), 후론사이드(수)
	살충제	빅카드(액상)
농자의꿈	살균제	금모리(액상), 델란(수), 델란티(수), 썬업(입상), 스포르곤(수), 삼공홀펫(수), 헥사코나졸(액상), 시스텐엠(수), 후론사이드(수)
	살충제	라이몬(액상), 빅카드(액상), 콩코드(입상), 스튜어드(입상)
	살비제	산마루(수), 지페트(액상)
파워렉스	살균제	금모리(액상), 델란(수), 델란티(수), 썬업(입상), 스포르곤(수), 삼공홀펫(수), 헥사코나졸(액상), 후론사이드(수), 시스텐엠(수)
	살충제	라이몬(액상), 빅카드(액상), 콩코드(입상), 스튜어드(입상)
	살비제	산마루(수), 지페트(액상)

3. 성보화학 (주)

www.sungbochem.co.kr

서울 중구 소공동 112-35(성보B/D)
주문전화 : 02-3789-3900

사과 권장 농약명 및 사용법

농약명	적용병해충	사용적기	물 20ℓ당 사용약량	안전사용기준	
				사용시기	횟수
펜코나트 액상수화제	갈색무늬병	발병초 10일간격	20ml	수확 7일전까지	4회이내
나도야 액상수화제	잎말이나방	다발생기	10ml	수확 14일전까지	3회이내

〈혼용가부표 -2008년 기준〉

※ 농약을 혼용하고자 할때는 반드시 해당 제품의 포장지(라벨)을 확인한 후 혼용하시기 바랍니다.

상품명	구분	혼용가능약제
펜코나트(액상)	살균제	델란(수),디치(수),창가탄(수),디티아논(수),다코닐(수),금비라(수),골고루(수),새나리(수),초우쿠(수),타로닐(수),클로르타노닐(수),다이센-45(수),더센엠(수),만코지(수),만코제브(수),해비치(입상),에이플(수),안트라콜(수),프로피(수),프로피네브(수),썬업(입상),포리람(입상),카스텔란(수)
	살충제	케레스(수),피레탄(유),피레스(유),푸른꿈(수),특충탄(수),사이퍼메트린(수),아타라(수),디밀린(액상),주렁(유),첨병(유),람다사이할로트린(유),수프라사이드(유),명궁(유),수프라치온(유),메치사이드(유),메치온(유),피라니카(유),데시스(유),장원(유),델타린(유),델타메트린(유),만장일치(수),화스탁(유),핫코너(유),알파스린(유),시원탄(유),뚝심(수),카스케이드(분액),플루페녹스론(분액),아롱이(분액)
포리람(입상)	살균제	해비치(입상),카스텔란(수),탐실(액상),아그리마이신(수),리도밀(수),쿠무러스(입상),가벤다(수),금모리(액상),델란티(수),디치(수),베노밀(수),베푸란(액),안트라콜(수),로브랄(수),타로닐(수),포리옥신(수),헥사코나졸(액상)

상품명	구분	혼용가능약제
포리람(입상)	살충제	세시미(수),강타자(유),그로포(수),나크(수),노몰트(액상),데시스(유),디디브이피(유),뚝심(수),메소밀(액),메소밀(수),메타(유),모노포(액),베테랑(수),비스펜(수),비펜스린(수),산마루(수),살비왕(액상),아시트(수),아씨틴(수),화스탁(유제),이피엔(유),디밀린(수),치아스(수),펜부탄(수),펜프로(유),스미사이딘(유),길목(수),카스케이드(분액),피라니카(수),피레스(유),주렁(수),호리마트(액),다이아톤(유),코니도(수),다트(유),로드(수),스미사이딘(유),사란(수),토큐(수)
코리스(액상)	살균제	카스텔란(수),포리람(입상),쿠무러스(입상),아그리마이신(수),만코지(수),헥사코나졸(액상),아미스타(수),베푸란(액),포리옥신(수),디치(수),실바코(수), 홀펫(수)
	살충제	세시미(수),카스케이드(분액),화스탁(유),강타자(유),더스반(유),스미사이딘(유),주렁(수),파마치온(수),밀벤노크(유),주움(액상),보라매(액상)
해비치(입상)	살충제	세시미(수),강타자(유),화스탁(유),카스케이드(분액),뚝심(수),한터(액상),다이아톤(유),데시스(유),나크(수),모노포(액),메타(유),아시트(수),메소밀(수),주렁(유),주렁(수),호리마트(액),스미사이딘(유),코니도(수),테디온(유),산마루(수),토큐(수),강탄(수),싸이헥사틴(수),다트(유),비스펜(액상),파프(유),수프라사이드(유),살비왕(액상),아테릭(유),그로포(수)
카스텔란(수)	살균제	해비치(입상),포리람(입상),타로닐(수),만코지(수),프로피(수),지오판(수),옥시동(수),베노밀(수),캡탄(수)
	살충제	세시미(수),강타자(유),화스탁(유제),카스케이드(분액),뚝심(수),다이아톤(유),디디브이피(유),데시스(유),나크(수),모노포(액),메타(유),아시트(수),메소밀(수),주렁(유),주렁(수),호리마트(액),스미사이딘(수),코니도(수),테디온(유),다니톨(유),피라니카(수),산마루(수),토큐(수),디밀린(수),길목(수),싸이헥사틴(수),타스타(수),모스피란(수),강탄(수),아씨틴(수),비스펜(액상),수프라사이드(유),살비왕(액상),키스톤(유),아테릭(유),레이트론(분액),파프(유),섹큐어(액상)
크네이트(수)	살균제	카스텔란(수),포리람(입상),가벤다(수),빈나리(수),델란(수),푸르겐(수),트리후민(수),만코지(수),베노밀(수),안트라콜(수)
	살충제	세시미(수),화스탁(수),카스케이드(분액),데시스(유),펜프로(유),파밤탄(유),밀벤노크(유),코니도(수),비펜스린(수),산마루(수)
가벤다(수)	살충제	세시미(수),강타자(유),그로포(수),끝내기(수),나크(수),화스탁(유),카스케이드(분액),뚝심(수),디디브이피(유),디프(액),로드(수),메소밀(액),메소밀(수),메치온(유),메타(유),모노포(액),미믹(액상),밀벤노크(수),보안관(수),비스펜(수),비펜스린(수),스미치온(수),시너(액상),모스피란(수),아시트(수),아씨틴(수),아진포(수),아테릭(유),이피엔(유),적시타(유),질풍(수),치아스(수),카보설판(수),섹큐어(액상),테디온(유),펜프로(수),스미사이딘(유),길목(수),한버네(수),할로스린(수),함성(유),호리마트(액),회오리(수),힘센(수)

상품명	구분	혼용가능약제
나도야 (액수)	살균제	해비치(입상),카스텔란(수),델란(수),푸르겐(수),트리후민(수),시스텐(수),벨쿠트(수),실바코(수),포리옥신(수),후론사이드(액상)
	살충제	세시미(수),화스탁(유),메소밀(수),펜프로(수),데시스(유),아타라(입상),트레본(수),코니도(수),모스피란(수),피레스(유)
디디브이피(유)	살균제	해비치(입상),포리람(입상),가벤다(수),델란티(수),디치(수),푸르겐(수),뚜려탄(수),헥사코나졸(액상),홀펫(수),모두란(액상),베노밀(수),보람(수),바이코(수),사프롤(유),새미나(수),스칼라(수),시스텐(수),시스텐엠(수),실바코(수),아미스타(수),아테미(액),엄지(수),옥시동(수),유닉스(입상),베푸란(액),로브랄(수),지오판(수),치람(수),굳타임(수),한아름(수),트리달엠(수),티디폰(수),파아람동(수),만코지(수),크린타운(수),포리옥신(수),후론사이드(수),누스타(수),훼나리(유),훼나리(수)
	살충제	세시미(수),카스케이드(분액),뚝심(수),화스탁(유),피레스(유),로드(수),그로포(유),그로포(수),나크(수),디프(수),디프(액),메타(유),미믹(액상),보안관(수),부리바(수),사란(액상),타스타(수),산마루(수),시너지(액상),모스피란(수),아시트(수),아씨틴(수),구사치온(수),알시스틴(수),이피엔(유),주움(액상),길목(수),함성(유),힘센(수)
메소밀(수)	살균제	포리람(입상),해비치(입상),가벤다(액상),가벤다(수),해마지(수),해마지(액상),델란(액상),디치(수),델란티(수),디페노코나졸(수),푸르겐(유),보람(수),새미나(수),시스텐(수),실바코(수),참조네(수),헥사코나졸(액상),홀펫(수),만코지(수),크린타운(수),파아람동(수),시스텐엠(수),프로피(수)
	살충제	세시미(수),로드(수),미믹(액상),부리바(수),화스탁(유),카스케이드(분액),주움(액상),싱싱(유),보라매(액상),주렁(수)
메소밀(액)	살균제	포리람(입상),해비치(입상),가벤다(액상),가벤다(수),해마지(수),해마지(액상),델란(액상),디치(수),델란티(수),푸르겐(수), 푸르겐(유),보람(수),새미나(수),시스텐(수),실바코(수),참조네(수),포리옥신(수),후론사이드(수),트리후민(수),누스타(수),옥시동(수),훼나리(유),바이코(수),스칼라(수),올림프(입상),홀펫(수),만코지(수),프로피(수)
	살충제	화스탁(유),카스케이드(분액),로드(수),미믹(액상),부리바(수),코니도(수),모스피란(수),섹큐어(액상),스타터(수),아시트(수),아무진(수),노몰트(액상),다트(유),밀베노크(유),비티(수),보안관(수),타스타(수),산마루(수),살비왕(액상)
모노포(액)	살균제	해비치(입상),카스텔란(수),포리람(입상),가벤다(수),마이코(수),해마지(수),델란티(수),디치(수),푸르겐(수),뚜려탄(수),로닥스(수),만코지(수),모두란(액상),보람(수),새미나(수),지오판(수),티디폰(수),훼나리(유)
	살충제	세시미(수),뚝심(수),미믹(액상),부리바(수),비스펜(액상),산마루(수),화스탁(유),카스케이드(분액)

상품명	구분	혼용가능약제
비상구(수)	살균제	탐실(액상),해비치(입상),델란(입상),지오판(수),만코지(수),카스텔란(수),프린트(액상),에이플(액상),포리람(입상),벨쿠트(수),아미스타(수),안트라콜(수),베노밀(수)
	살충제	세시미(수),뚝심(수),강타자(유),명중(유),메소밀(액)
화스탁(유)	살균제	크네이트(수),타로닐(수),만코지(수),가벤다(수),홀펫(수),안트라콜(수),디치(수),아라리(수),지오판(수),사프롤(유),로브랄(수),옥시동(수),포리동(수),스미렉스(수),베노밀(수),훼나리(유),티디폰(수)
	살충제	세시미(수),카스케이드(분액),다이아톤(유),그로포(수),디디브이피(유),데시수(유),나크(수),모노포(액),메타(유),길목(수),아시트(수),코니도(수),싱싱(유),메소밀(액),메소밀(수),주령(유),호리마트(액),스미사이딘(유),테디온(유),토큐(수),페로팔(수),타스타(수),다니톨(유),치아스(수),살비란(수),오마이트(수),피레스(유)
뚝심(수)	살균제	아그리마이신(수),타로닐(수),만코지(수),가벤다(수),홀펫(수),안트라콜(수),디치(수),아라리(수),지오판(수),옥시동(수),스미렉스(수),베노밀(수),훼나리(유),티디폰(수),헥사코나졸(액상),포리옥신(수)
	살충제	세시미(수),강타자(유),화스탁(유),카스케이드(분액),다이아톤(유),그로포(수),디디브이피(유),데시스(유),피레스(유),이피엔(유),나크(수),모노포(액),메타(유),길목(수),아시트(수),코니도(수),주령(유),호리마트(액),스미사이딘(유),메치온(유),테디온(유),토큐(수),페로팔(수),산마루(수),타스타(수),다니톨(유),피라니카(수)
강타자(유)	살균제	해비치(입상),포리람(입상),카스텔란(수),타로닐(수),만코지(수),가벤다(수),홀펫(수),안트라콜(수),디치(수),아라리(수),지오판(수),로브랄(수),포리옥신(수),헥사코나졸(액상),옥시동(수),베노밀(수),훼나리(유),티디폰(수)
세시미(수)	살균제	카스텔란(수),해비치(입상),포리람(입상),베푸란(액),실바코(수),아미스타(수),엄지(수),올림프(입상),헥사코나졸(액상),확시란(수),훼나리(유),티디폰(수),팔파래(수),부라마이신(수),벨쿠트(수),쿠퍼(수),크린타운(수),프로피(수),알리에테(수),신바람(수),로브랄(수),탐실(액상),만코지(수),지오판(수),가벤다(수),베노밀(수),디치(수),옥시동(수),타로닐(수),시스템(수)
	살충제	노몰트(액상),다니톨(유),다트(유),데시스(유),뚝심(수),밀베노크(유),베테랑(수),보라매(액상),사란(액상),섹큐어(액상),아씨틴(수),수프라사이드(유),오마이트(수),올스타(유),주령(수),주움(액상),카스케이드(분액),타스타(수),프릭트란(수),피라니카(수),피레스(유),한터(액상),호리마트(액),화스탁(유)
펜프로(유)	살균제	만코지(수),지오판(수),다이렉스(수),가벤다(수),베노밀(수),빈나리(수),확시란티(수),베푸란(액),캡탄(수),석회보르도액,홀펫(수),농용신수화제(다코닐),옥시동(수),로브랄(수),포리캡탄(수),바리톤(수),푸르겐(수),바이코(수),디치(수),인다(수),안트라콜(수),시스템엠(수)

상품명	구분	혼용가능약제
펜프로(유)	살충제	세시미(수),스미사이딘(유),스미사이딘(수),적시타(유),적시타(수),파마치온(수),메소밀(액),그로포(유),그로포(수),디프(수),아시트(유),아시트(수),오후나크(유),디디브이피(유),메타(유),벤즈유제(온콜),테디온(유),아조드린(액),한버네(수),토큐(수),주렁(유),주렁(수),타스타(유),타스타(수),코니도(수),파라치온(유),피레스(유),씨트라존(유),수프라사이드(유),데시스(유),바이린(유),화스탁(유),이피엔(유),호리마트(액),노몰트(액상),피라니카(수),카스케이드(액상),켈센(유),켈센(수),길목(수),델타네트(유),델타네트(수)
카스케이드 (분액)	살균제	해비치(입상),카스텔란(수),포리람(입상),결정석회유황합제,석회보르도액,기계유(유),타로닐(수),만코지(수),가벤다(수),홀펫(수),안트라콜(수),디치(수),지오판(수),사프롤(유),로브랄(수),옥시동(수),포리동(수),스미렉스(수),베노밀(수),훼나리(유),티디폰(수)
	살충제	세시미(수),화스탁(유),그로포(수),디디브이피(유),데시스(유),피레스(유),나크(수),모노포(액),메타(유),길목(수),아시트(수),싱싱(유),메소밀(수),주렁(수),호리마트(액),스미사이딘(유),메치온(유),테디온(수),토큐(수),페로팔(수),타스타(수),다니톨(유),치아스(수),살비란(유),오마이트(수)
피레스(유)	살균제	가벤다(액상),델란(액상),델란티(수),만코지(수),모두랑(액상),보람(수),비타놀(수),사프롤(유),세이브(수),스칼라(수),실바코(수),옥시동(수),유닉스(입상),로브랄(수),지오판(수),캡탄(수),타로닐(수),티디폰(수),포리람(입상),훼나리(유)
	살충제	세시미(수),그로포(유),그로포(수),나크(수),노몰트(액상),다트(유),디디브이피(유),디프(수),디프(액),뚝심(수),로드(수),미믹(액상),베테랑(수),부리바(수),살비왕(액상),화스탁(유),카스케이드(분액),길목(수)
디프(수)	살균제	가벤다(수),델란(수),트리후민(수),만코지(수),모두랑(수),베노밀(수),두루나(수),다코스(수),샤프롤(유),시스텐(수),실바코(수),아푸칸(유),옥시동(수),이프로(수)
	살충제	세시미(수),그로포(수),그로포(유),디디브이피(유),비펜스린(수),모스피란(수),피레스(유)

4. 신젠타코리아 (주)

www.syngenta.co.kr

서울 종로구 공평동 100번지
제일은행본점빌딩18층
주문전화 : 02-3985-500

사과 권장 농약명 및 사용법

농약명	적용병해충	사용적기	물 20ℓ당 사용약량	안전사용기준 사용시기	횟수
보가드 입상수화제	겹무늬썩음병	6월 중순부터 10일 간격	10g	수확 14일전까지	5회이내
스토네트 수용성입제	사과혹진딧물	다발생기	10g	수확 14일전까지	3회이내

〈혼용가부표 -2008년 기준〉

약제명	구분	혼용가능약제
미소진 액상수화제	살균제	벤레이트(수),보가드(입상),아테미(액),비온엠(수),아미스타(수),삼진왕(미탁),베푸란(액),실바코(수),포리옥신(수),산림꾼(액상),델란(수),벨리스플러스(입상),스트로비(액상),시스텐엠(수),프린트(액상),후론사이드(수),해비치(입상)
	살충제	아타라(입상),스토네트(수용입),주렁(유),디밀린(수),매치(유),아크라마이트(액상),수프라사이드(유),가네마이트(액상),코니도(수),모스피란(수),데시스(유),만장일치(수),밀베노크(유),이피엔(유),주움(액상),지존(액상)
라피드 액상수화제	살균제	벤레이트(수),보가드(입상),입온엠(수),아미스타(수),아리미소진(액상),아테미(액),유닉스(입상),델란(수),로브랄(수),베푸란(액),시스텐엠(수),실바코(수),에이플(입상),포리옥신(수),프린트(액상),해비치(입상),후론사이드(수)
	살충제	디밀린(수),매치(유),버티맥플러스(유),수프라사이드(유),스토네트(수용입),아크라마이트(액상),아타라(입상),주렁(유),피라니카(수,유),가네마이트(액상),코니도(수),페로팔(수)

상품명	구분	혼용가능약제
보가드 입상수화제	살균제	라피드(액상),아리미소진(액상),비온엠(수),벤레이트(수),아미스타(수),에테미(액),유닉스(입상),다이센엠-45(수),베푸란(액),벨쿠트(수),안트라콜(수),포리옥신(수),삼진왕(미탁),시스템엠(수),에이플(입상),프린트(액상)
	살충제	디밀린(수),매치(유),버티맥플러스(유),수프라사이드(유),스토네트(수용입),아크라마이트(액상),아타라(입상),주령(수,유),피라니카(유),가네마이트(액상),더스반(수),만장일치(수),시나위(수),코니도(수)
비온-엠 수화제	살균제	라피드(액상),아리미소진(액상),벤레이트(수),보가드(입상),아미스타(수),아테미(액),유닉스(입상),다코닐(수),델란(수),실바코(수),안트라콜(수),후론사이드(수)
	살충제	디밀린(수),매치(유),버터맥(유),버티맥플러스(유),수프라사이드(유),스토네트(수용입),아크라마이트(액상),아타라(입상),주령(유),피라니카(유),데시스(유),모스피란(수),주움(액상),카스케이드(분액),코니도(수)
아미스타 수화제	살균제	라피드(액상),벤레이트(수),아리미소진(액상),보가드(입상),비온엠(수),아미스타(수),아테미(액),유닉스(입상),델란(수),베푸란(액),삼진왕(미탁),실바코(수),안트라콜(수),후론사이드(수)
	살충제	디밀린(수),매치(유),버티맥(유),버티맥플러스(유),수프라사이드(유),스토네트(수용입),아크라마이트(액상),아타라(입상),주령(수,유),피라니카(유),데시스(유),모스피란(수),주움(액상),카스케이드(분액),코니도(수),페로팔(수),더스반(수),트레본(수),디디브이피(유),호리마트(액),스타너(수),강탄(수),빅카드(액상)
아테미 액제	살균제	라피드(액상),비온엠(수),벤레이트(수),보가드(입상),아리미소진(액상),아미스타(수),유닉스(입상),델란(수),실바코(수),안트라콜(수),후론사이드(수)
	살충제	디밀린(수),매치(유),버티맥플러스(유),수프라사이드(유),스토네트(수용입),아크라마이트(액상),아타라(입상),주령(수,유),피라니카(유),데시스(유),모스피란(수),가네마이트(액상),더스반(수),주움(액상),코니도(수),바스케이드(분액)
유닉스 입상수화제	살균제	라피드(액상),벤레이트(수),보가드(입상),비온엠(수),아리미소진(액상),아미스타(수),아테미(액),유닉스(입상),델란(수),시스템엠(수),실바코(수),카스텔란(수),포리옥신(수),후론사이드(수),안트라콜(수),바이코(수),트리후민(수),훼나리(유)
	살충제	디림린(수),매치(유),버티맥플러스(유),수프라사이드(유),스토네트(수용입),아크라마이트(액상),아타라(입상),주령(유),피라니카(유),노몰트(액상),더스반(수),데시스(유),디디브이피(유),살비왕(액상),섹큐어(액상),주움(액상),코니도(수),트레본(수),페로팔(수),프릭트란(수),가네마이트(액상),똑소리(수용입),시나위(수),칼립소(액상)

상품명	구분	혼용가능약제
디밀린 수화제	살균제	리피드(액상),벤레이트(수),보가드(입상),비온엠(수),아미스타(수),아테미(액),유닉스(입상),아리미소진(액상),다이센엠45(수),로브랄(수),안트라콜(수),포리옥신(수),해비치(입상),카브리오에이(입상),파리사드(액상)
	살충제	매치(유),버티맥플러스(유),수프라사이드(유),스토네트(수용입),주렁(수,유),아크라마이트(액상),아타라(입상),피라니카(수,유),가네마이트(액상),더스반(수),디디브이피(유),코니도(수),페로팔(수)
버티맥 유제	살균제	라피드(액상),벤레이트(수),보가드(입상),비온엠(수),아미스타(수),아테미(액),유닉스(입상),다이센엠-45(수),로브랄(수),바이코(수),벨리스플러스(입상),벨쿠트(수),삼진왕(미탁),스포탁(유),시스텐(수),실바코(수),안트라콜(수),에이플(입상),지오판(수),카스텔란(수),카브리오에이(입상),포리동(수),포리옥신(수),프린트(액상),해비치(입상),훼나리(수,유)
	살충제	디밀린(수),매치(유),스토네트(수용입),아타라(입상),주렁(유)
수프라사이드 유제	살균제	벤레이트(수),보가드(입상),비온엠(수),사파이어(액상),새빈나(액상),아미스타(수),아미스타탑(액상),오티바옵티(액상),유닉스(입상),다이센엠-45(수),확시란(수)
	살충제	디밀린(수),스토네트(수용입),피라니카(수,유)
버티맥플러스 유제	살균제	라피드(액상),벤레이트(수),보가드(입상),비온엠(수),아미스타(수),아테미(액),유닉스(입상),가벤다(수),굳타임(수),다이센엠-45(수),로브랄(수),바이칼(유탁),바이코(수),벨리스플러스(입상),벨쿠트(수),삼진왕(미탁),살림꾼(액상),스텔스(액상),스포탁(유),시스텐(수),시스텐엠(수),실바코(수),안트라콜(수),에이플(입상),지오판(수),참조네(수),카브리오에이(입상),카스텔란(수),코리스(액상),트리후민(수),파리사드(액상),포리옥신(수),푸르겐(수),프린트(액상),해비치(입상),확시란(수),훼나리(수,유)
	살충제	스토네트(수용입),아타라(입상),코니도(수)
매치 유제	살균제	라피드(액상),아리미소진(액상),벤레이트(수),보가드(입상),비온엠(수),아미스타(수),아테미(액),유닉스(입상),델란(수),실바코(수)
	살충제	디밀린(수),버티맥(유),수프라사이드(유),아크라마이트(액상),아타라(입상),주렁(유),더스반(수),모스피란(수),코니도(수),페로팔(수)
스토네트 수용성입제	살균제	라피드(액상),아리미소진(액상),벤레이트(수),보가드(입상),비온엠(수),아미스타(수),아테미(액),유닉스(입상),델란(수),로브랄(수),바이코(수),베푸란(액),시스텐엠(수),실바코(수),안트라콜(수),트리후민(수),포리옥신(수),푸르겐(수),후론사이드(수),훼나리(유),벨쿠트(액상),삼진왕(미탁),에이플(입상),카스텔란(수),프린트(액상),해비치(입상)
	살충제	디밀린(수),매치(유),아타라(입상),주렁(수,유),밀베노크(유),가네마이트(액상),시나위(수),주움(액상),지페트(액상),페로팔(수)

상품명	구분	혼용가능약제
아크라마이트 액상수화제	살균제	라피드(액상),아리미소진(액상),벤레이트(수),보가드(입상),비온엠(수),아미스타(수),아테미(액),유닉스(입상),다이센엠45(수),델란(수),로브라(수),바이코(수),베푸란(액),시스텐(수),실바코(수),안트라콜(수),트리후민(수),포리옥신(수),후론사이드(수),훼나리(유),가벤다(수)
	살충제	디밀린(수),매치(유),수프라사이드(유),스토네트(수용입),아타라(입상),주렁(수,유),더스반(수),데시스(유),디디브이피(유),모스피란(수),알시스틴(수),코니도(수),화스탁(유)
아타라 입상수화제	살균제	라피드(액상),아리미소진(액상),벤레이트(수),보가드(입상),비온엠(수),아미스타(수),아테미(액),유닉스(입상),다이센엠45(수),델란(수),로브랄(수),바이코(수),베푸란(액),벨쿠트(수),시스텐엠(수),실바코(수),안트라콜(수),지오판(수),카브리오(유),트리후민(수),포리옥신(수),푸르겐(수),프린트(액상),후론사이드(수),훼나리(유),삼진왕(미탁),에이플(입상),카스텔란(수),해비치(입상)
	살충제	디밀린(수),매치(유),버티맥플러스(유),수르라사이드(유),스토네트(수용입),아크라미아트(액상),주렁(유),피라니카(수,유),가네마이트(액상),더스반(수),데시스(유),디디브이피(유),만장일치(수),시나위(수),주움(액상),지페트(액상),페로팔(수),화스탁(유),강타재(유)
주렁 수화제	살균제	라피드(액상),벤레이트(수),보가드(입상),비온엠(수),아리미소진(액상),아미스타(수),아테미(액),유닉스(입상),벨쿠트(수),삼진왕(미탁),시스텐엠(수),실바코(수),카스텔란(수),포리옥신(수),해비치(입상),후론사이드(수),델란(수),로브랄(수),바이코(수),베푸란(액),안트라콜(수),에이플(입상),트리후민(수),프린트(액상)
	살충제	디밀린(수),매치(유),수르라사이드(유),스토네트(수용입),아크라마이트(액상),더스반(수),밀베노크(유),시나위(수),주움(액상),지페트(액상),페로팔(수)
주렁 유제	살균제	라피드(액상),아리미소진(액상),벤레이트(수),보가드(입상),비온엠(수),아테미(액),유닉스(입상),베푸란(액),시스텐엠(수),삼진왕(미탁),실바코(수),에이플(입상),프린트(액상),해비치(입상),후론사이드(수),델란(수),로브랄(수),바이코(수),벨쿠트(액상),안트라콜(수),카스텔란(수),트리후민(수),포리옥신(수),훼나리(유)
	살충제	디밀린(수),매치(유),스토네트(수용입),아타라(입상),아크라마이트(액상),피라니카(수),가네마이트(액상),주움(액상),코니도(수),수프라사이드(유),더스반(수),시나위(수),지페트(액상),페로팔(수)

상품명	구분	혼용가능약제
피라니카 수화제	살균제	라피드(액상),벤레이트(수),보가드(입상),비온엠(수),아리미소진(액상),아미스타(수),아테미(액),유닉스(입상),다이센엠45(수),로브랄(수),지오판(수),시스텐엠(수),안트라콜(수),포리옥신(수),해비치(입상),훼나리(유,수)
	살충제	디밀린(수)+다코닐(수),디밀린(수)+로브랄(수),디밀린(수)+만코지(수),디밀린(수)+벤레이트(수),디밀린(수)+시스텐(수),디밀린(수)+안트라콜(수),디밀린(수)+지오판(수),디밀린(수)+포리옥신(수),디밀린(수)+훼나리(수),디밀린(수)+훼나리(유)
리라니카 유제	살균제	라피드(액상),벤레이트(수),보가드(입상),비온엠(수),아리미소진(액상),아미스타(수),아테미(액),유닉스(입상),가벤다(수),누스타(수),다이센엠45(수),다코닐(수),로브랄(수),바리톤(수),바이코(수),빈나리(수),시스텐(수),안트라콜(수),지오판(수),트리후민(수),포리옥신(수),훼나리(수),훼나리(유),시스텐엠(수),해비치(입상)
	살충제	디밀린(수),매치(유),수프라사이드(유),스토네트(수용입),아타라(입상),주령(수),데시스(유),코니도(수),강탄(수),더스반(수),카스케이드(분액),
	3종혼용	벤레이트(수)+쓸마내(수),벤레이트(수)+훼나리(수),훼나리(수)+디밀린(수),훼나리(유)+디밀린(수)

5. 경 농 (주)

www.knco.co.kr

서울 서초구 서초동 1337-4(동오빌딩)
주문전화 : 02-3488-5800

사과 권장 농약명 및 사용법

농약명	적용병해충	사용적기	물 20ℓ당 사용약량	안전사용기준	
				사용시기	횟수
벨리스 플러스 (입상수화제)	탄저병	6월 상순부터 10일 간격	10g	수확 30일전까지	5회이내
	겹무늬썩음병	6월 중순부터 10일 간격			
	점무늬낙엽병	발병초 10일 간격			
대장군 (입상수화제)	일년생 잡초 및 다년생 잡초	잡초 생육기 경엽처리	60g	1,000m²(10a)당 사용량	
				약량	살포량
			60g	300g	100ℓ

〈혼용가부표 -2008년 기준〉

상품명	구분	혼용가능약제
뉴리더 (수)	살균제	델란(액상),시스텐(수),다이센엠-45(수),시스텐엠(수),방파제(수),삼진왕(미탁),영파워(액),톱신엠(수),다코닐(수),벨리스(입상)
	살충제	주움(액상),경농그로포(수),란네이트(수),팔콘(수),모스피란(수),만장일치(수),코니도(수),미믹(수),가네마이트(액상),빅카드(액상),데시스(유),아크라마이트(액상),다니톨(유),시원탄(유),아타브론(액상),매치(유),수프라사이드(유),올스타(유),세베로(유),경농피레스(유),경농디디브이피(유),노몰트(액상),다무르(액)
다이센엠-45(수)	살균제	델란(액상),삼진왕(미탁),한아름(수),로브랄(수),바이코(수),뉴리더(수),타이브랙(액상),포리캡탄(수)
	살충제	노몰트(액상),다무르(액),데시스(유),만장일치(수),모스피란(수),미믹(수),수프라사이드(유),세베로(유),쎄사르(유),포수(수),퓨리(유),그로포(수),란네이트(액),피레스(유),구사치온(수),끝내기(수),디프록스(액),다트(유),델타네트(수),모노포(액),세빈(수),스미사이딘(유),싱싱(유),아시트(수),아테릭(유),이피엔(유),파라치온(유),힘센(수),아타브론(액상),적시타(유),주렁(수)(유),코니도(수),타스타(수),호리마트(액),팔콘(수),아타브론(액상),비상탄(유)

상품명	구분	혼용가능약제
다코닐(수)	살균제	삼진왕(미탁),시스텐(수),시스텐엠(수),비엑스케이(유),로브랄(수),바리톤(수),안트라콜(수),캡탄(수),포리옥신(수),포리캡탄(수),홀펫(수),한빛(액상),뉴리더(수), 타이브랙(액상),골든키(입상)
	살충제	노몰트(액상),세베로(유),다무르(액),데시스(유),만장일치(수),모스피란(수),미믹(수),수프라사이드(유),쎄사르(유),장풍[조아진](유),포수(수),퓨리(유),란네이트(액),피레스(유),끝내기(수),다트(수),디디브이피(유),디프록스(액),메프(수),모노포(액),세빈(수),스미사이딘(유),스카우트(유),아시트(수),아테릭(유),이피엔(유),적시타(유),코니도(수),타스타(수),파라치온(유),팔콘(수),피리모(수),호리마트(액),힘센(수),아타브론(액상),가네마이트(액상),해내미(액상),보라매(액상),사란(수)(액상),올스타(유),닛쏘란(수)(유),루화스트(액상),보배단(유),산마루(수),살비란(수),살비왕(액상),테디온(유),토큐(유),페로팔(수),펜프로(유),피라니카(수),한버네(수), 델타네트(수)
다코닐에이스 (입상)	살균제	삼진왕(미탁),시스텐(수),푸르겐(수),실바코(수),포리옥신(수용),바이코(수),베푸란(액)
	살충제	만장일치(수),모스피란(수),수프라사이드(유),팔콘(수),데시스(유),세베로(유),란네이트(수),강타자(유),노몰트(액상),디밀린(수),코니도(수),섹큐어(액상),아시트(수),타스타(수),가네마이트(액상),해내미(액상),피라니카(수),카스케이드(분액),오마이트(수), 델타네트(수)
델란(액상)	살균제	다이센엠-45(수),삼진왕(미탁),시스텐(수),시스텐엠(수),비엑스알(수),푸르겐(수),방파제(수),실바코(수),안트라콜(수),후론사이드(수),벨리스(입상),한빛(액상), 뉴리더(수), 타이브랙(액상)
	살충제	노몰트(액상),다무르(액),데시스(유),란네이트(수)(액),세베로(유),만장일치(수),미믹(수),수프라사이드(유),장풍[조아진](유),포수(수),퓨리(유),그로포(수),피레스(유),강타자(유),다트(수),델타네트(수),뚝심(수),모스피란(수),스미사이딘(유),이피엔(유),코니도(수),타스타(수),호리마트(액),팔콘(수),아타브론(액상)가네마이트(액상),해내미(액상),보라매(액상),사란(수)(액상),닛쏘란(수),산마루(수),살비왕(액상),오마이트(과수),페로팔(수),피라니카(수), 비상탄(유)
밸리스(입상)	살균제	시스텐엠(수),바이코(수),포리옥신(수),후론사이드(수),델란(액상),뉴리더(수),타이브랙(액상)
	살충제	란네이트(수),팔콘(수),파마치온(수),모스피란(수),만장일치(수),코니도(수),미믹(수),피라니카(수),가네마이트(액상),빅카드(액상),살비왕(액상),데시스(유),매치(유),스미치온(유),수프라사이드(유),올스타(유),적시타(유),세베로(유),이피엔(유),파라치온(유),엘산(유),리바이짓드(유),피레스(유),비상탄(유)

상품명	구분	혼용가능약제
삼진왕(미탁)	살균제	다이센엠-45(수),다코닐(수),델란(액상),바이코(수),실바코(수),안트라콜(수),옥시동(수),포리옥신(수),후론사이드(수),다코닐에이스(액상),아미스타(수),한빛(액상),뉴리더(수), 타이브랙(액상)
	살충제	노몰트(액상),다무르(액),데시스(유),미믹(수),세베로(유),수프라사이드(유),포수(수),퓨리(유),그로포(수),란네이트(수)(액),시원탄[알파스린](유),강타자(유),더부러(수),디밀린(수),메타(유),메프(유),모노포(액),모스피란(수),비티(수),세빈(수),스미사이딘(수),아시트(수),알시스틴(수),야무진(수),이피엔(유),인쎄가(수),주렁(유),코니도(수),타스타(수),파프(유),호리마트(액),만장일치(수),팔콘(수),디디브이피(유),카스케이드(분액),파단(수용)*,아타브론(액상),비상탄(유),사란(액상),올스타(유),닛쏘란(수),보배단(유),산마루(수),살비왕(액상),페로팔(수),펜프로(유),피라니카(수),가네마이트(액상),오마이트(수),섹큐어(액상),아크라마이트(액상),해내미(액상),델타네트(수)
시스텐(수)	살균제	다코닐(수),델란(액상),로닥스(수),다코닐에이스(액상),뉴리더(수),타이브랙(액상)
	살충제	노몰트(액상),다무르(액),세베로(유),데시스(유),란네이트(수)(액),만장일치(수),미믹(수),수프라사이드(유),포수(수),퓨리(유),그로포(수),시원탄[알파스린](유),피레스(유),강타자(유),구사치온(수),델타네트(수),디디브이피(유),디프록스(액),뚝심(수),메타(유),메프(수),모노포(액),세빈(수),스미사이딘(유),스카우트(유),아시트(수),아테릭(유),이피엔(유),적시타(유),주렁(수),코니도(수),타스타(수),피리모(수),호리마트(액),힘센(수),모스피란(수),팔콘(수),아타브론(액상),비상탄(유),가네마이트(액상),해내미(액상),보라매(액상),사란(수)(액상),올스타(유),닛쏘란(수)(유),보배단(유),산마루(수),살비란(수),살비왕(액상),씨트라존(유),오마이트(과수),켈센(유),테디온(유),토큐(수),페로팔(수),펜프로(유),피라니카(수)
푸르겐(수)	살균제	델란(액상),다코닐에이스(액상)
	살충제	노몰트(액상),다무르(액),데시스(유),란네이트(수)(액),만장일치(수),미믹(수),수프라사이드(유),장풍[조아진](유),포수(수),퓨리(유),그로포(수),피레스(유),델타네트(수),디디브이피(유),디밀린(수),메타(유),모노포(액),미프랑(유),세빈(수),스미사이딘(유),아시트(수),이피엔(유),주렁(수)(유),코니도(수),타스타(수),호리마트(액),모스피란(수),팔콘(수),세베로(유),아타브론(액상),비상탄(유),가네마이트(액상),해내미(액상),보라매(액상),사란(수)(액상),닛쏘란(수),산마루(수),살비왕(액상),토큐(수),페로팔(수),펜프로(유),피라니카(수)

상품명	구분	혼용가능약제
가네마이트 (액상)	살균제	다이센엠-45(수),다코닐(수),델란(액상),시스텐(수),시스텐엠(수),푸르겐(수),다코스(수),톱신엠(수),로브랄(수),바이코(수),베푸란(액),실바코(수),안트라콜(수),포리옥신(수),후론사이드(수),삼진왕(미탁),다코닐에이스(액상),벨리스(입상),한빛(액상),뉴리더(수),타이브랙(액상)
	살충제	노몰트(액상),다무르(액),데시스(유),만장일치(수),수프라사이드(유),포수(수),그로포(수),란네이트(액),모스피란(수)(수용),시원탄[시원탄[알파스린]](유),피레스(유),델타네트(수),디밀린(수),스미사이딘(유),주렁(수),코니도(수),아타브론(액상),비상탄(유)
노몰트(액상)	살균제	다이센엠-45(수),다코닐(수),델란(액상),삼진왕(미탁),시스텐(수),시스텐엠(수),아라리(수),비엑스알(수),비엑스케이(수), 푸르겐(수),한아름(수),다코스(수),톱신엠(수),가벤다(액상),바이코(수),베푸란(액),안트라콜(수),캡탄(수),홀펫(수),후론사이드(수),다코닐에이스(액상),파아람동(수),뉴리더(수),타이브랙(액상)
	살충제	데시스(유),만장일치(수),모스피란(수),수프라사이드(유),조아진(유),그로포(수),란네이트(액),피레스(유),스미사이딘(유),타스타(수),코니도(수),호리마트(액),세베로(유),가네마이트(액상),해내미(액상),보라매(액상),사란(액상),산마루(수),살비왕(액상),피라니카(수)
데시스(유)	살균제	다이센엠-45(수),다코닐(수),다코닐에이스(액상),델란(액상)(수),시스텐(수),시스텐엠(수),아라리(수),비엑스알(수),비엑스케이(수)(유),푸르겐(수),한아름(수),삼진왕(미탁),해비치(과수),후론사이드(수),오소싸이드(수),톱신엠(수),해마지(수),가벤다(액상),누스타(수),로브랄(수),바리톤(수),바이코(수),빈나리(수),사프롤(유),실바코(수),쓸마내(수),안트라콜(수),옥시동(수),올림프(과수),캡탄(수),트리후민(수),포리옥신(수),포리캡탄(수),홀펫(수),훼나리(유),헥사코나졸(액상),아미스타(수),벨리스(입상),한빛(액상),파아람동(수),뉴리더(수),타이브랙(액상)
	살충제	노몰트(액상),모스피란(수),미믹(수),만장일치(수),수프라사이드(유),구사치온(수),그로포(수),기계유(유),미프랑(유),타스타(수),피리모(수),호리마트(액),피레스(유),주렁(유)(수),다무르(액),코니도(수),섹큐어(액상),팔콘(수),페로팔(수),아타브론(액상),가네마이트(액상),해내미(액상),보라매(액상),사란(액상),닛쏘란(수),루화스트(액상),보배단(유),살비란(수),오마이트(과수),켈센(수),테디온(유),토큐(수),산마루(수),피라니카(수),살비왕(액상),주음(액상),비상탄(유)
만장일치(수)	살균제	다이센엠-45(수),다코닐(수),델란(액상),삼진왕(미탁),시스텐(수),시스텐엠(수),푸르겐(수),다코닐에이스(액상),다코스(수),톱신엠(수),로브랄(수),바이코(수),베푸란(액),실바코(수),안트라콜(수),포리옥신(수),벨리스(입상),한빛(액상),뉴리더(수),타이브랙(액상)

상품명	구분	혼용가능약제
만장일치(수)	살충제	노몰트(액상),데시스(유),미믹(액상),수프라사이드(유),퓨리(유),그로포(수),란네이트(액),피레스(유),디밀린(수),스미사이딘(유),주렁(유),타스타(수),팔콘(수),세베로(유),아타브론(액상),가네마이트(액상),해내미(액상),보라매(액상),사란(수),산마루(수),살비왕(액상),피라니카(수),비상탄(유)
모스피란(수)	살균제	다이센엠-45(수),다코닐(수),다코닐에이스(액상),스포탁(유),시스텐(수),시스텐엠(수),비엑스케이(유),푸르겐(수),한아름(수),다코스(수),톱신엠(수),해마지(수),군타임(수),누스타(수),델란(액상)(수),델란티(수),디니코나졸(수),로브랄(수),바이코에이(수),바이피단(수),비타놀(수),신바람(수),실바코(수),아미스타(수),아싸유황(액상),안트라콜(수),옥시동(수),치람(수),캡탄(수),트리후민(수),티디폰(수),펜코나졸(수),포리옥신(수),헥사코나졸(액상),호마이(수),홀펫(수),확시란(수),훼나리(수),삼진왕(미탁),벨리스(입상),한빛(액상),뉴리더(수),타이브랙(액상)
	살충제	노몰트(액상),다무르(액),데시스(유),세베로(유),그로포(수),란네이트(액),피레스(유),디디브이피(유),디프록스(수),모노포(액),세빈(수),알시스틴(수),승부수(수),시원탄[알파스린](유),아무진(수),오트란(수),이피엔(유),주렁(유),주론(수),진굴탄(유),타스타(수),프로싱(유),호리마트(액),팔콘(수),미믹(수),수프라사이드(유),세베로(유),아타브론(액상),가네마이트(액상),보라매(액상),해내미(액상),닛쏘란(수),밀베노크(유),보안관(수),산마루(수),살비왕(액상),섹큐어티(액상),페로팔(수),포충탄(유),피라니카(수),주움(액상),아크라마이트(액상),비상탄(유)
팔콘(수)	살균제	시스텐(수),바이코(수),푸르겐(수),다이센엠-45(수),시스텐엠(수),다코닐(수),다코닐에이스(액상),델란(액상),해마지(수),비엑스케이(유),캡탄(수),비엑스알(수),포리옥신(수),로브랄(수),톱신엠(수),안트라콜(수),헥사코나졸(액상),베푸란(액),다코스(수),한아름(수),삼진왕(미탁),아미스타(수),실바코(수),홀펫(수),벨리스(입상),한빛(액상),뉴리더(수),타이브랙(액상)
	살충제	데시스(유),코니도(수),모스피란(수),만장일치(수),피레스(유),주렁(수),수프라사이드(유),세베로(유),해내미(액상),델타네트(유)
삼진왕(미탁)	살균제	다이센엠-45(수),다코닐(수),델란(액상),바이코(수),실바코(수),안트라콜(수),옥시동(수),포리옥신(수),후론사이드(수),다코닐에이스(액상),아미스타(수),한빛(액상), 뉴리더(수), 타이브랙(액상)
	살충제	노몰트(액상),다무르(액),데시스(유),미믹(수),세베로(유),수프라사이드(유),포수(수),퓨리(유),그로포(수),란네이트(수)(액),시원탄[알파스린](유),강타자(유),더부러(수),디밀린(수),메타(유),메프(유),모노포(액),모스피란(수),비티(수),세빈(수),스미사이딘(수),아시트(수),알시스틴(수),아무진(수),이피엔(유),인쎄가(수),주렁(유),코니도(수),타스타(수),파프(유),호리마트(액),만장일치(수),팔콘(수),디디브이피(유),카스케이드(분액),파단(수용)*,

상품명	구분	혼용가능약제
시스텐(수)		아타브론(액상),비상탄(유),사란(액상),올스타(유),닛쏘란(수),보배단(유),산마루(수),살비왕(액상),페로팔(수),펜프로(유),피라니카(수),가네마이트(액상),오마이트(수),섹큐어(액상),아크라마이트(액상),해내미(액상),델타네트(수)
	살균제	다코닐(수),델란(액상),로닥스(수),다코닐에이스(액상),뉴리더(수),타이브랙(액상)
	살충제	노몰트(액상),다무르(액),세베로(유),데시스(유),란네이트(수)(액),만장일치(수),미믹(수),수프라사이드(유),포수(수),퓨리(유),그로포(수),시원탄[알파스린](유),피레스(유),강타자(유),구사치온(수),델타네트(수),디디브이피(유),디프록스(액),뚝심(수),메타(유),메프(수),모노포(액),세빈(수),스미사이딘(유),스카우트(유),아시트(수),아테릭(유),이피엔(유),적시타(유),주렁(수),코니도(수),타스타(수),피리모(수),호리마트(액),힘센(수),모스피란(수),팔콘(수),아타브론(액상),비상탄(유),가네마이트(액상),해내미(액상),보라매(액상),사란(액상),올스타(유),닛쏘란(수)(유),보배단(수),산마루(수),살비란(수),살비왕(액상),씨트라존(유),오마이트(과수),켈센(유),테디온(유),토큐(수),페로팔(수),펜프로(유),피라니카(수)

7. 영일케미컬(주)

ww.yichem.co.kr/youngil

경기도 성남시 분당구 구미동 192-2
주문전화 : 031-738-5200

사과 권장 농약명 및 사용법

농약명	적용병해충	사용적기	물 20ℓ당 사용약량	안전사용기준 사용시기	안전사용기준 횟수
카브리오에이 입상수화제	탄저병	6월 상순부터 10일 간격	6.7g	수확 20일전까지	5회이내
	겹무늬썩음병	6월 중순부터 10일 간격			
	갈색무늬병	발병초 10일 간격			
스트로비 액상수화제	갈색무늬병	발병초부터 10일 간격	6.7ml	수확 21일전까지	3회이내
	점무늬낙엽병				
	겹무늬썩음병	6월 중순부터 10일 간격			

〈혼용가부표 -2008년 기준〉

약제명	구분	혼용가능약제
경탄(액상)	살균제	가벤다(수),누스타(수),로브랄(수),만코지(수),베노밀(수),벨쿠트(수),보람(수),비타놀(수),빈나리(수),실바코(수),영일탑(액),지오판(수),차세대(수),창가탄(수),캡탄(수),트리후민(수),푸르겐(수),프로피(수),헥사코나졸(액상),후론사이드(수),훼나리(유)
	살충제	그로포(수),나크(수),노몰트(액상),다니톨(유),델타린(유),디디브이피(유),디밀린(수),란네이트(액),만장일치(수),메리트(수),모노포(액),모스피란(수),밀베노크(유),아리이미다(수),보라매(액상),부리바(수),빅카드(액상),산마루(수),살비왕(액상),싱글(유),아시트(수),아타라(입상),영일비티(수),영일싸이틴(수),적시타(유),주령(수),주움(액상),칼립소(액상),타스타(수),태클(액상),파밤탄(유),페로팔(수),피라니카(유),피레스(유),함성(유),호리마트(수)

약제명	구분	혼용가능약제
단단(액상)	살균제	가벤다(수),누스타(수),로브랄(수),만코지(수),베노밀(수),벨쿠트(수),보람(수),비타놀(수),빈나리(수),스트로비(액상),실바코(수),영일탑(액),지오판(수),차세대(수),창가탄(수),캡탄(수),트리후민(수),프로피(수),헥사코나졸(액상),후론사이드(수),훼나리(유)
	살충제	그로포(수),나크(수),노몰트(액상),다니톨(유),델타린(유),디디브이피(유),디밀린(수),란네이트(액),만장일치(수),메리트(수),모노포(액),모스피란(수),밀베노크(유),아리이미다(수),보라매(액상),부리바(수),빅카드(액상),산마루(수),살비왕(액상),싱글(유),아시트(수),아타라(입상),영일비티(수),영일싸이틴(수),적시타(유),주령(수),주움(액상),칼립소(액상),타스타(수),태클(액상),파밤탄(유),페로팔(수),피라니카(유),피레스(유),함성(유)
마가내(액상)	살균제	누스타(수),로브랄(수),만코지(수),베노밀(수),벨쿠트(수),보람(수),비타놀(수),빈나리(수),스트로비(액상),실바코(수),영일탑(액),지오판(수),차세대(수),창가탄(수),캡탄(수),타로닐(수),트리후민(수),프로피(수),헥사코나졸(액상),후론사이드(수),훼나리(유)
	살충제	그로포(수),나크(수),노몰트(액상),다니톨(유),델타린(유),디디브이피(유),디밀린(수),란네이트(액),만장일치(수),메리트(수),모노포(액),모스피란(수),밀베노크(유),아리이미다(수),보라매(액상),부리바(수),빅카드(액상),산마루(수),살비왕(액상),싱글(유),아시트(수),아타라(입상),영일비티(수),영일싸이틴(수),적시타(유),주령(수),주움(액상),칼립소(액상),타스타(수),태클(액상),파밤탄(유),페로팔(수),피라니카(유),피레스(유),함성(유)
새강자(수)	살균제	가벤다(수),누스타(수),로브랄(수),만코지(수),베노밀(수),벨쿠트(수),보람(수),비타놀(수),빈나리(수),스트로비(액상),실바코(수),영일탑(액),지오판(수),차세대(수),창가탄(수),캡탄(수),타로닐(수),트리후민(수),푸르겐(수),프로피(수),헥사코나졸(액상),후론사이드(수),훼나리(유)
	살충제	그로포(수),나크(수),노몰트(액상),다니톨(유),델타린(유),디디브이피(유),디밀린(수),만장일치(수),메리트(수),모노포(액),모스피란(수),밀베노크(유),아리이미다(수),보라매(액상),부리바(수),빅카드(액상),산마루(수),살비왕(액상),싱글(유),아시트(수),아타라(입상),영일비티(수),영일싸이틴(수),적시타(유),주령(수),주움(액상),칼립소(액상),타스타(수),태클(액상),파밤탄(유),페로팔(수),피라니카(유),피레스(유),함성(유),호리마트(수)
스트로비(액상)	살균제	가벤다(수),누스타(수),로브랄(수),만코지(수),베노밀(수),벨쿠트(수),보람(수),비타놀(수),빈나리(수),새미나(수),시스텐엠(수),실바코(수),아미스타(수),지오판(수),창가탄(수),타로닐(수),트리후민(수),포리옥신(수),푸르겐(수),프로피(수),헥사코나졸(액상),후론사이드(수),훼나리(유),마가내(액상),카브리오에이(입상),단단(액상)

약제명	구분	혼용가능약제
스트로비(액상)	살충제	그로포(수),나크(수),노몰트(액상),다니톨(유),데시스(유),디디브이피(유),디밀린(수),메리트(수),메치온(유),모노포(액),모스피란(수),밀베노크(유),아리이미다(수),보라매(액상),산마루(수),살비왕(액상),스미사이딘(수),싱글(유),아타라(입상),영일비티(수),영일싸이틴(수),오신(수),오마이트(수),주렁(수),주론(수),주움(액상),타스타(수),페로팔(수),피라니카(수),피레스(유),함성(유),호리마트(액),화스탁(수),새강자(수),태클(액상),혹명턴(수)
영일비티(수)	살균제	만코지(수),실바코(수),영일탑(액),지오판(수),타로닐(수),캡탄(수),프로피(수),경탄(액상),단단(액상),마가내(액상),스트로비(액상),차세대(수),카브리오에이(입상),보람(수)
	살충제	란네이트(액),메소밀(액),모스피란(수),아리이미다(수),스타터(수),아시트(수),프로싱(유),피레스(유),새강자(수),태클(액상),함성(유)
차세대(수)	살균제	굳타임(수),다코닐(수),델란(수),로브랄(수),만코지(수),바리톤(수),베노밀(수),보람(수),비타놀(수),새미나(수),시스템(수),시스템엠(수),실바코(수),영일탑(액),옥시동(수),지오판(수),창가탄(수),캡탄(수),트리달엠(수),트리후민(수),크린타운(수),포리옥신(수),포리캡탄(수),프로피(수),푸르겐(수),홀펫(수),확시란(수),훼나리(유),마가내(액상),카브리오에이(입상),단단(액상),경탄(액상)
	살충제	강타자(유),그로포(수),나크(수),노몰트(액상),다이빈(수),데시스(유),델타네트(수),디디브이피(유),디밀린(수),뚝심(수),메소밀(수),메치온(유),메타(유),밀베노크(유),아리이미다(수),보라매(액상),사란(수),산마루(수),살비왕(액상),스미사이딘(유),싱글(수),싱싱(유),아시트(수),아진포(수),아테릭(유),알시트(수),아무진(수),영일비티(수),올스타(수),이피엔(유),적시타(유),주렁(수),카스케이드(분액),트레본(수),파라치온(수),파밤탄(유),포충탄(유),프로지(수),함성(유),호리마트(액),화스탁(유),새강자(수),모노포(액),페로팔(수),포스팜(액),피라니카(수),헥사코나졸(액상)
카브리오에이(입상)	살균제	가벤다(수),누스타(수),로브랄(수),만코지(수),베노밀(수),벨쿠트(수),보람(수),비타놀(수),빈나리(수),삼진왕(미탁),스트로비(액상),시스템엠(수),실바코(수),아미스타(수),영일탑(액),지오판(수),차세대(수),창가탄(수),캡탄(수),타로닐(수),트리달엠(수),트리후민(수),포리옥신(수),푸르겐(수),프로피(수),한아름(수),해비치(입상),헥사코나졸(액상),홀펫(수),후론사이드(수),훼나리(유)
	살충제	가네마이트(액상),강타자(유),그로포(수),나크(수),노몰트(액상),다니톨(유),데시스(유),델타네트(수),델타린(유),디디브이피(유),디밀린(수),란네이트(수),란네이트(액),만장일치(수),메리트(수),메치온(유),모노포(액),모스피란(수),밀베노크(유),아리이미다(수),보라매(액상),부리바(수),빅카드(액상),산마루(수),살비왕(액상),세베로(유),섹큐어(액상),싱글(유),아시트(수),

약제명	구분	혼용가능약제
태클(액상)		아타라(입상),알시스틴(수),알파스린(유),영일비티(수),영일싸이틴(수),오마이트(수),적시타(유),주렁(수),주움(액상),카스케이드(분액),칼립소(액상),타스타(수),태클(액상),파밤탄(유),팔콘(수),페로팔(수),피라니카(유),피레스(유),함성(유),호리마트(수)
	살균제	가벤다(수),누스타(수),디치(수),로브랄(수),만코지(수),베노밀(수),벨쿠트(수),보람(수),비타놀(수),새미나(수),스트로비(액상),실바코(수),아미스타(수),지오판(수),캡탄(수),타로닐(수),트리후민(수),포리옥신(수),포리캡탄(수),푸르겐(수),프로피(수),헥사코나졸(액상),후론사이드(수),모두랑(액상),단단(액상),마가내(액상),경탄(액상),카브리오에이(입상)
	살충제	그로포(수),나크(수),노몰트(액상),다니톨(유),데시스(유),델타네트(유),디디브이피(유),디밀린(수),메리트(수),메치온(유),밀베노크(유),아리이미다(수),보라매(액상),비펜스린(수),산마루(수),살비왕(액상),싱글(유),아타라(입상),영일비티(수),영일싸이틴(수),오마이트(수),오신(수),주렁(수),주론(수),주움(액상),코니도(액상),섹큐어(액상),타스타(수),페로팔(수),펜프로(수),피라니카(유),피레스(유),함성(유),호리마트(액),화스탁(유),혹명탄(수),새강자(수),시스텐엠(수),빈나리(수),로브랄(수),훼나리(유),스미사이딘(수),모노포(액)
파밤탄(유)	살균제	경탄(액상),단단(액상),마가내(액상),차세대(수),카브리오에이(입상)
	살충제	새강자(수),함성(유),혹명탄(수)
팬텀(입상)	살균제	경탄(액상),단단(액상),마가내(액상),카브리오에이(입상)
	살충제	새강자(수),태클(액상)
혹명탄(수)	살균제	푸르겐(수),트리후민(수),비타놀(수),빈나리(수),스트로비(액상),시스텐(수),실바코(수),아리지오판(수),영일만코지(수),베노밀(수),영일타로닐(수),영일탑(액),영일프로피(수),창가탄(수),캡탄(수),헥사코나졸(액상),후론사이드(수),후루실라졸(수)
	살충제	산마루(수),시나위(수),아리피레스(유),영일나크(수),모노포(액),영일싸이틴(수),적시타(유),주론(수),태클(액상),파밤탄(유),페로팔(수),피라니카(수)

찾아보기

찾아보기

갈색무늬병(褐斑病) · · · · · · · · · 215
검은별무늬병(黑星病) · · · · · · · · 207
겹무늬썩음병(輪紋病, 胴腐病) · · · · · · · 222
고두병(bitter pit) · · · · · · · · · 332
고두병 · · · · · · · · · 339
고토 · · · · · · · · · 344
과실침지 · · · · · · · · · 343
관수 · · · · · · · · · 157
관수방법 · · · · · · · · · 164
괴사 · · · · · · · · · 337
구리(Cu) · · · · · · · · · 358
그을음병(煤斑病) / 그을음점무늬병(煤点病) · · 227
기형화 · · · · · · · · · 333
꽃썩음병(花腐病) · · · · · · · · · 231
나무좀류 · · · · · · · · · 299
낙과 · · · · · · · · · 345
내한성 · · · · · · · · · 180
대목 · · · · · · · · · 72

동해	178
만 곡 엽 병	354
망간(Mn)	356
머리뿔가위벌	106
목질부(도관)	338
바이러스병	267
바이로이드병	272
복숭아순나방	312
복숭아심식나방	315
봉지벗기기	106
봉지씌우기	112
부란병(腐爛病)	233
부분초생재배	151
불임성	101
붉은별무늬병(赤星病)	203
붕소(B)	351
뿌리혹병(根頭癌腫病)	263
사과굴나방	309
사과면충	297
사과무늬잎말이나방	321

사과응애 · · · · · · · · · · · 284

사과혹진딧물 · · · · · · · · · 291

산성토양 · · · · · · · · · · · 334

상해 · · · · · · · · · · · · · 182

생리적 낙과 · · · · · · · · · 114

세장방추형 · · · · · · · · · · 123

수분수 · · · · · · · · · · · · · 29

수분수 · · · · · · · · · · · · · 90

수분요구정도 · · · · · · · · · 150

수형 · · · · · · · · · · · · · · 122

습해 · · · · · · · · · · · · · · 155

심경 · · · · · · · · · · · · · · 139

심토파쇄 · · · · · · · · · · · 142

아연(Zinc: Zn) · · · · · · · · 355

암거배수 · · · · · · · · · · · · 88

애모무늬잎말이나방 · · · · · · 318

약제적과 · · · · · · · · · · · 111

양분 흡수 · · · · · · · · · · 327

역병(疫病) · · · · · · · · · · 237

열매점무늬병(斑點病, 黑點病) · · · · 229

영양장애	327
영양진단	328
우박	187
유기물 시용	141
유효토심	135
은무늬굴나방	305
은엽병(銀葉病)	261
인공수분	102
인산(P)	333
일소	197
자가불화합성	102
자근대목묘	31
자주날개무늬병(紫紋羽病)	247
재식시기	94
재해보험	173
잿빛곰팡이병(灰色黴病)	252
잿빛무늬병(灰星病)	256
저장병(貯藏病)	275
적과	107
적산온도	20

적정 양분농도 · · · · · · · · · · · · · 330

적진병 · · · · · · · · · · · · · · · · · 352

적진병 · · · · · · · · · · · · · · · · · 358

적화(꽃따기) · · · · · · · · · · · · · 107

점무늬낙엽병 (斑點落葉病) · · · · · · · · 212

점박이응애 · · · · · · · · · · · · · · · 287

정지전정 · · · · · · · · · · · · · · · · 117

조팝나무진딧물 · · · · · · · · · · · · · 272

조피증상 · · · · · · · · · · · · · · · · 357

줄기마름병(胴枯病) · · · · · · · · · · · 250

질소(N) · · · · · · · · · · · · · · · · 331

철(Iron : Fe) · · · · · · · · · · · · · 348

체관부(사관) · · · · · · · · · · · · · · 338

초생재배 · · · · · · · · · · · · · · · · 146

칼리(K) · · · · · · · · · · · · · · · · 335

칼슘(Ca) · · · · · · · · · · · · · · · 336

코르크 반점 · · · · · · · · · · · · · · 337

탄저병 (炭疽病) · · · · · · · · · · · · 219

태풍 · · · · · · · · · · · · · · · · · · 179

털뿌리병(毛根病) · · · · · · · · · · · · 265

토양 물리성	23
토양개량	138
토양산도	136
하늘소류	302
황(S)	347
황화	345
흰가루병(白粉病)	210
흰날개무늬병(白紋羽病)	242
흰무늬병(白斑病)	254
흰비단병(白絹病)	258

사과 재배도감 저자

특성ㆍ재배실제ㆍ기상재해
박 무 용 – 원예연구소 사과시험장/ 사과재배연구실 parkmy@rda.go.kr

품종ㆍ대목
김 목 종 – 원예원구소 사과시험장 kmj3130@rda.go.kr

병해
조 원 대 – 농업과학기술원 응용미생물과 과장 wdcho@rda.go.kr
김 완 규 – 농업과학기술원 식물병리과 wgkim@rda.go.kr
이 순 원 – 원예연구소 사과시험장 / 사과환경연구실 lee1235@rda.go.kr
최 경 희 – 원예연구소 사과시험장 / 사과환경연구실 choikh@rda.go.kr
이 동 혁 – 원예연구소 사과시험장 / 사과환경연구실 apple@rda.go.kr

충해
한 만 종 – 농업과학기술원 농업해충과 mjhan@rda.go.kr
이 관 석 – 농업과학기술원 농업해충과 gslee12@rda.go.kr

영양생리ㆍ가스장애
장 병 춘 – 농업과학기술원 영양생리연구실 bycjang@rda.go.kr
이 주 영 – 농업과학기술원 영양생리연구실 juylee@rda.go.kr
이 종 식 – 농업과학기술원 환경생태과 jongslee@rda.go.kr

– 그 외 집필에 도움주신분 –
김 영 철 – 농촌진흥청 소득기술과 과장 kyc3566@rda.go.kr
정 재 권 – 원예연구소 사과시험장 cheongjk@rda.go.kr
백 봉 렬 – 원예연구소 사과시험장 paekpn@rda.go.kr
남 종 철 – 원예연구소 사과시험장 namjc@rda.go.kr
권 순 일 – 원예연구소 사과시험장 apple-k@rda.go.kr
양 상 진 – 원예연구소 사과시험장 sangjin@rda.go.kr
송 양 익 – 원예연구소 사과시험장 songyy@rda.go.kr
한 현 희 – 원예연구소 사과시험장 han2567@rda.go.kr

사과 재배도감
출판등록 _ 제 318-2003-00129호
인   쇄 _ 2021년 1월
편   집 _ 박 선 영
발 행 처 _ 한국농업정보연구원
발 행 인 _ 서 장 원
전   화 _ 02) 844-7350

본 책자의 내용은 저작권법 95條에 의해 보호를 받는
저작물이므로 무단전제와 무단복재를 금합니다.
ISBN : 978-89-92439-01-5 96520

값 45,000 원